蔬菜果树病虫害全程防控技术

王景盛　主编

U0257338

中国农业出版社

北　京

图书在版编目（CIP）数据

蔬菜果树病虫害全程防控技术 / 王景盛主编 . —北京：中国农业出版社，2023.3
ISBN 978-7-109-30549-6

Ⅰ. ①蔬…　Ⅱ. ①王…　Ⅲ. ①蔬菜－病虫害防治②果树－病虫害防治　Ⅳ. ①S436

中国国家版本馆 CIP 数据核字（2023）第 049074 号

中国农业出版社出版

地址：北京市朝阳区麦子店街 18 号楼
邮编：100125
责任编辑：吴洪钟
版式设计：杨　婧　责任校对：刘丽香
印刷：三河市国英印务有限公司
版次：2023 年 3 月第 1 版
印次：2023 年 3 月河北第 1 次印刷
发行：新华书店北京发行所
开本：700mm×1000mm　1/16
印张：12.5
字数：240 千字
定价：40.00 元

本书编委会

主　　编：王景盛

编写人员（按姓氏笔画排序）：

　　　　王陶玲　　王景盛　　李柯橙　　李钱钱　　李惠丽

　　　　苗兴华　　秦玉李　　郭凯翔　　董炬轩

　　蔬菜、果树是重要的经济作物。随着人们生活水平的提高，消费者不仅对蔬菜、果品的需求进一步提升，而且对产品的品质和安全更加重视。然而，随着气候环境、种植结构、耕作制度、栽培方式等的变化，蔬菜、果树病虫害发生的种类增加，发生面积和危害呈上升趋势。同时，由于农民植保技术缺乏，病虫防治存在一定的盲目性，农药滥用、过量使用较为普遍，增加了农产品质量安全风险，也加重了农田环境污染。为进一步提高蔬菜、果树病虫防控的针对性，编者结合多年工作经验，并参考了有关资料文献，编写了这本《蔬菜果树病虫害全程防控技术》。

　　本书分蔬菜、果树两大部分，以北方地区为背景，重点介绍了蔬菜、果树的主要病虫害，病虫季节性发生特点，绿色防控关键技术，主要蔬菜、果树病虫防治流程，力求通俗易懂，准确实用，希望对提高蔬菜、果树病虫害防控水平起到积极的推动和促进作用。

　　本书在编写过程中，得到了有关部门和个人的大力支持和帮助，在此谨致以最诚挚的感谢。

　　由于编者水平有限，书中的缺点和错误在所难免，诚恳广大读者批评指正。

编　者

2022 年 12 月

目录

第一部分

蔬菜病虫害防控

第一章　蔬菜主要病虫害

一、蔬菜主要病害

（一）蔬菜苗期猝倒病

猝倒病俗称小脚瘟，是蔬菜苗期的重要病害，严重时可引起成片死苗。主要在黄瓜、番茄、茄子、辣椒、芹菜、洋葱、莴苣以及甘蓝等幼苗上发生，以茄科和瓜类蔬菜幼苗受害为重。

发病幼苗大多从茎基部感病，初为水渍状，并很快扩展，缢缩变细，病部不变色或者呈黄褐色，子叶仍为绿色。病情发展迅速，萎蔫前从茎基部倒伏贴于床面。苗床湿度大时，病残株周围床土上可生一层絮状白霉。

真菌性病害。主要靠雨水、喷灌等方式传播，带菌的有机肥和农具也能传病。浇灌后积水或者薄膜滴水处最易发病成为中心病株，条件适合时中心病株迅速向四周扩展蔓延。低温高湿是猝倒病的发病条件。育苗期低温高湿、光照不足、播种过密、幼苗徒长时往往发病重。

防治方法：苗土选用无病新土或采取基质穴盘育苗。播种前用 1% 高锰酸钾或 10% 磷酸三钠等浸种 5～10 分钟。苗床土配制每立方米加入 95% 噁霉灵原药 50 克或 54.5% 噁霉·福可湿性粉剂 10 克。发现病苗拔除带出田外深埋或烧毁。发病初期喷洒疫霉灵、噁霉灵、霜霉威、普力克、多抗霉素、氨基寡糖素防治。

（二）蔬菜幼苗立枯病

立枯病是蔬菜苗期多发性病害，主要为害茄科蔬菜幼苗，也为害黄瓜、菜豆、甘蓝、小白菜等幼苗。

立枯病多发生在育苗中后期，主要为害茎基部或地下根部。病部初呈褐色椭圆形斑，病部渐凹陷，边缘明显。高湿时病变部可以生出褐色轮纹，或长出褐色稀疏的丝状菌丝。后病斑继续扩大绕茎一周，病部逐渐干缩变细，病苗直立死亡。与猝倒病相比，立枯病发展蔓延速度较慢，且病苗不倒伏。

土传真菌性病害，病菌腐生性强，可在土壤中存活 2～3 年。以菌丝体和菌核在植物病残体或土壤中越冬，通过雨水、喷淋、带菌有机肥及农具等传播，条件适宜时直接侵入蔬菜幼苗。病菌喜湿耐旱，温度 17～28℃和较高湿度才能侵染蔬菜幼苗。苗床温暖高湿有利于该病发生和发展。播种过密、浇水过多、幼苗徒长，均有利于立枯病的发生和蔓延。

防治方法：农业防治方法参见猝倒病。药剂防治由于立枯病与猝倒病病原体不同，用药上也有区别，可选用百菌清、噁霉灵、甲基立枯磷、井冈霉素、甲基托布津等进行防治。若猝倒病与立枯病混合发生时，可用霜霉威＋福美双混合液喷淋。

（三）蔬菜根腐病

根腐病为蔬菜常见病，对辣椒、黄瓜、番茄等为害较大。主要为害幼苗，成株期也能发病。发病初期，仅个别支根和须根感病，并逐渐向主根扩展，早期植株不表现症状，后随着根部腐烂程度加剧，地上部分新叶首先发黄，在中午前后光照强、蒸发量大时，植株上部叶片出现萎蔫，但夜间又能恢复。病情严重时，萎蔫状况夜间也不能再恢复，整株叶片发黄、枯萎。发病植株根皮变褐，并与髓部分离，最后全株死亡。

真菌性病害。病菌以厚垣孢子在土壤中越冬，并可长期存活。初侵染从寄主的伤口侵入，再借风、雨传播。低温、高湿是此病发生、流行的关键。苗床连茬、地面积水、施用未腐熟的肥料、地下害虫多、农事活动造成根部伤口多的地块发病重。

防治方法：用退菌特、粉锈宁拌种或乙蒜素浸种处理。使用甲霜·噁霉灵、多菌灵等药剂对苗床土壤消毒，还可兼治猝倒病、立枯病。悉心培育壮苗，移植时尽量不伤根。起高垄覆膜栽培，适时适量浇水。定植时用噁霉灵300倍液浸根。发病初期用多菌灵、根腐灵、甲基硫菌灵等药剂喷淋或灌根，10天左右1次，连续用药2～3次。

（四）蔬菜灰霉病

灰霉病是露地和保护地蔬菜经常发生且防治较为困难的一类病害，尤以保护地发生重。可为害茄果类、瓜类、豆类等多种蔬菜。

灰霉病以成株期为害为主，主要为害叶片、花、果实和茎。叶片受害，多从叶尖开始发病，沿叶缘呈"V"形扩展，初为水渍状，湿度大时在病部产生灰色霉层。茎部发病，初期同样为水渍状，后扩展为长型条斑，湿度大时产生灰色霉层，严重时病部以上枯死。果实发病，尤以青果受害严重，病菌多先从果脐和果基部萼片处侵染，初期成水渍状褪绿，后很快软化腐烂并密生灰色霉层。苗期发病则会导致幼苗倒伏腐烂。

灰霉病是气传性真菌病害，可随气流、雨水、露珠以及农事作业传播，从作物的伤口、衰老器官、残败的花器侵入，花期是侵染高峰期，穗果膨大期浇

3

水后，病果剧增。低温高湿是影响灰霉病发生的主要因素，在温度20～25℃、湿度持续90％以上的条件下有利于该病的扩展。棚室生产中若种植密度过大，管理不到位，通风不良都会加重该病的发生。

防治方法：根据灰霉病的发生规律，应以生态防治为主，改进栽培措施，加强通风，实施变温管理，创造有利于蔬菜生长且抑制病菌滋生扩展的环境条件。及时清除田间病残体以及败落花器，带离田间深埋，叶菜类在收获后及时清除田间残存的植株和病叶。采取膜下滴灌或暗灌等方式，控制浇水次数。进行土壤消毒处理，杀灭土壤中的病菌。发病初期，选晴天交替喷雾百菌清、福美双、多菌灵、甲基硫菌灵、苯菌灵、噻菌灵、腐霉利、万霉灵、异菌脲、武夷菌素、多氧霉素等药剂。保护地始发期可用百菌清、腐霉利等烟剂熏蒸。

（五）蔬菜枯萎病

枯萎病俗称死秧子，是瓜类和茄果类蔬菜重要病害，主要为害番茄、黄瓜、西瓜、苦瓜、冬瓜、甜椒、茄子以及豆类等多种蔬菜。多在开花结果后陆续发病。开始时中午可见植株中下部叶片缺水萎蔫，早晚尚能恢复。之后，叶片从下往上逐渐变黄，萎蔫不再恢复，但不脱落。茎基部临近地面处变褐色，水渍状，随后病部表面生出白色和略带粉红色的霉状物，病部逐渐干缩，表皮纵裂如麻，整个植株蔫死。剖视病株茎蔓可见维管束呈褐色，这是区别于其他病害造成死秧的依据。

真菌性病害。不同作物枯萎病菌有不同的专化型，对温度的承受力也有差别，适宜温度番茄为27～28℃，茄子为25～28℃，辣椒、甜椒为24～28℃。病菌以菌丝体或厚垣孢子随病残体在土壤中或附着在种子上越冬，可营腐生生活。一般从幼根或伤口侵入，进入维管束堵塞导管，并产出有毒物质，导致病株叶片黄枯而死。病菌在田间通过水流或灌溉水传播。土壤潮湿、雨后积水、连作地、移栽或中耕时伤根多的发病重。

防治方法：选用抗耐病品种，与葱蒜类蔬菜3～4年以上轮作。增施有机肥和生物菌肥，适当增加磷钾肥。生长期及时摘除病叶、病果或全株拔除。前茬作物收获后彻底清除残枝败叶和根，控制初侵染源。夏季休棚期，用石灰氮结合太阳能高温闷棚消毒。温汤浸种，或用适乐时种衣剂包衣，或0.1％硫酸铜溶液浸种消毒。定植前用噁霉灵蘸根，或定植后用噁霉灵灌根预防。发病初期茎基部喷淋咪鲜胺、多菌灵、甲基硫菌灵、咯菌腈等，7～10天1次，连续3～4次。

（六）蔬菜炭疽病

炭疽病为害十字花科、茄科、葫芦科、豆科等多种蔬菜，是白菜、甘蓝、芥菜、萝卜、油菜、辣椒、甜椒、黄瓜、苦瓜、菜豆的主要病害。

主要为害叶片和果实。叶片受害，初生黄褐色小斑，后扩大为不规则形的灰褐色大斑，上有小黑点排列成轮纹状（辣椒），或病斑易破碎，潮湿时上生红色黏质物（十字花科、瓜类蔬菜）。在叶脉、叶柄上生褐色凹陷条斑（十字花科蔬菜），或红褐色不凹陷条斑（菜豆），严重时病叶枯死，上生小黑点（辣椒），或表面龟裂（瓜类），潮湿时上生红色黏质物，此为病菌分生孢子块。该病也为害瓜类、豆类幼苗，使子叶边缘生圆形或半圆形褐色病斑，或病苗茎基部环腐，病苗猝倒。

真菌性病害。病菌随病残组织附着于种子表面越冬，来年春季病菌侵入作物引起发病。在适宜条件下，病斑上产生大量分生孢子，经风、雨、流水、昆虫传播，引起再侵染，使病害蔓延、扩散。天气冷凉（气温 24℃左右）、多雨、多雾、多露，或连作、种植过密、菜地渍水、土质黏重均有利于该病的发生。

防治方法：与非同科蔬菜实行 3 年轮作。前作收获后及时清除病残体，并对菜地进行深翻晒垡、冻垡。深沟高畦栽培，加强田间管理，避免栽植过密，适当增施磷钾肥，提高作物抗病力。播种前种子消毒，白菜、芥菜种子用 54℃温水浸种 5 分钟，辣椒种子用 55℃温水浸种 10 分钟，瓜类种子用 50～56℃温水浸种 15～20 分钟，菜豆种子用 200 倍液的甲醛溶液浸种 30 分钟。发病初期施药，可用药剂多菌灵、甲基托布津、代森铵、代森锰锌、苯醚甲环唑、炭疽福美、福美双、农抗 120、武夷菌素等，连续施药 2～3 次，每次间隔 5～7 天，施药时注意不要漏喷植株茎基部和老叶。

（七）蔬菜白粉病

白粉病是瓜类、茄果类和豆类蔬菜上的重要病害，尤其对温室大棚中的黄瓜、西葫芦、甜瓜等瓜类作物为害极为严重。该病主要为害植株叶片，叶柄、茎次之，果实受害少。发病初期叶面出现不规则褪绿黄色小斑，叶背相应部位则出现白色小霉斑，以后病斑数量增多，白色粉状物日益明显而呈白粉斑。受害严重时叶片逐渐干枯萎缩，植株生长受阻，蔬菜产量降低，品质下降。

真菌性病害。不同植物的白粉病病菌不同。大多数白粉病病菌只能侵染一种和几种寄主植物，只有少数病菌能够侵染多种寄主植物。该病菌潜入期短，繁殖力强，主要靠气流传播，一个生长季可反复多次侵染，如果赶上气候适合会大面积发生、流行。白粉病形成分生孢子时需要较高的温度和相对湿度，萌发时则需要较低的相对湿度。高湿度的环境是病害发生的主要原因，高温干旱和高温高湿交替出现的情况下发病会比较严重。栽培密度大，整枝不合理，空气湿度偏高，光照弱通风差，更易引发蔬菜白粉病。

防治方法：选用抗病品种，选择通风良好、排灌方便的地块种植。适当使用磷钾肥，防止脱肥早衰，增强植株抗病性。棚室定植前用硫磺或百菌清烟剂熏棚，或用硫悬浮剂喷洒棚膜内壁。阴天不浇水，晴天多放风，降低温室相对湿度。发病初期及时清除病残体并深埋销毁。药剂防治推荐选用三唑类与甲氧基丙烯酸酯类杀菌剂混配，三唑类杀菌剂中的苯醚甲环唑、腈菌唑、丙环唑等对白粉病都有很好的防治效果；醚菌酯、肟菌酯在植物表面有二次分布的特点，也非常适合白粉病的防治。

（八）蔬菜菌核病

菌核病发生于十字花科、豆类、瓜类、茄果类等蔬菜。病菌侵染植物根部、茎基部、茎部和果实，引起植物组织腐烂，腐烂部产生白色至灰白色菌丝体，上生圆形、圆柱形或不规则形的黑色菌核。

茄果类蔬菜以茄子最易感病，番茄次之，辣椒最轻。一般在植株茎枝分杈处先感病，初为水渍状，后病茎或枝条失水萎蔫，病茎表面及茎中心生黑色菌核，严重时植株死亡。果实也能受害，初为水渍状斑，后生出菌核。

瓜类蔬菜发病，初期近地面茎部产生水渍状褐色病斑，后扩大呈淡褐色，茎软腐，病茎逐渐纵裂干枯，内生黑色鼠粪状菌核。后病斑可至叶柄、叶片、果实等部位，初为水渍状，后生黑色鼠粪状菌核。

豆角菌核病多发生在开花结荚期，近地面茎基部或第一分叉处先发病，可致茎蔓萎蔫枯死，剖开病茎可见鼠粪状菌核。豆荚发病初为水渍状，后渐变成灰白色，有的长出黑色菌核。

十字花科蔬菜幼苗受害，在茎基部产生褪色水渍状病斑，很快腐烂致幼苗折断猝倒。大白菜、甘蓝成株期受害，多在接近地面的茎、叶柄或叶片上出现水渍状青灰色至淡褐色病斑，引起叶球或茎基部软腐，并在病部长出白色绵毛状菌丝及黑色鼠粪状菌核。

真菌性病害。病菌以菌核在田间或温室大棚土壤中或附在种子上越冬。翌春借气流或病健植株接触传播，从衰弱部位侵入发病。病菌发育适温 15～20℃，相对湿度 85% 以上。春秋季节，日暖夜冷，易发病害；多雨或雾重、湿度大的条件下，发病严重；栽培过密，植株长势差，发病也较重。

防治方法：与禾本科作物隔年轮作或水旱轮作。生长期及时清除病株、病老黄叶，集中深埋。加强田间管理，适当稀植，覆盖地膜，松土除草。施用腐熟粪肥，增施磷钾肥料。露地栽培雨后及时排水。棚室晴天及时放风排湿，夏季休耕期高温高湿闷棚杀菌。发病初期，先清除病株、病叶，再用甲基硫菌灵、菌核净、异菌脲、腐霉利、乙烯菌核利、甲基立枯磷、甲霜灵锰锌、多·硫悬浮剂等药剂喷雾，重点是植株基部和地表，7 天左右 1 次，连防 3 次。

（九）蔬菜病毒病

病毒病是高温季节常发的一类蔬菜病害，被称为蔬菜上的"癌症"。病毒病是一种系统性的病害。5—9月是病毒病的高发期。一旦发生病毒病，作物常表现为花叶、小叶、蕨叶、生长点受阻和矮化不长等情况，进而出现绝产绝收，严重影响农户的收益。

病毒病一般有四大典型症状：花叶型、黄化型、坏死型、畸形型。

（1）花叶型。典型症状是病叶、病果出现不规则退绿、浓绿与淡绿相间的斑驳，植株生长无明显异常，但严重时病部除斑驳外，病叶和病果畸形皱缩，叶明脉，植株生长缓慢或矮化，结小果，果难以转红或只局部转红，僵化。

（2）黄化型。病叶变黄，严重时植株上部叶片全变黄色，形成上黄下绿，植株矮化并伴有明显的落叶。

（3）坏死型。包括顶枯、斑驳坏死和条纹状坏死。顶枯指植株枝杈顶端幼嫩部分变褐坏死，而其余部分症状不明显；斑驳坏死在叶片和果实上发生，病斑红褐色或深褐色，不规则状，或穿孔或发展成黄褐色大斑，病斑周围有一深绿色的环，叶片迅速黄化脱落；条纹状坏死主要表现在枝条上，病斑红褐色，沿枝条上下扩展，得病部分落叶、落花、落果，严重时整株枯干。

（4）畸形型。表现为病叶增厚、变小或呈蕨叶状，叶面皱缩，植株节间缩短、矮化，病果畸形，果面凹凸不平，病果易脱落。

高温干旱是病毒病发生的主要原因，施用氮肥过多会加重病毒病的发生，土壤瘠薄、板结、黏重以及排水不良等不利于作物壮棵，进而导致病毒病的发生，蚜虫、蓟马、烟粉虱、灰飞虱等害虫在为害作物的同时，还可传播病毒病，是病毒病蔓延的主要原因之一。另外，病毒病的病原体会随气流、水流和农事操作的传播传染，携带病毒病的种子、种苗、砧木、接穗、块茎等异地运输，都可能导致病毒病扩散传播。

防治方法：选用抗性品种或脱毒种子。定植缓苗后控水控温，培育壮棵，增强抗病能力。加强棚室通风、中午高温时段全棚遮阳覆盖、小水勤浇等，尽量避免高温、干旱的环境出现。及时清理杂草和残株，设防虫网、粘虫板和及时喷药，杀灭蚜虫、蓟马、烟粉虱、灰飞虱等传毒害虫。合理施肥，避免过量施肥或营养缺乏。在病毒病高发季节提早用药预防，常用病毒抑制药剂有盐酸吗啉胍、氨基寡糖素、氯溴异氰尿酸、宁南霉素、嘧肽吗啉胍等。病毒病发生后会出现作物生长点受阻等情况，可使用一些植物生长剂来促进作物健康生长。

（十）蔬菜根结线虫病

根结线虫病是蔬菜上较为严重的病害之一，可为害茄果类、瓜类、叶菜类、豆类等多种蔬菜。根结线虫还能加重枯萎病、根腐病等土传真菌性病害和部分细菌病害的发生。

根结线虫为害植株根部，形成根瘤，尤以侧根和须根被害严重。根瘤初为白色，进而变为褐色。严重时在根结上部形成不定形的大肿瘤，根系加粗，表面不平，根部逐渐发生腐烂。受害植株轻者地上部分症状不明显，重者叶片发黄，生长缓慢，长势差，严重者叶片萎蔫，甚至提早枯死。

病原线虫主要以卵、少数以二龄幼虫或雌虫随病残体在土壤和粪肥中越冬。翌年当气温上升至10℃时，二龄幼虫从近根冠的部位侵入。田间主要通过病土、病苗和灌溉水传播，农事操作及农具携带也能传播。土壤温度25～30℃是线虫为害的适宜温度，温度高于40℃或低于5℃很少活动。质地疏松的沙壤土适宜根结线虫活动，发病较重。棚室栽培发病重。连作年限越长发病越重。

防治方法：不同科蔬菜三年以上轮作。对重病田夏季深翻30厘米以上，并大水漫灌，可显著减少虫口。夏季高温棚闭棚15～20天，可有效杀死土壤中线虫及其他病菌虫卵。发病地块定植前用阿维菌素兑水后喷洒土壤，或定植后用阿维菌素、地衣芽孢杆菌等药液灌根，可基本控制为害。

（十一）茄科蔬菜青枯病

茄科蔬菜青枯病又名细菌性枯萎病，分布范围广，以温暖、潮湿、雨水充沛地区发生严重。一般在开花期显露症状，常自顶部叶片出现萎蔫，初期在傍晚尚可恢复，后期全株枯死，病叶呈淡绿色，早期显露症状的病株，往往只有一侧叶片萎蔫。辣椒、甜椒、茄子的病茎外表症状不明显，而番茄的病茎表皮粗糙，茎中、下部增生不定根或不定芽。纵切病茎，可见维管束变色，用手挤压病茎，有乳白色的黏液渗出，从而可与真菌性枯萎病、黄萎病区分。

病原细菌主要以病残体遗留在土中越冬，通过灌溉水、雨水、土壤耕作和昆虫等在田间传播，从根部或茎基部伤口侵入，并沿导管向上蔓延使导管堵塞、褐变，造成植株萎蔫。高温、高湿、多雨是该病发生和流行主因，尤其是雨后转晴，太阳暴晒，土温升高，气温达28～35℃时有利于该病流行。地势低洼、土质黏重、排水条件差、地下害虫多、土壤偏酸、与茄科或其他寄主连作，发病较重。

防治方法：此病目前尚无特效办法，只能以预防为主。选用抗病品种，发病严重地块与瓜类、豆类或十字花科蔬菜轮作。起垄覆盖地膜栽培，农事操作尽量减少伤口。发现青枯病植株及时拔除烧毁，并在拔除病株处撒生石灰粉消毒。在发病前或发病初期用药防治，可喷淋氯溴异氰尿酸、络氨铜、噻菌铜、噻唑锌、中生菌素、春雷霉素、枯草芽孢杆菌等药剂。

（十二）茄科蔬菜软腐病

软腐病可侵染茄科、十字花科和葫芦科蔬菜。茄科蔬菜软腐病主要为害果实，番茄软腐病也为害茎。

辣椒软腐病多发生在青果上，最初出现水浸状暗绿色斑点，病斑迅速扩展变为淡褐色，果肉腐烂发臭，果实变形，病果多数脱落，少数留在枝上，失水以后仅留灰白色果皮挂在植株上。茄子病果初生水渍状斑，后致果肉腐烂，具恶臭，外果皮变褐，失水后干缩，挂在枝杈或茎上。番茄软腐病茎部染病髓部腐烂，失水后病组织干缩中空，病部维管束完整无损，病茎上端枝叶萎蔫，叶色变黄。果实染病，果皮虽保持完整，但内部果肉腐烂，具恶臭。

细菌性病害。病菌随病残体在土壤中越冬，翌年随雨水、灌溉水在田间传播成为初侵染源，再通过蛀果害虫继续传播，由果实伤口侵入，导致病害流行。番茄茎部染病多因整枝、打杈造成的伤口侵入。管理粗放、低洼潮湿地块发病重，阴雨连绵天气，会加重软腐病的发生。阴雨天或露水未落干时整枝打杈或虫伤多，发病重。

防治方法：与非茄科及非十字花科蔬菜进行 2 年以上轮作。及时清洁田园，把病果清除带出田外烧毁或深埋。培育壮苗，适时定植，合理密植，雨季及时排水。保护地加强放风，防止棚内湿度过高。及时喷洒杀虫剂防治烟青虫、棉铃虫等蛀果害虫。避免阴雨天或露水未落干时整枝打杈。雨前雨后及时喷洒新植霉素、氢氧化铜、琥胶肥酸铜、络氨铜、春雷·王铜、氯溴异氰尿酸等预防。

（十三）茄科蔬菜白绢病

白绢病俗称霉蔸，在高温潮湿年份发病严重，尤以为害番茄、辣椒、茄子为常见。此外，还为害瓜类、豆类蔬菜。

茄科蔬菜白绢病在植株近地面的茎基部和根部发病。先在茎基部出现暗褐色、湿润状、不定形病斑，稍凹陷，潮湿时病部长出白色绢状菌丝层，上生茶褐色、似油菜籽粒状菌核。病斑纵横向扩展，严重时可引致全株萎蔫枯死。根部染病皮层变褐腐烂，病部表面及根围附近土隙中长出白色菌丝体及褐色菌核。果实染病变褐腐烂，表面亦长出绢状白色菌丝及褐色菌核。

真菌性病害。病菌以菌丝体和菌核在病残体或土壤中越冬。田间通过灌溉水、雨水溅散或农具耕作传播。条件适宜时菌核萌发进行初侵染，造成寄主植物细胞破坏，组织溃烂软腐。初侵染发病后，新生菌丝蔓延到邻近植株进行再侵染。高温高湿有利于发病。茄科连作或与瓜、豆类轮作发病较重。

防治方法：与十字花科类、葱蒜类蔬菜轮作。作物收获后彻底清园，深耕晒土。结合整地施优质腐熟有机肥。发现病株应立即拔除销毁，病穴撒少量石灰。发病初期，用井岗霉素或敌克松药液灌蔸或淋施，或用代森铵、甲基立枯磷、三唑酮等药液灌根茎基部。发病严重时，灌根同时结合喷洒三唑酮或甲基立枯磷等。

（十四）番茄早疫病

早疫病又叫轮纹病、夏疫病，茄果类蔬菜重要病害，尤以番茄发病较重。苗期、成株期都可发生。主要为害叶片、茎、花、果等部位，以叶片和茎叶分枝处最易发病。叶片发病出现水渍状暗褐色病斑，扩大后近圆形，有同心轮纹，边缘多具浅绿色或黄色晕环。严重时，多个病斑连合成不规则形大斑，造成叶片枯萎。潮湿时，病斑长出黑霉。发病多从植株下部叶片开始，逐渐向上发展。茎部发病，多在分枝处产生褐色至深褐色不规则圆形或椭圆形病斑，表面生灰黑色霉状物。此外，辣椒、茄子、马铃薯等其他茄果类蔬菜也容易发生早疫病。

真菌性病害。病菌以菌丝或分生孢子在病残体或种子上越冬，可从气孔、皮孔或表皮直接侵入，形成初侵染，经 2～3 天潜育后现出病斑，3～4 天产出分生孢子，并通过气流、雨水进行多次重复侵染。高温多雨特别是高湿是诱发本病的重要因素。大棚、温室中发病严重。多雾阴雨时发病迅速，易造成病害流行。

防治方法：种子用温汤浸种及药剂浸种法进行消毒。加强管理，调整好棚内温湿度，尤其定植初期，闷棚时间不宜过长。发病早期，喷百菌清、代森锰锌、嘧菌酯、吡唑醚菌酯及铜制剂等药剂。发病中期，先清除发病组织，选用复配制剂如苯甲·嘧菌酯、戊唑·嘧菌酯、氟菌·肟菌酯等药剂，每 7 天喷 1 次，连喷 2～3 次。

（十五）番茄晚疫病

晚疫病又叫斑枯病、叶枯病，主要发生在辣椒、茄子、番茄等蔬菜上，一般在番茄上发病较重，造成的危害更大。

番茄晚疫病从苗期至成株期都能发病，坐果后发病开始加重。叶、茎、果均可受害，但以叶片和青果受害严重。苗期病叶出现水浸状绿色病斑，迅速向叶脉、茎蔓延，使得茎细且呈暗黑褐色腐烂样，后整个植株萎蔫倒伏，湿度大时产生白色霉层。成株期感染多于病叶叶尖、叶缘出现暗绿色不规则的水浸状病斑，后转为褐色，叶背面出现白霉，呈腐烂样。青果极易染病，初呈暗绿色油状，渐渐成不规则云纹状棕褐色病斑，当遇到高湿度会长出少量白色霉层物，果实迅速腐烂。

真菌性病害。病菌在保护地番茄上或随病残体在土壤越冬，条件适宜时产生孢子囊随空气传播。低温、多雨季节发生比较严重，温度在18～20℃、相对湿度达70％以上时，晚疫病容易流行。植株繁茂或植株衰弱、地势低洼、排水不良时，有利于病害发生。

防治方法：选用抗病品种，与非茄科蔬菜2～3年轮作。选择地势高燥、排灌方便的地块种植。合理密植，雨后及时排水。保护地及时放风，避免植株叶面结露或出现水膜。收获后彻底清理病株落叶，尽量减少传染源。发病初期，喷喹啉铜、多抗霉素、丁吡吗啉、氰霜唑、嘧菌酯、氟啶胺、氨基寡糖素、精甲霜·锰锌、戊唑·嘧菌酯等。

（十六）番茄叶霉病

叶霉病是茄果类蔬菜上的常发病害，以为害番茄的叶片为主，其症状为叶背面形成白霉斑块，对应叶正面形成不规则近椭圆形淡黄色斑块。该病虽不侵染果实，但可导致叶片大量脱落，功能降低，进而影响蔬菜的产量和品质。

真菌性病害。病原菌以菌丝块在病残体和土壤表面，或以分生孢子潜伏在种子上越冬。遇适温高湿条件，产生分生孢子借气流传播初侵染和多次再侵染。喜高温高湿环境，病菌发育最适温度20～25℃、相对湿度80％以上。秋大棚比温室发病重，温室比露地发病重。田间种植过密、通风不良、湿度大时发病重。

防治方法：露地雨后及时排水，棚室严格控制温湿度，减少叶片结露。滴灌或微喷浇水，浇水后及时通风排湿。及时整枝打杈、绑蔓，植株坐果后适度摘除下部老叶、病叶。适当冲施甲壳素、海藻酸、微生物菌肥等肥料，或喷施氨基酸类、甲壳素类叶面肥，养根护叶，提高植株整体抗性。发现病叶及时摘除，交替喷洒异菌脲、百菌清、氟硅唑、苯醚甲环唑、甲基硫菌灵、多菌灵、春雷·王铜等药剂，每7天1次，注意叶背面施药。棚室栽培还可用百菌清、嘧霉胺、腐霉利烟剂防治。

（十七）番茄灰叶斑病

番茄灰叶斑病主要为害叶片，植株上、下部叶片同时发病。叶片初生灰褐色近圆形小病斑，病斑沿叶脉逐渐扩展呈不规则形，后期干枯易穿孔，叶片逐渐枯死。有时在花未开之前，花萼和花柄上也出现灰褐色病斑，引起落花，不能坐果。

真菌性病害，病菌随病残体在土壤中或种子上潜伏。温湿度适宜时产生分生孢子进行初侵染，温暖潮湿的阴雨天及结露持续时间长是发病的重要条件。一般土壤肥力不足、植株生长衰弱或氮肥过多、植株徒长的情况下发病重。

11

防治方法：选用抗病品种，温汤浸种，与非寄主植物如十字花科、瓜类蔬菜轮作。夏季休棚期用石灰氮等土壤熏蒸剂结合高温闷棚进行土壤消毒。生长期及时摘除植株的老弱病残叶，收获后及时清除病残体，并集中烧毁。病害发生前或初发生时，用噻菌铜、氢氧化铜、嘧菌酯等喷洒植株。病害发生时，用苯醚甲环唑、异菌脲、戊唑醇、醚菌·啶酰菌、春雷·氢氧化铜等药剂防治，隔7～10天1次，连续2～3次。

（十八）番茄细菌性叶斑病

番茄细菌性叶斑病又叫番茄细菌性斑疹病、番茄细菌性斑点病。番茄苗期和成株期均可染病，主要为害叶片、茎、果实和果柄，以叶缘及未成熟果实最明显。叶片染病，产生深褐色至黑色斑点，四周常具黄色晕圈；叶柄和茎染病，产生黑色斑点；幼嫩绿果染病，初现稍隆起的小斑点，果实近成熟时，围绕斑点的组织仍保持较长时间绿色，别于其他细菌斑点病。

细菌性病害。病原菌在种子上、病残体及土壤里越冬，播种带菌种子，幼苗即染病。病苗定植后传入大田，并通过雨水飞溅或整枝、打杈、采收等农事操作进行传播和再侵染。环境温度25℃以下、相对湿度80%以上时有利发病。保护地番茄发病重。

防治方法：选用耐病品种，与非茄科蔬菜3年以上轮作。采用滴灌或沟灌浇水，避免喷灌或漫灌。收获后及时清除病残体，并集中销毁。用55℃温水或1.05%次氯酸钠浸种。发病初期先清除病叶、病茎及病果，然后再喷药，药剂选用氢氧化铜、噻菌灵、络氨铜、噻菌铜、中生菌素、春雷霉素、琥胶肥酸铜等，10天左右1次，防治1～2次。

（十九）番茄细菌性溃疡病

番茄细菌性溃疡病属种传维管束病害，全生育期均可发生，番茄的叶、茎、果均可受害。主要症状为植株叶片卷曲、皱缩，青黄褐色干枯，垂悬于茎上而不脱落。病茎拐曲，生突疣或不定根，病重时病茎开裂，髓变褐、中空。果实发病产生圆形小病斑，稍隆起，乳白色，后中部变褐，呈"鸟眼状"。病重时许多病斑连片，使果实表面十分粗糙。

细菌性病害。通过种子带菌远距离传播。田间传播主要靠雨水及灌溉水。整枝、绑架、摘果等农事操作时也可接触传播。病菌从各种伤口侵入，也可从植株茎部或花柄处侵入。溃疡病菌较耐低温，大雾、重露、多雨等因素有利病害发生，连续阴雨或暴风雨，可造成病害流行。发病多在第3穗果实膨大至成熟期，越接近采收期发病越重。

防治方法：严格检疫，重病田与非茄科蔬菜3年以上轮作，农事操作应在田间露水干后进行。种子消毒，用 55℃ 温水浸种 30 分钟，或用 0.6% 醋酸溶液浸种 24 小时，或用 1.05% 次氯酸钠浸种 20～40 分钟。发现病株及时拔除深埋或烧毁，并用生石灰对病穴消毒。发病初期，特别是暴风雨后及时喷药，药剂主要有铜制剂、代森锰锌、琥胶肥酸铜、中生菌素等，也可选用枯草芽孢杆菌、氨基寡糖素、诱抗素等生物药剂与中生菌素混配。

（二十）番茄疮痂病

番茄疮痂病主要为害茎、叶和果实。近地面老叶先发病，初生水浸状暗绿色斑点，扩大后形成近圆形或不整形边缘明显的褐色病斑，四周具黄色环形窄晕环，内部较薄，具油脂状光泽。茎部染病先生水浸状暗绿色至黄褐色不规则形病斑，病部稍隆起，裂开后呈疮痂状。果实染病主要为害着色前的幼果和青果，初生圆形四周具较窄隆起的白色小点，后中间凹陷呈暗褐色或黑褐色隆起环斑，呈疮痂状是本病重要特征。

细菌性病害。病原细菌随病残体在地表或附在种子表面越冬。翌春条件适宜通过风雨或昆虫传播到番茄叶、茎或果实上，从伤口或气孔侵入，受害细胞被分解，致病部凹陷。高温、高湿、阴雨天气是发病重要条件。钻蛀性害虫及暴风雨造成伤口、管理粗放和植株衰弱发病重。

防治方法：重病田实行 2～3 年轮作。种子经 55℃ 温水浸种后催芽。加强管理，及时整枝打杈，适时防虫。发病初期开始喷洒琥胶肥酸铜、络氨铜、氢氧化铜、新植霉素、春雷·王铜等，隔 7～10 天 1 次，防治 1～2 次。

（二十一）辣椒疫病

辣椒疫病苗期和成株期均可发病，以成株期发病为主，主要为害叶片、果实和茎，特别是茎基部最易发病。幼苗染病，茎基部呈水浸状腐烂，很快死亡。成株侵染也多从茎基部开始，病斑水浸状、暗绿色，后成为褐色，稍凹陷，表皮下的皮层部变暗褐色。茎的任何部位都可感染，病斑常常绕茎扩展，上部组织急速萎蔫死亡。叶片薄纸状，浅棕色，开裂和脱落；高湿时，病斑表面生白霉。茎部病菌可通过果梗进入果实，形成暗绿色、水浸状病斑，上生白霉，病果软腐变褐干缩挂在枝上。

真菌性病害。病菌寄存在种子表面、病残体或土壤中越冬，通过土壤传播，也靠灌溉水携带、水滴溅射、农事操作和接触传染。多雨、潮湿天气，特别是大雨后骤晴，气温急剧上升，病害最易流行。气温 26～30℃、相对湿度高于 95%，经 4～6 个小时即可在短期内流行成灾。浇水频繁、浇水量大或地势低洼、排水不良、栽植过密地块发病重。

防治方法：选用抗耐病品种。清洁田园，避免与茄果类、瓜类蔬菜连作。

采用石灰氮高温高湿闷棚。氮磷钾合理搭配，开花坐果期适时追肥。52℃温汤浸种或用硫酸铜、甲霜灵、精甲霜·锰锌、呋酰·锰锌等药剂浸种。发现病株立即拔除，并用嘧菌酯、苯醚甲环唑、霜霉威盐酸盐、氢氧化铜、绿乳铜等灌根或喷雾。棚室阴雨天尽量用烟熏法或喷粉法防治。

（二十二）辣椒细菌性叶斑病

辣椒细菌性叶斑病主要为害叶片。初生不规则形、似油浸状黄褐色小斑点，扩展后变成红褐色至深褐色或铁锈色大小不一斑点，呈膜质状，形状不规则，有的穿孔。该病扩展很快，严重的造成叶片大量脱落。细菌性叶斑病病斑不规则，病健交界处明显，病斑边缘不隆起，别于疮痂病。

细菌性病害。病菌在种子及病残体上越冬，在田间借风雨或灌溉水传播，从叶片伤口处侵入。温湿度适合时，病株大批出现并迅速蔓延。北方地区发病高峰在7—8月高温多雨季节。与甜（辣）椒、白菜等十字花科蔬菜连作地发病重。棚室内灌水后没有及时通风排湿，也易发生该病。

防治方法：与非茄科及十字花科蔬菜实行2～3年轮作。采用垄作栽培，雨后及时排水，避免大水漫灌。收获后及时清除病残体，并深翻土壤。播前用0.3％的琥胶肥酸铜或敌克松拌种。发病初期喷洒或浇灌络氨铜、氢氧化铜、琥胶肥酸铜、氯溴异氰尿酸等，隔7～10天1次，连续2～3次。

（二十三）辣椒疮痂病

辣椒疮痂病又名细菌性斑点病、落叶病。主要为害叶片、茎蔓、果实。叶片染病后初期出现许多圆形或不规则状的黑绿色至黄褐色斑点，有时出现轮纹，叶背面稍隆起，水泡状，正面稍有内凹；茎蔓染病后病斑呈不规则条斑或斑块；果实染病后出现圆形或长圆形墨绿色病斑，直径约0.5厘米，边缘略隆起，表面粗糙，引起烂果。

细菌性病害。病原细菌在种子、病残体上越冬，翌年在潮湿情况下，借雨水飞溅及昆虫近距离传播，从叶片的气孔侵入。高温多雨的7—8月，尤其暴风雨过后伤口增加，有利于病原细菌的传播和侵染。整枝打杈、雨水、昆虫等造成的伤口利于病菌侵入。氮肥用量过多，磷钾肥不足，发病加重。

防治方法：选用抗病品种，实行2～3年轮作。结合深耕促进病残体腐烂分解，加速病菌死亡。起高垄栽培，注意中耕松土，控制田间小气候。用55℃温水浸种15分钟或用硫酸铜、高锰酸钾浸种5分钟。发病初期摘除病叶、病果，及时喷洒氯溴异氰尿酸、代森铵、噻菌铜、喹菌酮、络氨铜、中生菌素、水合霉素、新植霉素、春雷·王铜、琥铜·乙膦铝等药剂。温室可用百菌清烟剂熏棚。

（二十四）茄子黄萎病

茄子黄萎病除茄子外还可侵染甜椒、番茄、马铃薯、瓜菜等多种作物，但以茄子受害最重。从移栽至成熟期均可发病，前期症状不明显，多在茄株开花结果后发病，先是自下而上或从一侧的叶片发病，随后向全株发展，俗称"半边疯"。叶片初在叶缘及叶脉间变黄，后发展为半边叶片或整叶变黄，并萎蔫下垂以至脱落，严重时全株叶片脱落只剩光秆。本病为全株性病害，剖检病株根、茎、分枝、叶柄，可见维管束变褐，故称"黑心病"。但挤捏上述各部横切面，无浑浊液渗出，别于青枯病。

真菌性病害。病菌以菌丝和厚垣孢子随病残体在土壤中越冬，也可随种子远距离传播。病菌对不良环境的抵抗力强，在土壤中可存活6～7年，借风、雨、流水或人畜及农具传播。定植时地温低发根慢，定植到开花期气温低且持续时间长，利于病菌侵入。灌水不当及连作地发病重。天气冷凉时直接浇井水，会降低地温也可导致该病发生蔓延。

防治方法：选用抗病品种，与非茄科作物实行4年以上轮作。提倡嫁接育苗，砧木选用"托鲁巴姆"。播前温汤浸种或用氯溴异氰尿酸种子消毒。10厘米深处地温高于15℃时开始定植，可每穴施50%多菌灵可湿性粉剂1～2克。生长期间小水勤浇，保持地面湿润。发病初期喷二氯异氰尿酸钠、噁霉灵、乙蒜素、水杨菌胺＋氨基寡糖素、多菌灵盐酸盐等，隔10～15天1次，连续2次。

（二十五）茄子绵疫病

绵疫病是茄子三大病害之一。除为害茄子外，还为害番茄、马铃薯、黄瓜、冬瓜等。主要为害果实，幼苗和成株均可受害，尤以近地面果受害居多。果实受害初期出现水浸状斑点，病斑逐渐向四周扩大，无明显边缘，略凹陷，果肉呈黑褐色腐烂，湿度大时病部表面长出茂密的白色毛状霉层。幼苗染病主要在茎基部发生暗褐色水浸状病斑，幼茎逐渐变软溢缩，幼苗倒伏死亡。

真菌性病害。病菌卵孢子在土壤中、病残组织上越冬，经雨水溅到植株体近地面果实或叶片上，后直接侵入表皮，再借雨水或灌溉水传播再侵染。温度20～30℃、空气相对湿度80%以上时病害易于流行。高温、多雨、地势低洼、排水不良、氮肥使用偏多、连作等都会加重发病。

防治方法：选用抗病品种，与非茄科作物实行2年以上轮作。秋冬深翻，高垄栽培，施足腐熟有机肥。及时中耕、整枝，摘除病果病叶，预防高温高湿。用精甲霜灵种衣剂包衣，或用精甲霜·锰锌浸种后催芽播种。发病初期喷施普力克、吡唑醚菌酯、甲霜灵·锰锌、霜脲·锰锌、烯酰吗啉＋百菌清、唑菌酯＋百菌清等药剂，间隔 7~10 天 1 次，连防 2~3 次。保护地可使用百菌清烟雾剂或百菌清粉尘剂。

（二十六）茄子褐纹病

茄子褐纹病又称茄子干腐病，只为害茄子，与绵疫病、黄萎病被称为茄子三大病害。苗期、成株期均可被害，主要为害茄果，也侵染幼苗、叶和茎秆。果实受害，初在果面上产生略凹陷的浅褐色圆形或椭圆形病斑，后扩大呈深褐色不规则形，略显软腐状，病斑上出现同心轮纹并密生黑色小点，受害果常悬于枝头成为僵果或落地腐烂。叶片受害，多从下部开始发病，初呈褐色水渍状近圆形小斑点，后扩大呈不规则形病斑，边缘深褐中央灰白至暗褐色。茎秆受害，以近地面部位受害最为严重，呈褐色梭形干腐状溃疡斑，并密布黑色小点，易受风折。幼苗受害，表现立枯症状并密生黑色小点。

真菌性病害。病菌多以菌丝体和分生孢子器在土表病残体组织上越冬，也可附着在种子上远距离传播。播种带菌种子可直接引起幼苗发病。越冬病菌在适宜温湿度条件下产出分生孢子，通过风雨、浇水及昆虫进行初侵染和再侵染。高温、高湿利于发病。连作重茬、土壤黏重、通风不良、氮肥过多、定植过晚也利于发病。一般圆茄品种较感病，长茄品种较抗病。

防治方法：选用抗病品种，与非茄科蔬菜 2 年以上轮作。温汤浸种，或多菌灵＋福美双拌种。高垄覆膜栽培，小水勤灌或滴灌。施足基肥，增施磷、钾肥。及时清除病叶、病果，减少菌源。幼苗期用嘧菌酯、醚菌酯、丙森锌、噁唑菌酮·锰锌喷雾保护；结果期发病初期喷苯醚·咪鲜胺、嘧菌·百菌清、硫磺·甲硫灵、腐霉利＋三氯异氰尿酸等，隔 7~10 天 1 次，连续 3~4 次。

（二十七）瓜类蔬菜疫病

瓜类蔬菜疫病是瓜类常发病害之一，以黄瓜、冬瓜受害最重。在高温高湿条件下，病害发展迅速，夏季高温多雨季节该病常盛行。

整个生育期均可染病，侵害幼苗、叶、蔓和果实。幼苗发病，先是子叶呈圆形水浸状暗绿色病状，后逐渐变红褐色。茎基部发病，病斑部显著缢缩直至倒伏枯死。被害叶片先是暗绿色水浸状病斑迅速扩大，湿度大时软腐似水烫，干时呈淡褐色易破碎。茎蔓部受侵染，病斑暗绿色水浸状缢缩，潮湿时腐烂，干燥时呈灰褐色干枯，患部以上枯死。被害果实初生暗绿色水浸状圆形病斑，潮湿时迅速扩大，病部凹陷腐烂，果实表面密生绵毛状白色菌丝。

真菌性病害。病菌以菌丝体、卵孢子或厚垣孢子随病残体在土中越冬，借空气、水流和土壤传播，种子也能带菌。病菌随飞溅的水滴附着于果实及茎叶是发病和蔓延的重要原因。25~30℃为病菌最适发育温度。多雨或瓜地潮湿、渍水，发病严重；气候干燥、雨水少，发病轻或不发病。

防治方法：嫁接育苗，与非瓜类作物轮作。深沟高畦，雨季做好排水。种植前清除病残体，翻晒土壤，施足有机肥。生长期覆盖地膜，避免病菌随飞溅的水滴传到果实和茎叶。发现病株立即拔除烧毁，病穴撒施少量石灰消毒。发病初期立即喷药控病，可用药剂霜霉威、杀毒矾、普力克、乙膦铝、氧氯化铜、甲霜灵·锰锌等。

（二十八）瓜类蔬菜蔓枯病

蔓枯病别名黑腐病，是瓜类栽培中的常见病害，为害叶片、蔓和果实，黄瓜、西瓜、甜瓜、冬瓜、苦瓜、西葫芦等多有发生，主要为害茎、叶、瓜及卷须等地上部，不为害根部。表现为自下而上逐渐枯黄，但植株上部仍会保留数张叶片不脱落。叶片受害，多从边缘发病，形成黄褐色或灰白色"V"形大病斑，后期病斑易破碎，病斑轮纹不明显，其上密生小黑点。茎部多在茎基部和节部感病，病斑椭圆形至梭形，病部灰白色，有琥珀色胶物质溢出，后期病茎干缩，纵裂呈乱麻状，严重时导致烂蔓。蔓枯病病势发展缓慢，维管束不变色，这是与枯萎病的不同之处。

真菌性病害。病菌主要以分生孢子器或子囊座随病残体在土中或附在种子、大棚棚架等处越冬。棚室内主要通过灌溉水传播，从气孔、水孔和伤口侵入。成株期病菌由果实蒂部或果柄侵入。病菌喜湿喜温，发病适宜温度18～25℃、相对湿度85％以上。露地高温多雨或棚室内湿度大，病害易大面积发生。连作地、平畦栽培、排水不良、种植密度过大、供肥不足、长势弱的植株易发病。

防治方法：与非瓜类作物2～3年轮作。播种前温汤浸种，或用甲基托布津、嘧菌酯等药液浸种。合理密植，棚室管理应注意升温排湿。及时清除病叶、病茎等，并用石灰消毒病株周围土壤。幼苗期用苯醚甲环唑、敌克松等药液灌根。发现中心病株时及时喷药，可用药剂甲基托布津、百菌清、醚菌酯、咪鲜胺、代森锰锌、咯菌腈、苯醚甲环唑、氟喹唑、唑醚·代森联、肟菌·戊唑醇、嘧菌·百菌清、苯甲·醚菌酯等，隔5～7天喷1次，连喷3～4次。

（二十九）黄瓜霜霉病

霜霉病俗称"跑马干""干叶子"，是瓜类蔬菜的重要病害，尤其是在黄瓜保护地栽培中，发生很普遍、为害也比较重。

霜霉病多发生在黄瓜开花结果后，盛瓜期达到高峰，初被感染植株叶片发生水浸状绿色斑点，随着病情的加重，病斑中间由浅绿色变为黄褐色，边缘呈黄绿色；空气潮湿时，叶片背面病斑会长出紫褐色的霉层，气候干燥时霉层消失，发病后期病斑连成片，整个叶片呈黄褐色，干枯卷缩，如不及时防治整块瓜田叶片将枯黄。

真菌性病害。病菌在病叶上越冬或越夏，在温室、大棚和露地黄瓜之间传播，通过气流和雨水飞溅进行初侵染和多次再侵染。叶面有水滴或水膜，持续3小时以上病菌侵入。田间始发期均温 15～16℃，流行气温 20～24℃。10℃温差最利于病原菌侵染、扩展和繁殖。温度 20～35℃、高湿 2 小时足以导致黄瓜霜霉病发生。

防治方法：选用抗病品种，栽培无病苗。定植后结瓜前控制浇水，适时中耕，提高地温。温室夜间外界气温达到 10℃以上适当通风，夜间气温高于12℃时可整夜通风。采用地膜覆盖滴灌浇水，以减少棚内结露持续时间。浇水后闭棚升温，减少夜间叶面结露量及水膜面积。提倡采用高温高湿闷棚防治黄瓜霜霉病。保护地可选用烟雾法或粉尘法，常规用药可用喷雾法。烟雾法可选用锰锌·霜脲烟剂或锰锌·乙铝烟剂；粉尘法可选用百菌清粉尘剂或春雷·王铜粉尘剂；喷雾法可选用丙森锌、嘧菌酯、甲霜·霜霉威、噁唑菌酮·锰锌、精甲霜灵·锰锌、噁霉灵·代森锰锌、吡唑醚菌酯·代森联、烯酰·锰锌、呋酰·锰锌等。也可烟雾法、粉尘法、喷雾法交替轮换使用。

（三十）黄瓜细菌性角斑病

黄瓜细菌性角斑病是瓜类蔬菜的重要病害之一，尤其保护地黄瓜栽培中发生普遍，为害重。除为害黄瓜外，还为害西葫芦、丝瓜、苦瓜等瓜类蔬菜。

苗期至成株期均可受害，主要为害叶片、叶柄卷须和果实，有时也侵染茎。叶片受害，先是出现水浸状的小病斑，病斑扩大后因受叶脉限制而呈多角形，黄褐色，带油光。叶背面无黑霉层，湿度大时可见乳白色菌脓。后期病斑呈灰白色，中央组织干枯脱落易形成穿孔。茎及叶柄上的病斑初期呈水渍状，近圆形，后呈淡灰色，严重的纵向开裂呈水渍状腐烂，有臭味。瓜条发病，出现水浸状小斑点，扩展后不规则或连片，病部溢出大量污白色菌脓。瓜条受害常伴有软腐病菌侵染。

细菌性病害。病原菌在种子内外或随病残体在土壤中越冬，翌年初侵染从近地面叶片和瓜条开始，逐渐扩大蔓延。保护地借棚顶大量水珠下落，或结露及叶缘吐水滴落、飞溅传播蔓延。露地病菌靠气流或雨水逐渐扩展，一直延续到结瓜盛期。保护地低温高湿利其发病，昼夜温差大、结露重且持续时间长，发病重。露地黄瓜在低温多雨年份，病害普遍流行，地势低洼积水、多年连茬、栽培密度过大、偏施氮肥，均可诱发该病。

防治方法：选用抗病品种，从无病瓜上选留种。与非瓜类作物实行 2 年以上轮作。生长期及收获后清除病叶，及时深埋。棚室加强温湿度管理，注意通风降湿。滴灌浇水或膜下浇暗水，降低棚内湿度。发病前或发病初期选用春雷霉素、中生菌素、噻森铜、喹菌酮、氯溴异氰尿酸、琥胶肥酸铜、氢氧化铜、松脂酸铜、络氨铜、啉胍·乙铜、春雷·王铜等药剂进行保护和治疗，每5～7天喷1次，连续喷3～4次。

（三十一）黄瓜黑星病

黄瓜黑星病又称疮痂病，是一种严重为害黄瓜生产的检疫性病害。除侵染黄瓜外，还侵染南瓜、西葫芦、冬瓜等作物。全生育期均可发病，可为害叶、茎、瓜果，尤以嫩叶幼瓜生长点受害重。幼苗染病，真叶较子叶敏感，子叶上产生黄白色近圆形斑，发展后引致全叶干枯；嫩茎染病，初现水渍状暗绿色梭形斑，后变暗色，凹陷龟裂，湿度大时长出灰黑色霉层；卷须染病则变褐腐烂；生长点染病，经2～3天烂掉形成秃桩；叶片染病，初为污绿色近圆形斑点，穿孔后孔的边缘不整齐略皱，且具黄晕，叶柄、瓜蔓被害，病部中间凹陷，形成疮痂状，表面生灰黑色霉层；瓜条染病，初流胶，渐扩大为暗绿色凹陷斑，表面长出灰黑色霉层，致病部呈疮痂状，病部停止生长，形成畸形瓜。

真菌性病害。病原菌多潜伏于病株残体内在土壤里越冬，也可沾伏在保护地的支架上，或种子的内、外表皮上越冬。病菌经黄瓜植株上的伤口、气孔或表皮进行初侵染，再借助灌溉水、气流和农事操作在田间传播。带菌种子的调运是该病害远距离传播的主要途径。该病属低温、高湿性土传病害。当棚室内温度在20℃左右、相对湿度在90％以上时，就极易引起病害的发生。黄瓜种植密度过大，株间光照不足，通风不好和重茬地块，会加重病害的发生。

防治方法：选用抗病品种，与非瓜类作物轮作。温汤或多菌灵药剂浸种。加强栽培管理，采用地膜覆盖及滴灌技术。及时放风，控制好棚内温湿度。定植前10天，密闭温室大棚用硫黄粉＋锯末点燃熏蒸消毒。发病初期用苯醚甲环唑、氟硅唑、腈菌唑、咪鲜胺、腈菌唑·代森锰锌等叶面喷雾防治，视病情隔5～7天1次。

（三十二）西葫芦绵腐病

西葫芦绵腐病主要为害果实，有时为害叶、茎及其他部位。果实发病初呈椭圆形、水浸状暗绿色病斑。干燥条件下，病斑稍凹陷，扩展不快，仅皮下果肉变褐腐烂，表面生白霉。湿度大、气温高时，病斑迅速扩展，整个果实变褐、软腐，表面布满白色霉层，致病瓜烂在田间。叶茎染病初生暗绿色、圆形或不整形水浸状病斑，湿度大时软腐似开水煮过状。

真菌性病害。病菌以卵孢子在土壤中越冬，通过茎、叶和果实表皮侵入寄主，后借雨水或灌溉水传播，侵害果实。病菌主要分布在表土层内，雨后土温低、湿度大，病菌迅速增加，利于发病。

防治方法：施用充分腐熟的有机肥。采用高畦栽培，避免大水漫灌，大雨后及时排水，必要时把瓜垫起。重病田定植前每亩*沟施或泼浇5千克硫酸铜。发病初期喷洒松脂酸铜、普力克、烯酰吗啉、霜脲·锰锌、精甲霜·锰锌、氯溴异氰尿酸、多抗霉素等。

（三十三）西葫芦软腐病

西葫芦软腐病主要为害根茎部及果实。根茎部受害，髓组织溃烂。湿度大时，溃烂处流出灰褐色黏稠状物，轻碰病株即倒折。幼瓜染病，病部先呈褐色水浸状，后迅速软化腐烂如泥。该病扩展速度很快，病瓜散出臭味是识别该病的重要特征。

细菌性病害。病原细菌随病残体在土壤中越冬，翌年借雨水、灌溉水及昆虫传播，由伤口侵入。病菌侵入后分泌果胶酶溶解中胶层，导致细胞分崩离析，致细胞内水分外溢，引起腐烂。阴雨天或露水未落干时整枝打杈或虫伤多，均可致发病重。连作地、地势低洼积水、土质黏重、氮肥施用过多、植株生长过嫩，易发病。

防治方法：选用抗病品种，重病田块与葱蒜类蔬菜轮作。采用高畦覆盖栽培，禁止大水漫灌。雨后及时排水，发现病株随时摘除，并撒石灰或用药液淋灌病穴。整枝打杈应选择晴天中午进行，整掉的侧枝及病叶、老叶及时运出田园销毁。用福尔马林或次氯酸钙浸种后催芽播种。发病初期喷施碱式硫酸铜、琥胶肥酸铜、氢氧化铜、春雷氧氯铜等，隔7～10天1次，连续防治2～3次。保护地喷撒百菌清或噁霉灵粉尘剂，也可用腐霉利或百菌清烟剂熏蒸。

（三十四）豆角细菌性疫病

豆角细菌性疫病又叫叶烧病，主要为害叶片，也为害茎和荚。叶片染病，在叶尖或叶缘出现暗绿色油渍状小斑点，后扩展为不规则形褐斑，周围有黄色晕圈，湿度大时，溢出黄色菌脓，严重时病斑相互融合，以致全叶枯凋，病部脆硬易破，最后叶片干枯。茎蔓染病，病斑水渍状，后发展成条形病斑，褐色、凹陷，环茎1周后，引起病部以上枯死。豆荚染病，初生暗绿色油渍小斑，后扩大为稍凹陷的圆形至不规则形褐斑，严重时豆荚皱缩。

细菌性病害。病原细菌主要在种子内外或随病残体在土壤中越冬。带菌种子出苗后先侵染子叶和生长点，分泌菌液借灌溉水、雨水、昆虫、农事操作传播，从气孔、水孔或伤口侵入。高温、高湿、大雾、结露有利发病。夏秋天气

---

* 亩为非法定计量单位，1亩＝1/15公顷。——编者注

闷热，连续阴雨、雨后骤晴等病情发展迅速。管理粗放、偏施氮肥、大水漫灌、虫害严重、植株长势差等，均有利于病害的发生。

防治方法：选用抗病品种，与非豆科作物实行 3 年以上轮作。播前用福尔马林、水合霉素或 55℃温水浸种。合理密植保持通风透光，减少田间结露。拉秧后及时清园烧毁，减少田间菌源。发病初期喷洒氯溴异氰尿酸、宁南霉素、中生菌素、氢氧化铜、络氨铜、代森锌、春雷·王铜等，7～10 天喷 1 次。

（三十五）豆角锈病

豆角整个生长期均可染病，但始花至结果期间抗性弱，感病性增强。豆角锈病以侵害叶片为主，严重时也会为害叶柄和豆荚。叶片染病，初生黄白色的斑点，稍隆起，后逐渐扩大呈黄褐色斑，严重时病部变红褐色，远看叶片似烧灼。最后叶片干枯，功能丧失，植株衰老死亡。

真菌性病害。病菌以冬孢子在病残体上越冬，借气流传播从叶片气孔直接侵入，并在病部产生病原进行再侵染。该病高温条件下易发生流行，高温阴雨天气发病重，低洼积水、重茬田块、氮肥施用过多、植株徒长或生长过弱发病较为严重。

防治方法：选用抗病品种，播种前多菌灵拌种。合理密植，及时搭好支架，收获后将残株死苗收集烧毁。施足基肥，早施追肥，增施磷、钾肥。发病初期及时喷药防治，常用药剂三唑酮、苯醚甲环唑、吡唑醚菌酯、氟硅唑、戊唑醇、腈菌唑、嘧菌酯、醚菌酯、烯肟菌酯、丙环唑、己唑醇、多菌灵等。隔7～10 天 1 次，连续 2～3 次。

（三十六）豆角斑枯病

豆角斑枯病又称褐纹病，主要为害叶片，初期病斑呈多角形至不规则形，暗绿色，后渐变为紫红色，后期多个病斑融合在一起成为大斑块，引起叶片早枯，病斑正反两面可见针尖状小黑点。

真菌性病害。病菌以菌丝体和分生孢子器随病残体遗落土中越冬，借雨水溅射传播蔓延，以分生孢子进行初侵染和再侵染。高温多雨天气或浇水量过大，连作地、种植过密、架矮、株行间通风透光条件不良、偏施氮肥或播种过晚发病重。

防治方法：选用抗病品种，实行轮作。高畦深沟栽培，合理密植，注意雨后及时排水。合理调控棚内温湿度，不给病菌发生创造条件。发现病株及时摘掉病叶并销毁。发病初期喷洒百菌清＋甲基硫菌灵、百菌清＋代森锰锌、多·硫悬浮剂等，后期喷霜脲·锰锌，5～7 天 1 次，连续 2～3 次。

(三十七) 豆角褐斑病

豆角褐斑病又叫褐缘白斑病，主要为害叶片。病斑不定形，中间为褐色，边缘红褐色，后期病斑灰褐色至灰白色。潮湿时病斑背面有暗灰色至灰黑色霉状物。

真菌性病害。病原以子囊座随病残组织在地表越冬。翌春借气流和雨水传播，进行初侵染和再侵染。在高温多雨、栽植过密、通风不良、偏施氮肥时，豆角褐斑病发病严重。

防治方法：施用腐熟农家肥，增施磷肥、钾肥。防止大水漫灌，雨后及时清沟排水。合理密植，通风良好，棚室要控制好湿度。收获后及时清除病残体，集中深埋或烧毁。发病初期喷洒多·霉威、多·硫悬浮剂、苯菌灵、百菌清、甲基硫菌灵等，隔10天1次，连续2~3次。

(三十八) 豆角白绢病

白绢病是豆角常见病害，主要为害茎基部。发病时在茎基部出现辐射状扩展的白色绢丝状菌丝体，后在病部上形成菜籽状褐色菌核，引起豆荚湿腐。茎基部皮层变褐腐烂，病部以上叶片很快萎蔫、叶色变黄，最后植株萎蔫死亡。

真菌性病害。病原以菌核或菌丝遗留在土中或病残体上越冬。自然条件下经5~6年仍具萌发力。菌核萌发后产生菌丝，从根部或近地表茎基部侵入，形成中心病株，再向四周扩散。田间病原主要通过雨水、灌溉水、肥料及农事操作等传播蔓延。高温、潮湿、栽植过密、不通风、不透光，易诱发本病。

防治方法：发病重的菜地与禾本科作物轮作。深翻土地，把病原翻到土壤下层。及时拔除病株，并在病穴中撒石灰消毒。施用腐熟有机肥，适当追施硫酸铵、硝酸钙。发病初期茎基部喷淋甲基托布津或三唑酮，隔7~10天喷1次；或用甲基立枯磷、井冈霉素等灌穴或淋施1~2次，间隔期15~20天。

(三十九) 十字花科蔬菜霜霉病

霜霉病是十字花科蔬菜重要病害之一，主要在白菜、甘蓝、油菜、萝卜等蔬菜上发生。整个生育期都可发病，主要为害叶片，其次为害茎、花梗和种荚等。叶片发病，多从下部或外部叶片开始。发病初期叶片正面出现淡绿色小斑，扩大后病斑呈黄色，因其扩展受叶脉限制而呈多角形。潮湿时，在病斑叶背相应位置布满白色霉层。病斑相互融合，造成整张叶片变黄，并逐渐干枯。大白菜包心期以后，病株叶片由外向内层层干枯，严重时只剩下心叶球。甘蓝和花椰菜受害后，病斑背部颜色呈现黑褐色。

真菌性病害。北方冬季病菌以卵孢子随病残体在土壤中休眠越冬。春季温湿度适宜时病菌萌发侵染，靠气流和雨水传播，从气孔或表皮直接侵入，并不断蔓延进行再侵染。在适温范围内，湿度越大，病害越重。气温 16～20℃，昼夜温差大或忽冷忽热天气有利于病害发生。

防治方法：选用抗病品种，与非十字花科作物轮作。高畦栽培，合理灌水，多雨年份清沟排渍。施足基肥，配方施肥，避免偏施氮肥。收获后清洁田园，减少病菌积累。田间发现发病中心及时喷药，常用药剂甲霜灵、甲霜灵·锰锌、噁霜·锰锌、霜脲·锰锌等。注意十字花科蔬菜不宜选用铜制剂，以防产生药害。

（四十）十字花科蔬菜黑斑病

十字花科蔬菜黑斑病在白菜、甘蓝及花椰菜上发生较多，以春秋两季发生普遍。症状多表现在叶片上，一般从下叶或外叶开始发病，初生灰褐色圆形病斑，后斑面长出黑色丝状霉而变成黑色，并有同心轮纹，病斑有大有小，严重时病斑重合，病叶枯死。叶柄和茎部也可受害，上生条状病斑，斑面长有黑色霉状物。尤其是大白菜生长中后期受黑斑病为害，中下部叶片大量枯干，叶片松散不能形成紧密结实的叶球，既减产又降低品质。

真菌性病害。病原菌以菌丝体、分生孢子在田间病株、病残体、种子或冬贮菜上越冬。第二年环境条件适宜时产生分生孢子，从气孔或直接穿透表皮侵入，潜育期3～5天，分生孢子随气流、雨水传播，进行多次再侵染。发生轻重及早晚与连阴雨持续时间长短有关。昼夜温差大，湿度高时，病情发展迅速。雨水多、易结露的条件下，病害发生普遍，为害严重。

防治方法：与非十字花科蔬菜轮作。作物收获后彻底清园销毁病残体，翻晒土壤。高畦深沟植菜，增施优质有机底肥，适当增施磷钾肥。用种子重量0.2%～0.3%的福美双或扑海因拌种。发病初期喷布百菌清、苯醚甲环唑、异菌脲、代森锰锌、多菌灵等，隔7～10天喷1次，连续喷2～3次。

（四十一）十字花科蔬菜软腐病

十字花科蔬菜软腐病又称水烂、烂疙瘩，是白菜和甘蓝包心后期的主要病害之一。夏秋露地和遮阳网栽培多发，在棚室栽培和贮运期间也可发生，若防治不及时，可造成重大损失。

全生育期和储藏阶段均可发病。多发生在叶柄基部和茎秆，白菜及包菜多发生在包心后。发病组织和环境不同症状有差异，相同的是初始发病部位呈浸润透明状，后呈现出水浸状病斑。整个植株表现为中午叶片萎蔫、傍晚恢复，几天后不能恢复，外部叶片腐烂，病斑变灰褐色再变褐色，最终除维管束外的组织全部腐烂，呈黏性软腐状，有恶臭。

细菌性病害。北方地区病菌主要在病残组织中越冬，春季经雨水、灌溉水、施肥和昆虫等传播，从自然裂口或伤口侵入，从春到秋在田间辗转为害，引起蔬菜生育期和贮藏期发病。高温高湿条件下，病原易于繁殖与传播。昆虫为害及其他田间管理等造成的伤口便于病原侵入。低畦栽培导致植株被雨水浸没，不利于伤口愈合，易发生病害。

防治方法：选用抗病品种，采用高畦覆膜栽培，雨后避免田间积水。早期注意防治地下害虫，幼苗期加强黄条跳甲、菜青虫、小菜蛾、甘蓝蝇等害虫防治。发现病株立即拔除深埋，病穴撒石灰消毒。连阴雨天注意提前预防，发病初期及时喷淋茎基部或灌根处理，药剂选用新植霉素、代森铵、喹菌酮、噻枯唑、络氨铜等，可兼治黑腐病。

(四十二) 十字花科蔬菜黑腐病

黑腐病主要为害大白菜、甘蓝等十字花科蔬菜。苗期受害子叶出现黄褐色水渍状病斑，根髓部变黑，幼苗渐枯死。成株期染病从叶缘开始，呈"V"形向叶内扩展，病斑黄褐色，向四周扩展，病部变褐枯死；有时沿叶脉扩展，形成网状黑脉。菜帮染病呈淡褐色干腐，常造成烂帮、烂心，纵切茎部可见髓部中空变色。

细菌性病害。病菌在种子上或附着在病残体上以及采种株上越冬，成为初侵染源。播种带病种子，出苗后即染病，导致幼苗死亡。病苗通过雨水、灌溉水和昆虫传播，经寄主伤口、孔口侵染，并至维管束引起系统侵染。喜高温高湿环境，$25\sim30{}^{\circ}\!C$利于病菌生长发育。多雨高湿、叶面结露、叶缘吐水，均利于发病。虫害多、伤口多、播种早、地势低洼、排水不良、缺肥早衰的地块，病害发生较早且重。

防治方法：选用抗病品种。重病地与非十字花科蔬菜2~3年轮作。适期播种，合理密植，防止田间郁闭。适时浇水，合理蹲苗，及时拔除病株带出田外深埋，并对病穴撒石灰消毒。施足底肥，增施磷钾肥，避免偏施氮肥。$50{}^{\circ}\!C$温水浸种，或用甲霜灵或福美双等拌种。发病初期喷洒新植霉素、琥胶肥酸铜、氢氧化铜、春雷·王铜、敌克松、菜丰宁等药剂。

(四十三) 白菜褐腐病

褐腐病是大白菜的一种主要病害，各地均有发生，部分地区又称"茎基腐病"。主要为害外叶，多是接近地面的菜帮发病。病斑呈不规则形，周缘不明显，褐色或黑褐色，凹陷。湿度大时病斑上出现淡褐色蛛网状菌丝及菌核。发病严重时叶柄基部腐烂，造成叶片黄枯、脱落。

真菌性病害。病菌以菌核随病残体在土壤中越冬，可在土中腐生生活多年。病菌借雨水、灌溉水、农具及带菌肥料传播。从根部的气孔、伤口或直接穿透表皮侵入，引起发病。病菌喜高温、高湿条件，菜地积水或湿度过大，易发病而且病情发展迅速。施用未充分腐熟的有机肥发病重。

防治方法：选择地势平坦、排水良好地块种植白菜。施足腐熟有机肥，增施磷、钾肥。初见病株，及时摘除近地面的病叶深埋或销毁。收获后及时清除田间病残体并集中销毁。发病初期及时喷布络氨铜、噁霉灵、霜霉威、疫霉灵、甲霜铜、烯酰吗啉、烯酰·锰锌、霜脲·锰锌、乙铝·锰锌、甲霜·锰锌等。每7天1次，连续2～3次。

（四十四）白菜细菌性叶斑病

细菌性叶斑病是大白菜上又一普遍发生且为害严重的细菌病害。主要为害叶片，产生2～5毫米圆形或不规则形病斑，病斑黄褐色或灰褐色，边缘颜色较深，呈油浸状。发病重时病斑常相互连结成大斑块。干燥时病斑质脆易开裂，致使叶片干枯死亡。

细菌性病害。病菌在种子上或随病残体在土壤中越冬，其腐生性较弱，在病残体分解后，便不能在土壤中继续存活。病菌也可在越冬的十字花科蔬菜及十字花科杂草上存活。病菌借雨水或灌溉水传播蔓延，昆虫也能传播病菌。在露水未干时进行农事操作，病菌会污染农具或人体，再接触健壮植株时病菌就得以传播。25～27℃，多雨、多雾、重露时易发病。大白菜莲座期至包心期为感病期，此时如遇连阴雨天病害极易流行。

防治方法：选用抗病品种。重病地实行2年以上轮作。高垄、高畦栽培。小水勤浇，雨后及时排水。播前用50℃温水浸种10分钟。发病初期及时喷布新植霉素、络氨铜、精甲霜·锰锌、普力克、杀毒矾、嘧菌酯、异菌脲、代森锰锌、氢氧化铜等，每隔7～10天喷1次，连续2～3次。

二、蔬菜主要虫害

（一）棉铃虫

棉铃虫俗称番茄蛀虫，属鳞翅目害虫。食性很杂，蔬菜中番茄、茄子、辣（甜）椒受害严重。以幼虫蛀食花和果为主，也可为害嫩茎、叶和芽。花蕾受害后，萼片开张，变黄脱落。果实受害，幼果被吃空引起腐烂，成熟果的部分果肉被蛀空后，雨水、病菌容易进入果实内部引起腐烂脱落，严重影响产量。

北方每年发生3～4代，以二三代幼虫为害为主。成虫有趋光性（尤其对黑光灯），趋化（味）性较弱，对新枯萎的白杨、柳、臭椿趋集性强。初孵幼虫仅啃食嫩叶和花蕾成凹点，一般在 3 龄开始蛀果，大龄幼虫转果蛀食频繁。幼果先被蛀食，然后逐步被掏空引起腐烂和脱落。

防治方法：利用杀虫灯、杨树枝把诱杀成虫。及时整枝打杈，摘除虫果。在产卵高峰期释放赤眼蜂，8 000～10 000 头/亩，5～7 天释放一次，共释放 3 次。也可在产卵高峰期喷苏云金杆菌可湿性粉剂或棉铃虫核型多角体病毒悬浮液。在卵孵化盛期至幼虫二龄期，喷氯虫苯甲酰胺、茚虫威、甲维盐、阿维菌素及高效氯氰菊酯、高效氯氟氰菊酯、高氯·马等药剂，注意轮换用药。

（二）烟青虫

烟青虫俗名青虫，又叫烟草夜蛾，属鳞翅目夜蛾科。主要为害甜椒、辣椒等茄科蔬菜。以幼虫蛀食花、果，为蛀果类害虫。为害辣（甜）椒时，整个幼虫钻入果内，啃食果皮、胎座，并在果内缀丝，排留大量粪便，使果实不能食用。

烟青虫在华北每年发生 2 代。成虫白天多隐蔽在作物叶背或杂草丛中，夜晚或阴天活动。成虫对黑光灯趋性不强，对萎蔫的杨树枝和糖蜜有较强趋性。初龄幼虫昼夜取食，3 龄后食量增大，能转株、转果为害，白天多潜伏于叶下或土缝间，夜间活动为害。以蛹在辣椒等蔬菜地及晚秋寄主植物地土壤中越冬。天敌有赤眼蜂、姬蜂、绒茧蜂、草蛉、瓢虫及蜘蛛等。

防治方法：收获后深翻土壤，破坏土中蛹室。人工摘除虫蛀果，避免幼虫转果为害。糖醋液（配比糖：醋：酒：水＝3：4：1：2）或性诱剂诱杀成虫，减少田间落卵量。幼虫 3 龄前，喷洒苏云金杆菌、杀螟杆菌、青虫菌或核型多角体病毒，也可喷高效氯氟氰菊酯、高效氯氰菊酯、杀灭菊酯、联苯菊酯、灭幼脲等，施药以上午为宜，重点喷洒植株上部。

（三）小菜蛾

小菜蛾又叫小青虫，属鳞翅目菜蛾科，是十字花科蔬菜上的主要害虫。主要为害甘蓝、紫甘蓝、花椰菜、芥菜，其次是白菜、萝卜、油菜等。初龄幼虫仅取食叶肉，留下表皮，在菜叶上形成透明"天窗"，3～4 龄幼虫可将菜叶食成孔洞和缺刻，严重时全叶被吃成网状。苗期常集中心叶为害，影响包心。

小菜蛾在华北地区每年发生 5～6 代，以蛹在落叶、杂草中越冬。5—6 月和 8—9 月为害严重，且春季重于秋季。成虫有昼伏夜出习性和较强趋光性。幼虫很活跃，受到惊扰便倒退或吐丝下垂。

防治方法：尽量避免十字花科蔬菜周年连作。蔬菜收获后及时清理田间残株、落叶和杂草，并深翻土壤。安装黑光灯或频振式杀虫灯，开灯重点时期 4 月中下旬至 6 月初；9 月至 11 月中下旬。药剂防治应掌握在孵化盛期至 2 龄以前，可选用阿维菌素、多杀霉素、灭幼脲、氟虫脲、氟虫腈等。为了延缓抗药性，各种药剂应交替使用。

（四）菜青虫

菜青虫又叫菜粉蝶，属鳞翅目粉蝶科，国内分布普遍，尤以北方发生最重。主要为害甘蓝、花椰菜、白菜、萝卜、油菜等十字花科蔬菜，偏嗜厚叶类蔬菜。1～2龄幼虫为害叶背啃食叶肉，3龄以上的幼虫食量明显增加，把叶片吃成孔洞或缺刻，严重时吃光叶片，仅剩叶脉和叶柄，影响植株发育和包心。如果幼虫被包进球里，虫在叶球里取食，排泄粪便污染菜心。

菜青虫每年发生5～6代，第一代幼虫于5月上中旬出现，以5月下旬至6月为害最重，7—8月高温多雨，虫口数量显著减少，到9月虫口数量回升，形成第二次为害高峰。成虫以晴天中午活动最盛。产卵对十字花科蔬菜有很强趋性，尤以厚叶类的甘蓝和花椰菜着卵量大。幼虫行动迟缓，非越冬代幼虫常在植株底部叶片背面或叶柄化蛹。

防治方法：及时清除残枝老叶，并深翻土地，间作套种，避免十字花科蔬菜连作。性诱剂诱杀。利用广赤眼蜂、微红绒茧蜂、凤蝶金小峰等天敌自然防控。低龄幼虫发生初期，于傍晚喷洒苏云金杆菌或菜粉蝶颗粒体病毒。幼虫发生盛期，用甲维盐、阿维菌素、灭幼脲、辛硫磷、杀灭菊酯等兑水喷雾，间隔10～15天1次，药剂要轮换使用，以减缓抗药性。

（五）甘蓝夜蛾

甘蓝夜蛾别名甘蓝夜盗虫、菜夜蛾，属鳞翅目夜蛾科。甘蓝夜蛾食性极杂，主要为害甘蓝、白菜等十字花科蔬菜以及瓜类、豆类、茄果类蔬菜，其中以甘蓝、秋白菜受害最重。初孵幼虫群聚叶背，啃食叶肉，残留上表皮。2～3龄分散为害，食叶成孔。4龄后，夜间出来暴食，仅留叶脉、叶柄。老龄幼虫可将作物吃光，并成群迁移邻田为害。大龄幼虫有钻蛀习性，常钻入叶球或菜心，排出粪便，并能诱发软腐病。

甘蓝夜蛾一年发生3代，以蛹在土中越冬。成虫黑色，属中型蛾类，夜间活动，卵产于叶背呈块状。初孵幼虫有群集生活习性，随后钻入结球甘蓝等作物的叶球内为害。甘蓝夜蛾具有间歇性和局部猖獗为害的特点，其发生程度与气候、食物及栽培条件等因素相关，常在温湿度适宜的春秋季严重发生。老龄幼虫为害严重，抗药性强，难防治。

防治方法：菜田收获后进行秋耕或冬耕深翻，铲除杂草消灭部分越冬蛹。利用成虫趋性，在羽化期设置糖醋液（按糖∶醋∶酒∶水＝3∶4∶1∶2配制，并加少量敌百虫）诱杀成虫。结合农事操作，摘除有卵块及初孵幼虫食害叶片集中处理。卵期人工释放赤眼蜂，每亩 25 000 头。幼虫 3 龄前喷苏云金杆菌，或虫螨腈、茚虫威、氯虫苯甲酰胺、氟虫双酰胺等化学药剂，注意交替使用农药。

（六）斜纹夜蛾

斜纹夜蛾别名斜纹夜盗蛾、花虫，属鳞翅目夜蛾科，是一种间隙性、暴食性害虫。食性极杂，寄生范围极广，主要为害十字花科、茄科、豆科、葫芦科蔬菜及菠菜、葱、空心菜等。主要以幼虫为害全株，小龄时群集叶背啃食，3 龄后分散为害叶片、嫩茎，老龄幼虫可蛀食果实。

一年发生 4～5 代，以蛹在土下 3～5 厘米处越冬。成虫白天潜伏在叶背或土缝等阴暗处，夜间出来活动。初孵幼虫聚集叶背，4 龄以后白天躲在叶下土表处或土缝里，傍晚后爬到植株上取食叶片。成虫有强烈的趋光性和趋化性。属喜温性害虫，抗寒力弱，发生为害最适温度为 28～32℃，华北地区盛发期为 8—9 月。

防治方法：清除杂草，结合田间作业摘除卵块及幼虫扩散为害前的被害叶。杀虫灯、性诱剂或糖醋液（糖：醋：酒：水＝3：4：1：2 再加少量敌百虫）诱杀。卵块孵化到 3 龄幼虫前喷药防治，常用药剂有虫螨腈、灭幼脲、马拉硫磷、高效氯氟氰菊酯、溴氰菊酯、氰戊菊酯、阿维菌素等。

（七）甜菜夜蛾

甜菜夜蛾又叫白菜褐夜蛾、玉米叶夜蛾，属鳞翅目夜蛾科。其分布广，食性杂，蔬菜上主要为害豆科、十字花科、藜科、百合科、旋花科等，以幼虫取食叶片，初孵幼虫在叶背面集聚结网，啃食叶肉只留上表皮，不久干枯成孔。随虫龄增大，幼虫开始分散为害。4 龄后食量大增，单子叶植物被咬成条状薄膜或破孔，双子叶植物咬成不规则破孔，上均留有细丝缠绕的粪便。老熟幼虫可食尽叶片仅留叶脉。幼虫还可钻蛀辣椒、西红柿的果实，造成果实腐烂和脱落。

甜菜夜蛾一年发生 5 代，以蛹越冬。成虫和幼虫抗寒力较弱，北方春季发生较少，7—10 月秋菜上发生较重。成虫夜间活动，有趋光性，趋化性弱。喜高温干旱环境，夏末炎热少雨，秋天常大发生。

防治方法：晚秋或初冬翻耕土壤，消灭越冬蛹。春季 3—4 月清除田间杂草，消灭初龄幼虫。性诱剂、黑光灯或频振式杀虫灯诱杀成虫。幼虫 3 龄前药剂防治，可选用苦参碱、阿维菌素、甲维盐、多杀菌素等生物农药，或茚虫威、氰氟虫腙、灭幼脲、杀铃脲、氟定脲、氟虫脲、氟虫双酰胺、氯虫苯甲酰胺、虫螨腈、高效氟氯氰菊酯、三氟氯氰菊酯等化学药剂，注意晴天在清晨和傍晚喷药。

（八）豆荚螟

豆荚螟也称豇豆螟、豆螟蛾、豆蛀虫，属鳞翅目螟蛾科，以幼虫蛀食豆角籽粒，为害叶柄、花蕾以及茎秆，是豆角常发虫害。初期豆角身上有虫洞，且周围有幼虫粪便溢出，慢慢虫洞周围会发黑发霉。受为害的豆荚味苦，不可食用。

豆荚螟 1 年发生 2～3 代，以末龄幼虫在豆田中越冬。成虫有弱趋光性，卵散产于嫩荚、花蕾和叶柄上。初孵幼虫 3～6 个小时即钻进豆荚内蛀食为害。3 龄后幼虫转荚为害，一头幼虫一生可为害 2～4 个豆荚。6—10 月为幼虫为害期。末龄幼虫脱荚后，潜入 5～6 厘米深土中结茧化蛹。豆荚螟喜干燥，一般旱年发生较重，重茬地较重，高坡、丘陵地较重。

防治方法：与非豆科作物轮作。田间架设黑光灯或频振式杀虫灯诱杀成虫。及时清除田间落花、落荚，并摘除被害的卷叶和豆荚，以减少虫源。如发现豆荚螟为害，可用苦参碱、阿维菌素、多杀霉素喷雾防治，也可交替喷施氯虫苯甲酰胺、氯虫·噻虫嗪、阿维·氯苯酰等化学农药，要均匀喷到植株各个部位，至湿润有滴液为度。

（九）瓜绢螟

瓜绢螟别名瓜螟、瓜野螟，属鳞翅目螟蛾科。主要为害黄瓜，还为害丝瓜、苦瓜、西瓜、香瓜等葫芦科蔬菜。初孵幼虫常为害嫩梢、嫩叶，咬食叶肉，被害部呈灰白色斑块。3 龄后幼虫吐丝将叶缀合，潜藏其中为害，使叶片出现穿孔或缺刻，严重时仅留叶脉。幼虫还可咬食花柄及果蒂，造成落花、落果。植株生长后期，幼虫常蛀入瓜条内为害，影响产量和品质。

瓜绢螟 1 年发生 5 代，世代重叠明显。成虫白天潜伏，夜间活动，趋光性弱。幼虫活泼，受惊即吐丝下垂，也可借丝的摆动转移为害。老熟幼虫在被害卷叶内化蛹，以老熟幼虫或蛹寄生于枯卷叶及表土中越冬。喜高温，夏秋结瓜期是为害盛期。

防治方法：提倡设置防虫网阻隔，可防治瓜绢螟兼治黄守瓜。翻耕土壤，适当灌水，消灭表土内越冬幼虫和蛹。人工摘除有虫卷叶、被害老黄叶，瓜果采收后及时清除枯藤落叶，降低虫口基数。夏季高温闷棚杀虫灭卵。幼虫 1～3 龄时，喷洒阿维菌素、苏云金杆菌、苦参碱、溴氰菊酯、氰戊菊酯、高效氯氰菊酯等药剂，注意轮换用药。

（十）菜螟

菜螟别名萝卜螟、白菜螟、剜心虫等，属鳞翅目螟蛾科。主要为害萝卜、

29

白菜、芥菜、甘蓝等十字花科蔬菜，以秋播萝卜受害最重。以初龄幼虫为害幼苗的心叶，吐丝结网，导致植物停止生长或萎蔫死亡，严重时造成缺苗断垄；4～5龄幼虫除啃食心叶外，还可蛀食生长点、茎髓和根部，造成萝卜无心苗；甘蓝、大白菜受害后成多头菜或菜心钙化，不能结球；花椰菜受害后无花球。菜螟除直接为害外，更是传播十字花科蔬菜软腐病的重要媒介。

菜螟一年发生3～9代，以老熟幼虫在土内做蓑状丝囊越冬。成虫昼伏夜出，白天隐藏在植株基部或叶背阴凉处。对普通黑光灯的趋光性较弱，但对频振式杀虫灯有一定趋光性。幼虫可转株为害，并能传播软腐病。低洼湿地、水浇地不利于幼虫生存，为害较轻；地势高、土壤干燥或旱地为害较重。

防治方法：秋后或冬天深耕翻地，把地下越冬的老熟幼虫暴露在地表冻死，以减少越冬虫源。菜螟发生较重的地方适当晚播，使幼苗期错开幼虫发生盛期，并配合田间管理拔除虫苗销毁，或通过浇大水消灭幼虫。药剂防治一般掌握在卵盛期后2～5天（即1～2龄幼虫发生期）或初见心叶被害时开始喷药，以后每隔7天喷药1次，连喷2～3次。可选用敌百虫、辛硫磷、溴氰菊酯、杀虫双等药剂。

（十一）地老虎

地老虎俗称土蚕、地蚕，属鳞翅目夜蛾科。地老虎有小地老虎、大地老虎、黄地老虎，尤以小地老虎为害最为严重。主要为害蔬菜幼苗，刚孵化幼虫常群集在幼苗的心叶或叶背上取食，把叶片咬成小缺刻或网孔状。幼虫3龄后把幼苗近地面的茎部咬断，造成缺苗断垄以至毁种。也可全身钻入茄子、辣椒果实或白菜、甘蓝叶球中，严重影响蔬菜产量和质量。

小地老虎在北方1年发生4代。越冬代成虫盛发期在3月上旬。成虫对黑光灯和酸甜味物质趋性较强。幼虫1～2龄群集于杂草，3龄后分散入土潜伏，4龄后食量大增，白天潜入表土，夜间四处活动觅食，啃食地表嫩茎或将嫩叶咬断造成缺苗断垄。3龄后幼虫对药剂抵抗力显著增加，因此施药一定要在3龄以前。

防治方法：冬春季清除田间杂草，防止成虫产卵。黑光灯、糖醋液（糖：醋：酒：水=6:3:1:10再加90%敌百虫1份调匀）诱杀成虫。选择小地老虎喜食的灰菜、刺儿菜、苦荬菜、小旋花、苜蓿、青蒿、白茅、鹅儿草等杂草堆放诱集幼虫。在1～3龄幼虫期，选用溴氰菊酯、氰戊菊酯、溴·马乳油、敌百虫、辛硫磷等喷雾防治。虫龄较大时，可用敌敌畏乳油、辛硫磷乳油溶液灌根。

（十二）蚜虫

蚜虫又称腻虫、蜜虫，是一类植食性昆虫。蔬菜蚜虫有多种，包括萝卜蚜、甘蓝蚜、烟蚜、桃蚜、瓜蚜、豆蚜等，其中以萝卜蚜、甘蓝蚜、烟蚜为害为主。往往成群地密集在菜叶背面，以吸食蔬菜的汁液为主，造成植株严重失水和营养不良，生长缓慢甚至停滞生长。叶片被害后，表现出卷缩，变黄，变形；嫩茎、花梗等受害后变形，影响结实。菜蚜虫体还排泄大量蜜露，既影响产量又降低蔬菜品质。此外，蚜虫是各种病毒病的主要传播者。

蚜虫繁殖能力很强，一年四季均可发生。露地蔬菜区以卵或孤雌蚜越冬，还有一部分在越冬菠菜上越冬，保护地冬季菜蚜可继续繁殖为害。翌年3—4月卵孵化，有翅蚜迁到十字花科蔬菜上，再逐渐扩散到茄科蔬菜或其他蔬菜上为害，形成春季为害高峰。夏季雨水多、温度高，不利菜蚜发生，为害相对较轻。8月下旬随着温度下降，雨水减少，又形成秋季为害高峰。

防治方法：尽量实行轮作，避免连作。棚室加防虫网，防止成虫迁入。黄板诱蚜，银灰膜避蚜，利用七星瓢虫、异色瓢虫、食蚜蝇等天敌治蚜。前茬蔬菜收获后及时翻耕晒垄，清除田间杂物，以减少虫源。喷尿洗合剂（尿素：洗衣粉：清水＝4：1：400比例配制）灭蚜，用吡蚜酮、啶虫脒、噻虫嗪、抗蚜威等药剂兑水喷雾防治，每7天1次。

（十三）温室白粉虱

白粉虱又称小白蛾子、白腻虫等，为同翅目粉虱科害虫，具多食性、寄主范围广泛等特点，是一种世界性温室害虫，严重影响瓜类、茄果类、豆类蔬菜。主要以成虫和若虫聚集在叶片背面刺吸叶片汁液，常造成叶片黄化、光合作用降低，营养不良，以致落花落果。在刺吸植物汁液的同时，还排出大量粪便，诱发煤污病，污染叶片和果实。白粉虱还是一种传毒害虫，会传播30多种病毒，诱发黄瓜花叶病毒病、黄化曲叶病毒病、银叶病毒病等多种病毒病发生。

白粉虱不耐低温，一年繁殖10多代。7—8月虫口密度较大，8—9月为害严重。秋季随着温度降低，外界温度不能适宜其生活，大量成虫潜入温室大棚内越冬。北方棚室与露地蔬菜紧密衔接、相互交替，可使白粉虱周年发生。成虫不善飞，有趋黄性和趋嫩性，喜群聚于寄主植物幼嫩背面，故新生叶片成虫多，中下部叶片若虫和伪蛹多。

防治方法：合理安排茬口，提倡温室第一茬种植白粉虱不喜食的芹菜、蒜黄等较耐低温蔬菜。清理杂草、残株及生长期打下的枝杈、枯老叶。黄板诱杀，人工释放丽蚜小蜂。作物播种移栽前，可撒施、沟施或穴施噻虫嗪、噻虫胺颗粒剂进行预防。白粉虱开始发生时用噻虫嗪、噻嗪酮、吡蚜酮、啶虫脒等均匀喷雾，视虫情每间隔7天左右1次。保护地可用氰戊菊酯烟剂、敌敌畏烟剂、吡·敌敌畏烟剂熏杀。

(十四) 烟粉虱

在蔬菜生产中，烟粉虱与白粉虱形态相似，且常常混合发生。与白粉虱比较，烟粉虱外部形态上个体更小，停息时双翅呈屋脊状，前翅翅脉分叉。

烟粉虱发生和为害比白粉虱更加严重。(1) 烟粉虱寄主范围更广，为害十字花科、茄科、葫芦科、豆科蔬菜和玉米、棉花、花卉等作物。(2) 烟粉虱传播病毒范围更大，可传播 70 多种病毒，西葫芦、南瓜等蔬菜银叶病即烟粉虱为害所致。(3) 烟粉虱适应能力更强，可忍耐 40℃高温，这是烟粉虱夏季依然猖獗的主要原因。

烟粉虱繁殖快，1 年发生 10 代以上。成虫有明显的趋嫩性，主要在顶部嫩尖处为害，在植株上形成垂直分布，上部为成虫，中下部为卵、若虫和蛹。成虫有强烈的趋黄性。成虫还有背光性，主要活动在叶背。

防治方法：烟粉虱与白粉虱防治措施上基本相同，但烟粉虱比白粉虱更难防治，一定要注重综合防控。

(十五) 美洲斑潜蝇

美洲斑潜蝇又名蔬菜斑潜蝇、苜蓿斑潜蝇、美洲甜瓜斑潜蝇等，属双翅目潜叶蝇科，为害茄科、葫芦科、十字花科、豆科等蔬菜。以幼虫钻叶为害，在叶片上形成由细变宽的蛇形弯曲隧道，开始为白色，后变成铁锈色，为害严重时潜痕密布，致叶片发黄、焦枯、脱落。

美洲斑潜蝇在华北地区一年发生 10～11 代，户外不能越冬，但在棚室内可潜伏在寄主上越冬，成为翌年露地唯一虫源。成虫具有较强的趋光性、趋黄性，有一定飞翔能力，在田间可短距离扩散。高温、干旱能导致其猖獗为害。白天活动，夜间潜伏。喜在中、上部叶片上产卵，幼虫孵出后潜入叶内为害，潜道随虫龄增加而加宽。

防治方法：定植前彻底清除菜田内外杂草、残株、败叶，并集中烧毁。夏季棚室空闲时利用高温闷棚杀菌消毒。保护地和育苗设施加设 40 目防虫网。田间悬挂黄板或诱蝇板诱杀。在成虫高峰期或见产卵痕、取食孔时即开始喷药，幼虫 2 龄前、始见幼虫潜蛀时是第一次用药适期。晴天 8：00—12：00 喷药，隔 7～10 天喷 1 次，连续 3～4 次，药剂可选用灭蝇胺、阿维菌素、溴虫腈、甲维盐、吡虫啉、氟虫脲、氟啶脲等；棚室还可使用敌敌畏烟雾剂。

(十六) 蓟马

蓟马又名棕榈蓟马、瓜蓟马、棕黄蓟马，为害葫芦科、豆科、十字花科、茄科等蔬菜。以成虫和若虫锉吸蔬菜的嫩梢、嫩叶、花和果的汁液，使被害组织老化坏死，枝叶僵缩，植株生长缓慢，幼瓜、嫩荚或幼果表皮硬化变褐或开裂。

蓟马在北方一年发生 8～10 代，保护地内可周年发生，夏、秋季为害严重。成虫较活跃，有强烈的趋光性和趋蓝性，多在幼嫩多毛的部位取食。若虫怕光，多聚集在叶背为害，到 3 龄末期落入土中"化蛹"，在离土表 3～5 厘米处栖息。主要天敌有草蛉类、东亚小花蝽、小花蝽和蜡蚧轮枝菌及蜘蛛等。

防治方法：蓝板诱杀，人工繁殖释放小花蝽、草蛉等天敌。避免瓜类、豆类、茄果类蔬菜间作、套种。清除田间杂草、残株，消灭虫源。提倡地膜覆盖栽培，减少成虫出土或若虫落土化蛹。适时进行药剂防治，可用吡虫啉、噻虫嗪、烯啶虫胺、吡蚜酮、阿维菌素等药剂，重点喷幼嫩部位和叶片背面。保护地可采用烟雾施药技术。

（十七）红蜘蛛

红蜘蛛属蛛形纲叶螨科。为害蔬菜的红蜘蛛主要有二斑叶螨、朱砂叶螨、截形叶螨，其中二斑叶螨最常见。红蜘蛛分布广泛，食性杂，主要为害豆科、茄科、葫芦科、百合科蔬菜。

红蜘蛛虫体小，红色。主要为害叶片、新梢和果实，以为害叶片为主，发生蔓延很快。成虫和若虫群集叶背吸食汁液，叶片正面密布针状黄色小白点，能使叶片黄化焦枯，影响光合作用。为害果实后果面锈色失去光泽，质地变硬不能膨大。

红蜘蛛每年可发生 15～20 代，以成虫、若虫、卵在寄主的叶片下、土缝里或附近杂草上越冬。冬季也可转移到温室继续为害。高温干旱条件下发生重，进入雨季雨水冲刷加上空气湿度大，红蜘蛛为害减轻。由于繁殖系数大，世代频繁，一片叶上会同时有卵、幼螨、若螨、成螨四种形态。

防治方法：秋末清除田间残株落叶，减少红蜘蛛越冬场所。春季清除田内、田边杂草及残余枝叶，消灭越冬虫源。天气干旱时，及时灌溉补偿植株水分损失。保护和利用好中华草蛉、食螨瓢虫和捕食螨等红蜘蛛天敌。在点片发生阶段及时用药，可用药剂有乙螨唑、螺螨酯、四螨嗪、噻螨酮、联苯肼酯、乙唑螨腈、甲氰菊酯、浏阳霉素、阿维·乙螨唑、阿维·螺螨酯等，要注意轮换用药和复配用药，以叶背为主全株喷透，间隔 7 天再喷 1 次。

（十八）茶黄螨

茶黄螨又名侧多食跗线螨、茶嫩叶螨、白蜘蛛、阔体螨等，属蛛形纲蜱螨目跗线螨科。主要为害番茄、茄子、辣（甜）椒、马铃薯等茄果类蔬菜及黄瓜、豇豆、菜豆等。

以成螨、若螨群集幼嫩部位刺吸取食。叶片受害后呈灰褐色或黄褐色，油渍状，叶缘向下卷曲，叶片变厚变小变硬。嫩茎嫩枝受害后呈黄褐色，扭曲畸形、顶端干枯、秃顶，似病毒病症状。受害的花和花蕾变小，重者不能开花、坐果，或出现落花、落果。果实受害果面黄褐色粗糙变硬，茄子果实受害龟裂呈开花馒头状。由于虫体小，肉眼难见，常将其误认为是生理病害或病毒病。

茶黄螨多在保护地蔬菜上越冬，温室栽培终年都可发生为害。成螨活泼，具明显的趋嫩性，其为害部位主要为植株顶部嫩叶背面。也喜在嫩茎、花及幼果上取食。远距离通过风力扩散，近距离传播靠人为携带及靠螨体爬行。高温多湿季节为害严重，温室露地都可受害。

防治方法：及时清除受害的残株、落叶，收获后彻底清除残株败叶，以减少虫口基数。加强设施管理，调节好光照和温湿度，营造不利于叶螨生活的环境条件。在点片发生时尽早喷药防治，可用联苯肼酯、藜芦碱、哒螨灵、唑螨酯、噻螨酮、浏阳霉素、阿维菌素等药剂，重点喷叶背面、花、果和茎尖。

（十九）二十八星瓢虫

二十八星瓢虫俗称花大姐、花媳妇，属鞘翅目瓢虫科，是为害蔬菜的典型有害瓢虫。为害茄科蔬菜的瓢虫有两种，即马铃薯瓢虫和茄二十八星瓢虫。两种瓢虫均以幼虫、成虫取食寄主植物的叶片，轻的将叶片表皮咬成丝网状，重的叶肉被吃光只剩叶脉。除为害叶片外还为害果实、嫩茎以及花器。果实受害后变硬变苦，不堪食用。

二十八星瓢虫典型特点是背上有 28 个黑点（黑斑），这是与其他瓢虫最显著的区别。该虫在华北地区一年发生 1～2 代，6 月下旬至 7 月上旬以及 8 月中旬是两个为害高峰。以成虫群集在背风向阳的各种缝隙中越冬，于 5 月中下旬出蛰，先在越冬场所附近杂草上栖息，经 5～6 天后相继转移到马铃薯、茄子上为害。夏季高温条件下成虫停止取食，初孵幼虫大量死亡。该虫除为害茄子和马铃薯外，严重发生时还可为害豆类、瓜类以及十字花科作物。

防治方法：及时清扫田园处理残株，降低越冬虫源基数。摘除卵块，利用成虫的假死性人工捕捉消灭。抓住幼虫孵化或低龄幼虫期适时防治，可用溴氰菊酯、辛硫磷、高效氯氰菊酯、灭杀毙、菊马乳油等喷雾，注意叶片正反两面都要喷到。

（二十）黄守瓜

黄守瓜又名黄虫、黄萤，属鞘翅目叶甲科。该虫食性杂，主要为害葫芦科的黄瓜、南瓜、西葫芦、丝瓜、苦瓜、西瓜、佛手瓜等，也可食害十字花科、茄科、豆科等蔬菜。成虫取食瓜苗的叶和嫩茎，把叶片食成环或半环形缺刻，咬食嫩茎造成死苗，还为害花及幼瓜。虫在土中咬食根茎和瓜根，常使瓜秧萎蔫死亡。也可蛀食贴地面生长的瓜果。如防治不及时，严重影响产量和品质。

黄守瓜在北方地区一年发生1代，以成虫在背风向阳的杂草、落叶和土缝间越冬。春季先取食杂草和豆类，再迁入瓜田为害。成虫喜在温暖的晴天活动，受惊后即飞离逃逸或假死。有趋黄习性，喜在潮湿表土中产卵。凡早春气温上升早，成虫产卵期雨水多，发生为害期提前，当年为害可能就重。

防治方法：瓜田收获后，彻底清除瓜蔓、残根，铲除杂草，消灭越冬成虫。在瓜苗基部撒石灰、麦糠、草木灰，防止成虫产卵。耕翻土地时撒施辛硫磷颗粒剂，消灭土壤中越冬害虫。瓜苗长到4～5片真叶时，视虫情及时施药，可用氰戊菊酯、虫酰肼、阿维菌素、丙溴磷等药剂兑水喷雾。发现幼虫为害根部，交替用氯虫苯甲酰胺、辛硫磷、敌敌畏灌根，毒杀根部幼虫。

（二十一）黄曲条跳甲

黄曲条跳甲俗称黄跳蚤、菜虼子、菜蛆蚤，属鞘翅目叶甲科。主要为害甘蓝、花椰菜、白菜、菜薹、萝卜等十字花科蔬菜，也为害茄果类、瓜类及豆类蔬菜。

成虫和幼虫都可以进行为害。成虫食叶，幼苗为害较为严重，子叶被食后整株死亡，造成缺苗断垄。稍大幼苗真叶被吃后形成很多孔洞，呈筛网状。幼虫只为害根部，蛀食根皮，常将须根咬断，致幼苗或幼株萎蔫死亡。萝卜等根类蔬菜受害后其根表面形成很多黑斑，使整个根系变黑腐烂。受害植株易从伤口感染细菌性软腐病。

黄曲条跳甲在北方一年发生3～5代，以成虫在田间、沟边的落叶、杂草及土缝中越冬。次年春季越冬成虫出蛰活动，适温范围21～30℃，春秋季节是为害高峰期。夏季高温季节食量剧减，繁殖率下降，并有蛰伏现象。

防治方法：冬前清除菜田及周围落叶残体和杂草，播前深耕晒土。与菠菜、生菜、胡萝卜和葱蒜类蔬菜轮作，避免十字花科蔬菜连作。地膜覆盖栽培，减少成虫在根部产卵。结合防治其他害虫，使用黑光灯或频振式杀虫灯诱杀成虫。在距地面25厘米处放置黄色或白色粘虫板，可较好地降低成虫数量。药剂防治成虫宜在早晨和傍晚喷药，可选用灭幼脲、氟虫脲、菊杀乳油、菊马乳油、氰戊菊酯、苘蒿素等。防治幼虫可用敌百虫或辛硫磷药液灌根。

（二十二）南瓜实蝇

南瓜实蝇又称瓜疽，属于双翅目实蝇科，主要为害南瓜、黄瓜、丝瓜、西瓜、冬瓜、苦瓜等葫芦科及茄子、番茄、辣椒等其他瓜果类蔬菜。该虫主要以幼虫为害，成虫将产卵管刺入果皮并深入瓤部产卵，幼虫孵化后靠取食果肉发育，受害严重的果实常常被食一空，全部腐烂，失去经济价值；受害轻的，生长不良，畸形，经济价值降低。

南瓜实蝇在适宜地区每年发生 3～4 代，多以蛹在土中越冬。成虫羽化可全天进行，产卵多在瓜果新形成的伤口、裂缝等处。幼虫期很活跃，自孵化后数秒，便昼夜不停地在瓜果内部取食、为害，尤其是 3 龄幼虫，其食量大，为害严重。幼虫老熟后通常会脱离受害果，弹跳落地，钻入泥土、石块、枯枝叶缝中化蛹。

防治方法：严格控制从被害区域输入瓜果。冬季翻耕园地土壤，消灭越冬虫蛹。刚刚谢花花瓣萎缩时，对果实进行套袋。使用南瓜实蝇引诱剂诱杀成虫。成虫发生期，用菊酯类农药喷雾防治，5 天 1 次，连防 2～3 次。

第二章　蔬菜病虫害发生特点

一、露地蔬菜病虫害发生特点

(一) 露地蔬菜病虫害种类较多

重要害虫有小菜蛾、菜青虫、甜菜夜蛾、棉铃虫、烟青虫、地老虎和多种蚜虫、粉虱、潜叶害虫。常发性害虫如小菜蛾、菜青虫、蚜虫、红蜘蛛，特别是小菜蛾、菜青虫和蚜虫在十字花科蔬菜上为害严重，重发生年份在局部甚至造成毁种绝收；棉铃虫、烟青虫在茄果类蔬菜上每年发生，个别地块蛀果严重；红蜘蛛在茄科、豆角及黄瓜上普遍发生，其中茄子、豆角受害重；甜菜夜蛾、甘蓝夜蛾、斜纹夜蛾属偶发性虫害；潜叶害虫如美洲斑潜蝇、南美斑潜蝇近年来在蔬菜上为害加重；白粉虱在番茄、茄子、黄瓜、豆角等蔬菜上有逐年加重趋势；葱蓟马在大葱上发生重；二十八星瓢虫严重为害茄子。

(二) 严重影响露地蔬菜的病害相对较少

霜霉病是露地十字花科和瓜类蔬菜的重要病害，多雨年份和多雨季节发生较重；病毒病是露地蔬菜较为普遍的病害，一般年份零星发生，遇异常天气或管理失误发生较重；细菌性叶斑病是露地蔬菜的主要病害，包括瓜类角斑病，十字花科黑腐病、角斑病、叶斑病，甜 (辣) 椒疮痂病、叶斑病，生菜叶斑病、菜豆和豇豆疫病等在露地蔬菜上发生普遍；常年连作菜区根结线虫病发生趋势重。

(三) 夏秋季是露地蔬菜病虫害高发期

进入 7 月后，气温持续升高，降水增多，对病虫的繁殖扩散极为有利，多数病虫进入发生盛期，如蚜虫、潜叶蝇、红蜘蛛、菜青虫、小菜蛾、棉铃虫、烟青虫、病毒病、炭疽病、瓜类白粉病、番茄早晚疫病、黄瓜霜霉病、灰霉病、疫病、枯萎病等发生明显加重，个别病虫在局部田块还可能造成严重损失。夏季蔬菜生产，还会遭遇暴雨等极端天气，蔬菜植株抗病能力大大下降，易造成病害的流行和蔓延。立秋后雨水偏多，温度相对偏低，一些低温高湿型病害发生较重。

（四）流行性病害年度间为害程度差别大

蔬菜病害的发生和流行与气候、土壤、生物以及农业耕作方式、环境条件密切相关。对于一些大面积高密度种植的蔬菜，当环境条件有利于病原物的侵染、繁殖、传播和生存，且病原物致病性强、数量大时，病害就可能大面积发生和流行。如番茄晚疫病具有潜育期短、流行速度快的特点，当气候适宜时7～10天可扩散到全田，30天左右全部植株枯萎。辣椒疫病最为适宜的发生环境条件是高温高湿，连续降雨或大雨过后的高温天气，能给疫病发生提供非常有利的条件，一般降雨后3～7天，疫病便会暴发，且传播流行速度非常快，大流行年份甚至可能造成一些地块绝收。

二、保护地蔬菜病虫害发生特点

与露地蔬菜相比，塑料大棚和温室等保护地蔬菜病虫越冬期缩短或无越冬期，使得病虫害初次侵染基数和再侵染次数与害虫发生代数都较高，导致病虫害发生规律十分复杂。而塑料大棚和温室内具有空气流通性差、湿度高、光照差、温度适宜和连茬种植等特点，为蔬菜病虫的周年为害和繁殖提供了适宜的气候条件和越冬场所，有利于病虫的发生流行，从而使病虫害种类增多，为害程度显著加重，不少病虫的为害日趋猖獗。

（一）土传病害发生严重

土壤是蔬菜的根系环境，也是多种病原菌越冬场所。在正常情况下，土壤中的病原菌和大量的有益微生物保持一定的平衡。但棚室栽培面积有限，轮作倒茬困难，蔬菜连作不可避免。由于蔬菜根系分泌物质和病根的残留，使土壤微生物逐渐失去平衡，病原菌数量不断增加，诱使病害发生。棚室土壤比露地土壤光照少，温度和湿度高，病原菌增殖迅速，土传根病随连作年限增多而加重，最突出的是瓜类枯萎病，大棚温室从开始初见零星的枯萎病株到全棚普遍发病，一般只需4～5年时间，此外枯萎病还为害番茄和豆角等作物。黄萎病主要为害茄子，是较难防治的土传病害。菌核病为害黄瓜、油菜、番茄、莴苣、芹菜、豆角等。根结线虫为害黄瓜、番茄、油菜、豆角等多种蔬菜，成为一些温室大棚中的主要病害，有扩展蔓延的趋势。另外，黄瓜疫病和蔓枯病发生为害也逐年加重，都与保护地栽培不易轮作有密切的关系。

（二）高湿病害发生频繁

温室大棚内湿度大，十分适合病菌繁殖。在寒冷季节夜晚密闭保温条件下，棚室空气相对湿度甚至可达 90%～100%，棚室屋面、壁面结露后可散落在植株上，病菌侵染速度快，极易蔓延成灾。黄瓜、番茄等蔬菜热容量大，叶面和果实可以形成水膜，造成高湿的环境，蔬菜抗病性降低，却适宜多种病原真菌、细菌的萌发、侵染和繁殖。灰霉病、菌核病、霜霉病、软腐病等喜湿病害的发生概率增大，其中典型的是灰霉病和黄瓜的霜霉病。

灰霉病是随着大棚温室等保护地蔬菜发展而蔓延起来的病害。灰霉病的流行条件主要是高湿、低温，温度要求在 20℃左右，越冬、早春、春茬温室大棚的气候条件，恰好给灰霉病提供了有利条件，致使该病日趋严重，并给保护地蔬菜的生产带来了严重的损失。

黄瓜霜霉病是由于温室大棚保护地设施密闭条件好，棚室内的水分不易挥发，白天温度高、湿度大，夜间温度降低但湿度却相对提高，湿度常常达到饱和状态，只需 4～5 小时就可以在叶片上结露。这个特点十分适合高湿病害的发生，大棚温室黄瓜霜霉病随着棚室栽培面积的扩大而逐年加重，已成为保护地黄瓜非常严重的病害。

（三）病害种类发生变化

保护地栽培为病菌提供了发生和越冬的条件，一些过去在北方很少见的病害，现在也有了很严重的发生。番茄早疫病过去主要在南方普遍发生，近些年来在北方也普遍发生，在春秋大棚中为害相当严重。番茄晚疫病以前都是在秋冬大棚温室发生，随着保护地的发展，番茄全年都有种植，不仅温室大棚等保护地番茄晚疫病逐年加重，也为露地番茄发病提供了大量的菌源，成为全年常发性的主要病害之一。黄瓜霜霉病随着棚室黄瓜等瓜类蔬菜全年种植，病源逐渐增加，已成为发生面积最广、为害最重的病害之一。番茄叶霉病是保护地番茄的主要病害。番茄茎基腐病、茄子黑枯病是保护地特有的发生病害。

（四）细菌性病害发生趋重

细菌性病害是近几年保护地蔬菜发生较重的病害，黄瓜细菌性角斑病在部分地区春棚黄瓜上的为害，其重要性不亚于黄瓜霜霉病。黄瓜细菌性缘枯病和叶枯病在春秋大棚中明显加重。

豆角细菌性疫病是春大棚后期、秋延后棚前期的一种病害，对豆角的生产有一定的影响。番茄青枯病是南方的主要病害，由于北方保护地蔬菜面积扩大，番茄青枯病在北方温室大棚也常有发生，局部为害严重。

（五）粉虱、蚜虫、螨类等害虫全年为害

害虫和螨类属于变温动物，温度对害虫分布地区及发生为害的影响比湿度

更重要。由于温室栽培管理强度大，隔离条件好，大型害虫不易大量发生。而小型害虫如蚜虫、蓟马、白粉虱、螨类、斑潜蝇等既可在露地越冬，又可在大棚内继续生长繁殖，造成为害频繁。如温室白粉虱在北方寒冷地区不能在露地越冬，但随着保护地棚室面积的增加，可在冬季温室中继续繁殖为害，并且形成虫源基地，现在已成为蔬菜的主要虫害。由于温室白粉虱为害的蔬菜种类多，繁殖的速度快，虫量大，抗药性强，对有些有机磷农药已经产生抗性，成为防治上的难题。茶黄螨也有相似的发展过程。而瓜蚜、桃蚜、红蜘蛛可在露地越冬，又能在温室大棚继续繁殖，其发生和为害呈上升趋势。温室害虫不受风雨和天敌限制，条件优越，繁殖迅速，也易暴发成灾。此外，温室高湿的环境使蜗牛、蛞蝓等喜湿性害虫的为害也逐渐加重。

（六）生理性病害发生较多

由于保护地蔬菜生长处于相对封闭的状态，多种有害气体容易对植株造成损害，加之温度急剧变化，常常引起蔬菜生理病害频频发生，造成很大的经济损失。如日光过强或过弱，温度过高或过低，水分过多或缺乏，土壤透气性差或因为肥料产生的氨气等。农药和生长刺激素使用过量，都可以直接妨碍蔬菜植株的生长发育，叶片、茎、果实出现白色、褐色或枯斑，叶、花、果畸形或裂果、空洞、网纹，落花落果，甚至全株枯死。此外，温室内土壤从晚秋到春季，长达5个多月的时间里地温较低，20厘米以下土温一般只能维持在12～14℃，作物根系浅，活性差，吸收能力弱，从而容易诱发缺素性生理病症。

（七）病毒病害轻于露地

病毒病一般在露地蔬菜夏季高温、干燥的气候条件下发病很重。保护地蔬菜病毒病主要发生在夏秋两季，现在发现春棚也常有发生，但由于保护地棚室内湿度大，光照弱，不利于传毒昆虫的繁殖和病毒病的发生，病毒病为害程度一般轻于露地栽培蔬菜。

三、蔬菜病虫害季节性发生特点

蔬菜有其季节性生长特点，同时病虫消长和产生为害情况也与季节密切相关，在防治上要密切关注季节变化，及时做好应对措施。

（一）春季（3—5月）

3月，严冬过去，气温回升，但冷暖变化大，冷空气频繁侵袭，要特别注意温室低温寒害的影响。温室茄果类蔬菜要注意灰霉病、叶霉病、菌核病等病害；瓜类蔬菜中的黄瓜则霜霉病、菌核病、细菌性角斑病、细菌性缘叶枯病等病害会零星发生。温室栽培的茄子可能出现茶黄螨为害。

4月，温度回升较快，但极不稳定。喜寒型露地蔬菜开始定植，但要注意"倒春寒"为害。温室茄果类蔬菜灰霉病、叶霉病、菌核病、蚜虫、红蜘蛛、茶黄螨及黄瓜霜霉病、菌核病、细菌性角斑病、细菌性缘叶枯病、白粉病等病害逐渐进入发病盛期，要注意定期防治。

5月，温度相对稳定，基本满足各种蔬菜生长要求。露地常见病虫开始发生，5月中下旬至6月初为十字花科蔬菜菜青虫、小菜蛾盛发期，5—9月是黄曲条跳甲的盛发期，露地黄瓜的霜霉病、细菌性角斑病、白粉病、炭疽病等在5月中下旬进入发病盛期。

（二）夏季（6—8月）

6月，天气多雨、闷热，气候有利于病虫害的发生。由于春夏季节交替，田间蔬菜作物以夏播为主，防治对象也开始更替。十字花科蔬菜以菜青虫、小菜蛾、黄曲条跳甲发生为主，甜菜夜蛾进入发生始见期。茄果类蔬菜注意防治番茄早疫病、斑枯病、病毒病，茄子褐纹病、绵疫病，辣椒炭疽病、白粉病、疫病、青枯病、病毒病等，瓜类蔬菜注意防治炭疽病、白粉病、枯萎病、疫病、蔓枯病、细菌性角斑病等，豆类蔬菜注意防治根腐病、锈病、白粉病、煤霉病、病毒病、美洲斑潜蝇等。害虫方面注意防治蚜虫、红蜘蛛、蓟马、美洲斑潜蝇、茶黄螨、豆野螟。

7月，适宜在盛夏高温高湿下发生的病虫进入发生始盛期。豆类蔬菜的豆野螟进入发生与为害盛期，根腐病、锈病、白粉病、煤霉病、病毒病、美洲斑潜蝇、红蜘蛛等病虫害发生较为频繁。瓜类蔬菜的瓜绢螟进入发生始盛期，瓜类炭疽病、白粉病、枯萎病、蔓枯病、细菌性角斑病、红蜘蛛、蓟马、美洲斑潜蝇等也较为多见。茄果类蔬菜注意防治病毒病、辣椒疫病、茄子褐纹病、茄子黄萎病、茄子绵疫病、茶黄螨等病虫害。十字花科蔬菜根肿病进入发病始盛期，细菌性软腐病、黑腐病处于发病高峰期，小菜蛾、菜青虫因高温多雨导致虫口数量减少。同时夏季容易发生日灼、生理性卷叶等生理病害。

8月，盛夏高温，适宜在盛夏发生的病虫进入发生盛期。十字花科蔬菜根肿病、细菌性软腐病、黑腐病进入发病高峰期，甜菜夜蛾进入发生盛期，斜纹夜蛾进入发生始盛期。豆类蔬菜豆野螟、根腐病、锈病、白粉病、煤霉病、病毒病、美洲斑潜蝇、红蜘蛛等继续为害。瓜类蔬菜炭疽病、白粉病、枯萎病、蔓枯病、细菌性角斑病、红蜘蛛、蓟马、美洲斑潜蝇等为害较重。茄果类蔬菜继续注意病毒病、辣椒疫病、茄子褐纹病、茄子黄萎病、茄子绵疫病、茶黄螨等病虫害。

(三) 秋季 (9—11月)

9月,气温逐渐转凉,但降雨还较多,是适宜在夏秋季节发生的病虫为害盛期。十字花科蔬菜根肿病进入发病盛期,十字花科霜霉病、软腐病、炭疽病、白斑病、黑斑病、病毒病等进入发病期,甜菜夜蛾、斜纹夜蛾、甘蓝夜蛾等进入发生与为害盛期,小菜蛾、菜青虫的虫口密度回升,形成第二次为害高峰。9月是豆类蔬菜美洲斑潜蝇年内发生与为害高峰期,同时要继续注意锈病、白粉病、煤霉病、病毒病等病害的为害,以及瓜类蔬菜主要害虫美洲斑潜蝇、蚜虫、蓟马,主要病害炭疽病、白粉病、细菌性角斑病等。茄果类蔬菜继续注意防治茄子茶黄螨、蚜虫、茄二十八星瓢虫、褐纹病,辣椒炭疽病、白粉病、病毒病、蚜虫、番茄棉铃虫、美洲斑潜蝇的为害。

10月,气候早晚凉爽,降雨量明显减少,秋季病虫仍然频发为害。十字花科蔬菜霜霉病、软腐病、炭疽病、白斑病、黑斑病、病毒病等进入发病盛期,甜菜夜蛾、斜纹夜蛾、甘蓝夜蛾等是发生与为害盛末期,秋季是小菜蛾、菜青虫、猿叶甲的发生高峰期。豆类蔬菜继续抓好美洲斑潜蝇、豆野螟的防治,同时注意防治锈病、白粉病、煤霉病、病毒病等病害。瓜类蔬菜继续抓好美洲斑潜蝇、炭疽病、白粉病、细菌性角斑病、蚜虫、蓟马等防治。茄果类蔬菜继续防治延秋茄子茶黄螨、蚜虫和秋番茄棉铃虫、美洲斑潜蝇等。葱类蔬菜则逢甜菜夜蛾、葱潜叶蝇、葱蓟马、葱霜霉病、葱锈病的发生期,特别是甜菜夜蛾易钻入葱管为害,造成防治困难。

11月,温度明显回落,冷空气开始侵袭。北方露地蔬菜基本收获完毕,病菌多以菌丝体、孢子在病残体和土壤中越冬,害虫则多以卵、幼虫、茧、成虫在土壤、枯枝落叶、杂草等处越冬,保护地叶菜类、茄果类、瓜类蔬菜成为病虫防治的重点。

(四) 冬季 (12月至次年2月)

12月,露地病虫进入越冬期,应重点加强保护地蔬菜病虫害防治,及早防治灰霉病、白粉病等。

次年1月,是全年温度最低的月份,露地绝大多数病虫处于越冬期。保护地栽培茄果类蔬菜易发灰霉病、叶霉病、菌核病等病害,要注意保温和通风降湿,发病初期及时防治。

次年2月,保护地栽培茄果类蔬菜进入发病始盛期,要注意保温和通风降湿,茄果类易发灰霉病、叶霉病、菌核病等病害,要及早防治。

四、不同种类蔬菜病虫害发生特点

（一）茄果类蔬菜

茄果类蔬菜包括番茄、辣椒、茄子、马铃薯等。原产热带，性喜温暖，不耐寒冷。对光周期反应不敏感，光照不足易引起徒长。不良的环境条件，如温度过高或过低、光照不足、营养不良、土壤干旱或涝害，都能引起落花、落果。幼苗生长缓慢，苗龄较长，为了提早上市，延长收获期，生产中多进行集中育苗。根系发达，生长旺盛，植株分枝力强，具有许多共同的病虫害，在茬口安排上应避免连作和与茄科作物轮作。

茄果类蔬菜主要病害有立枯病、猝倒病、病毒病、番茄枯萎病、晚疫病、早疫病、灰霉病、叶霉病、脐腐病，茄子褐纹病、绵疫病、根腐病、黄萎病，辣椒疫病、炭疽病、疮痂病和日烧病等。主要虫害有棉铃虫、烟青虫、蚜虫、白粉虱、红蜘蛛和茶黄螨等。苗期常因低温高湿、光照不足、管理不当发生猝倒病、立枯病和沤根。青枯病在夏季高温湿条件下极易发生。早晚疫病、叶霉病等多在生长中后期发生为害。番茄晚疫病、辣椒疫病属于毁灭性病害，一旦暴发常造成重大损失，甚至绝收。病毒病在夏秋季节高温、干旱时，在番茄、辣椒上发生较重。灰霉病在保护地栽培条件下发生重，番茄、辣椒、茄子都可发病。夏季高温干旱有利于蚜虫为害，并可导致病毒病的发生。温暖多湿的条件有利于螨类发生为害，特别是茄子受害严重，常使茄叶卷缩枯焦，引起早期落叶。棉铃虫以番茄受害最重，烟青虫以辣椒受害最重，幼虫蛀食花蕾、花及果实，常造成落花、落果及虫果腐烂，同时诱发病害。茄二十八星瓢虫主要为害茄子。

（二）瓜类蔬菜

瓜类蔬菜包括黄瓜、西瓜、甜瓜、南瓜、丝瓜、西葫芦、蛇瓜、苦瓜等。均为喜温耐热性作物，生长适宜温度 20～30℃。多数瓜类蔬菜对温周期反应敏感，生长期间需要充足的光照。瓜类蔬菜除黄瓜外，都具有发达的根系，但根系的再生能力弱，需采用穴盘育苗，保护好根系，培育壮苗。瓜类蔬菜均为蔓性作物，生产中一般采用整枝、压蔓或通过设立支架等技术来提高产品的产量与品质。

瓜类蔬菜主要病虫害有霜霉病、炭疽病、白粉病、黑星病、枯萎病、灰霉病、疫病、病毒病、细菌性角斑病、斑潜蝇、蚜虫、白粉虱、黄守瓜等。瓜类蔬菜病虫害多，危害大。在病害方面，瓜类霜霉病主要为害黄瓜、甜瓜，具有来势猛、病害重、传播快的特点，尤其是在黄瓜保护地栽培中发生普遍、危害较严重。瓜类枯萎病以黄瓜、冬瓜、西瓜发病最重。瓜类疫病以黄瓜、冬瓜受害最重，北方主要在夏末秋初的雨季发病，发病后蔓延迅速，常常造成蔬菜大面积死亡。瓜类炭疽病为害西瓜、甜瓜、黄瓜、冬瓜、瓠瓜、苦瓜等。瓜类白粉病虽然苗期至收获期都可发生，但是一般在瓜类蔬菜生长中期和后期发生较为严重，可能导致瓜类蔬菜严重减产。细菌性角斑病在保护地黄瓜栽培中发生普遍，为害重。病毒病在瓜类蔬菜发生比较普遍，其中以西葫芦、黄瓜、西瓜、甜瓜发病较多，西葫芦最容易发病。不同瓜类蔬菜病毒病症状各有差异，黄瓜花叶病毒在黄瓜上引起系统花叶，在西葫芦和南瓜上引起黄化皱缩，在甜瓜上引起黄化，不侵染西瓜；西瓜花叶病毒侵染南瓜，叶片呈褪绿黄化、皱缩畸形症状，在西葫芦上产生黄化皱缩症状，在甜瓜上产生花叶皱缩症状。在虫害方面，瓜蚜（也叫棉蚜）是瓜类蔬菜上最常见、为害最大的害虫之一，成虫和若虫常常群集在叶片背面、嫩茎和嫩梢等幼嫩部位刺吸为害，严重发生时可以在瓜类蔬菜苗期造成整株枯死。斑潜蝇是瓜类蔬菜上的一种重要害虫，为害严重时，可以引起瓜类蔬菜叶片大量枯死，导致瓜类蔬菜严重减产。

（三）十字花科蔬菜

十字花科蔬菜的种类繁多，主要种植种类有白菜、油菜、花菜、萝卜、甘蓝、菜薹等，是产生病虫害较多的蔬菜。

十字花科蔬菜常见的病害包括霜霉病、软腐病、黑腐病、炭疽病、病毒病、黑斑病、萝卜黑心病等。虫害有菜青虫、小菜蛾、粉虱、蚜虫、甜菜夜蛾、斜纹夜蛾、甘蓝夜蛾、根蛆（白菜蝇、萝卜蝇）、小地老虎、黄曲条跳甲、萝卜钻心虫（菜螟幼虫）、猿叶虫等。软腐病主要为害甘蓝和大白菜，多发生在包心后期，个别年份可造成减产 50％以上。霜霉病以大白菜发病最重，早春与晚秋季节发病率高。黑斑病常与霜霉病并发，全生育期均可感病，春秋两季发生普遍。病毒病主要为害萝卜、白菜、甘蓝等十字花科蔬菜，幼苗、成株期都可发病。菜青虫以甘蓝、花菜、白菜受害最重，排泄粪便污染菜心，并可传播软腐病。小菜蛾主要为害甘蓝、花菜、白菜、萝卜、油菜等十字花科蔬菜，幼苗期常集中为害，影响包心。蚜虫主要表现为成虫、若虫聚集在蔬菜幼苗、嫩叶以及接近地面的根茎处为害，温暖干旱条件下发生严重。

（四）豆科蔬菜

豆科蔬菜的食用部位为嫩荚或豆粒，作为蔬菜的栽培品种主要有菜豆、豇豆。

豆科蔬菜病虫害种类较多，露地发生较为普遍的有锈病、病毒病、细菌性疫病、根腐病、枯萎病、炭疽病、灰霉病、白粉病、煤霉病等。保护地则以菌核病和灰霉病为害较重。锈病发生频率较高，一般在生长中后期发生，主要侵害叶片，菜豆上为害严重，常造成叶片提前脱落，豆荚锈迹斑斑。豆类白粉病主要为害叶片、茎蔓和荚，日暖夜凉多露的潮湿天气利于病害发生。豆角疫病在连续阴雨或雨后转晴温度高时易发病。炭疽病以温凉多雨季节为害最重，在豆荚的贮藏、运输期间仍能发生为害。病毒病一般 8—9 月高温干旱时发病较严重。煤霉病在豇豆上发生最为严重。为害豆科蔬菜的害虫主要有蚜虫、美洲斑潜蝇、豆荚螟、温室白粉虱等。但最为常见的是豆荚螟，每年 6—10 月幼虫为害严重。

第三章　蔬菜病虫害绿色防控关键技术

一、合理轮作

轮作也称为换茬和倒茬，是指同一块地上有计划地按顺序轮种不同类型的作物和采用不同类型的复种形式，可以均衡利用土壤中的营养元素，并将用地和养地结合起来，不会过度损耗土壤肥力；还可以改变病虫害、杂草的生活环境，从而降低病虫害的发生概率。

（一）合理轮作考虑的因素

（1）不同作物病害感染情况。如黄瓜霜霉病、枯萎病、白粉病、蚜虫等，对瓜类蔬菜有感染传毒能力，连作黄瓜更为不利，如果下茬种植其他蔬菜，就能减轻病虫害发生；葱蒜采收后种大白菜，可明显减轻软腐病发生；粮菜轮作对土壤传染性病害的控制更为有效。

（2）病原虫卵存活年限。如白菜、芹菜、苘子白、葱、蒜等作物，可间隔1～2年；马铃薯、黄瓜、辣椒等需间隔2～3年；番茄、茄子、黄瓜、豌豆等需间隔3～4年；西瓜的间隔年限最长，需要5～7年。

（3）作物对养分的需求。如豆类蔬菜与需氮肥较多的叶菜类蔬菜轮作，可使土壤养分均衡供应；把需氮肥较多的叶菜类、需磷肥较多的茄果类和需钾肥较多的根茎类蔬菜相互轮作倒茬，可使土壤中氮、磷、钾各类营养都能被充分吸收利用；将深根系的瓜类、豆类、茄科类蔬菜和浅根系的叶菜、葱蒜类蔬菜轮作，可使土壤各层次营养都能被充分吸收利用。

（4）茬口特性。豆类作物具有生物固氮作用，是叶菜类和果菜类的好前茬；块根、块茎类作物多为垄作，收获后土壤疏松熟化，是许多蔬菜的好前茬。

（5）前茬对杂草的抑制作用。生长迅速或栽培密度大、生长期长、叶片对地面覆盖度大的蔬菜，如瓜类、甘蓝、豆类、马铃薯等，对杂草有明显的抑制作用；而胡萝卜、芹菜等发苗较缓慢或叶小的蔬菜易滋生杂草。

（二）常见作物茬口特性

（1）豆类作物。包括食用豆类作物大豆、蚕豆、豌豆、绿豆等，有生物固氮作用，前期施足有机肥，可满足豆类作物一生对氮的需求。豆类作物根茬和脱落物较多，土质疏松，土壤含氮量高，是叶菜类和果菜类的好前茬，可与其他需肥量较多的作物间种或倒茬。

（2）根菜类作物。包括萝卜、胡萝卜、马铃薯、姜、山药、甘薯等。最忌连作，否则后茬病虫害较多。但这类作物多为垄作，刨后土壤疏松熟化，是许多作物的好前茬。

（3）葱蒜类作物。包括大蒜、洋葱、大葱、韭菜等。这类蔬菜植株个体小，植株挺立，适合密植与间（套）种，同时根部可分泌一些抗菌物质，故轮作和间（套）种可减少果菜根部病害的发生。

（4）瓜类作物。包括冬瓜、丝瓜、南瓜、苦瓜、西瓜、佛手瓜等，连续坐果能力很强，除黄瓜外都具有发达的根系，吸肥吸水能力强。瓜类蔬菜有共同的病害，如白粉病、枯萎病、炭疽病、霜霉病等，应避免瓜类作物连作。

（5）茄果类作物。包括番茄、辣椒、茄子、马铃薯等，对钾、钙、镁的需求量比较大，特别在果实采收期容易出现这些元素的缺乏症。茄果类蔬菜采收期比较长，养分消耗多，前茬以各种叶菜和根菜为宜。茄果类蔬菜具有许多共同的病虫害，应避免连作或与茄科作物轮作。

（6）叶菜类作物。是指以植物肥嫩叶片和叶柄作为食用部位的蔬菜，常见的有芹菜、卷心菜、白菜、青菜、油菜、菠菜、油麦菜、甘蓝等。多数叶菜类蔬菜根系分布较浅，种植密度大，单位面积上株数多，对肥水要求较高，可选择茄果类、瓜类、葱蒜类为前作。

二、穴盘基质育苗

穴盘育苗是以穴盘作为容器，用草炭、蛭石和珍珠岩等轻基质材料做育苗基质，一穴一粒，一次性成苗的现代化育苗技术。突出的优点是省工、省力、节能、效率高；根坨不易散，定植缓苗快，成活率高；适合远距离运输和机械化移栽；有利于规范化科学管理，提高商品苗质量。同时，能增强幼苗的抗病抗逆性，是降低生长期病虫害为害的重要措施。

（一）穴盘基质的选择

育苗的穴盘要根据蔬菜种类、成苗大小确定穴盘规格。　般瓜类作物或茄果类嫁接蔬菜种苗适宜选择 50 孔穴盘，茄果类直播秧苗宜选择 72 孔穴盘。

穴盘育苗主要采用轻型基质，如草炭、蛭石、珍珠岩等。草炭的持水性和透气性好，富含有机质，而且具有较强的离子吸附性能，在基质中可持水、透气、保肥；蛭石可以起到保水作用；珍珠岩吸水性差，主要起透气作用。把上述三种基质进行适当配比，可以达到理想的育苗效果，一般基质常规配比为草炭：蛭石：珍珠岩＝3：1：1。

播种前要计算好基质用量。一般按每个50孔穴盘6.1升基质、每个72孔穴盘4.7升基质、每个105孔穴盘4.3升基质、每个128孔穴盘3.8升基质来计算和准备。

（二）催芽和播种

穴盘育苗一般采取干籽直播法，但播种前要做好发芽率试验，发芽率要达到90％以上，过低则不适合穴盘育苗。必须使用时，则可用200毫克/千克赤霉素浸泡8小时后清洗再播种。不同的种子播种深度不同，一般种子越大要求的穴孔越大，播种越深。播种过浅则可能出现戴帽拱出的情况，可在浇水湿透种皮后用手或毛巾将种皮去掉。

蔬菜穴盘育苗通常需要对种子进行预处理。但对经过包衣的种子无需处理直接播种，对常规种子采用先晒种后浸种催芽再播种的方法，有利于培育整齐一致的秧苗。种子处理的方法包括精选、温汤浸种、药剂浸种或拌种、搓洗、催芽等措施。

（三）苗床管理

（1）水分管理。小规模育苗场可采用人工浇灌或喷淋方式，大型育苗场可采用自走式悬臂浇灌系统，并可安装施肥器，解决人工施肥的困难。由于穴盘穴格较小，幼苗生长空间有限，幼苗容易因遮光或温度过高造成徒长，要严格控制水分。穴盘苗发育阶段可分为种子萌发期、子叶及茎伸长期、真叶生长期、炼苗期等四个时期，每个生长发育时期对水量需求不一样，种子萌发期对水分及氧气需求较高，相对湿度维持95％～100％；子叶及茎伸长期水分供给消减，相对湿度应降到80％，以利根部生长；真叶生长期供水应随秧苗成长而增加；炼苗期则限制给水以锻炼秧苗。实际育苗中还需注意"三浇三不浇"，即晴天浇阴天不浇；上午浇下午不浇；阴尾晴头浇，晴尾阴头不浇。

（2）养分配备。穴盘育苗由于容器空间有限，加之浇水次数较多容易导致脱肥，所以需及时补充养分。首先要在堆拌基质时适当配备复合肥等，其次在苗期追施各类营养液肥，一般每5～7天施肥1次，浓度500～800倍。

（3）光温水控制。蔬菜穴盘育苗需要合理控制光照、温度、水分等，才能培育出优质壮苗。种子播种后要适当遮光利于出芽，种子出苗后立即见光。夜间高温容易造成秧苗徒长，在满足植物生长的温度范围内，应尽量降低夜间温度，加大昼夜温差。适当限制供水，将叶片控制在轻微的缺水条件下，有较多养分用于根部生长，可增加根部比例，利于培育优质种苗。若遇特殊天气或发

现秧苗有徒长趋势时，可选择使用 B9、矮壮素、多效唑、烯效唑等生长调
节剂。

（四）炼苗

当穴盘秧苗即将达到出圃标准时，需进行适当炼苗以适应生长逆境。方法
是在出圃定植前适当控水控温，使叶片角质层增厚或脂质累积，增加对缺水的
适应力。在夏季高温季节，可采用荫棚育苗或有水帘风机的设施育苗，出圃前
适当增加光照，尽可能创造与田间一致的环境。冬季温室育苗，在出圃前可将
种苗置于较低温度环境下 3～5 天，可有效提高植株的抗逆能力。

（五）病害防治

育苗期间，尤其是冬春季育苗，低温天气多，棚内湿度大，幼苗抵抗力
弱，易感染猝倒病、立枯病、灰霉病、沤根病、病毒病、炭疽病等病害。应经
常检查，发现病害应及时拔除集中处理，并对症喷洒化学药剂。可用 75％百
菌清粉剂 600～800 倍液防治猝倒病、立枯病、炭疽病，用 64％杀毒矾 600～
800 倍液防治霜霉病，用 75％速克灵 1 000 倍液防治灰霉病。

秧苗出圃前 1 天还要喷药预防病虫害，正常情况下可以喷施 77％氢氧化
铜微粉剂 1 000 倍液，或 75％百菌清可湿性粉剂 800 倍液。

三、嫁接育苗

蔬菜嫁接育苗又称嫁接换根，指将切去根系的蔬菜幼苗或带芽枝段接于另
一种植物的适当部位，两者接口愈合后形成一株新苗。

嫁接育苗利用土传病害对侵染蔬菜具有较强专一性的特点，选择抗性较强
的品种作砧木，可有效防止多种土传病害，其茎、叶等部位某些病害的发病程
度也有所减轻。蔬菜嫁接苗大多根系发达，茎粗叶大，生长旺盛，特别是在气
候恶劣的早春育苗，嫁接育苗的壮苗效果更为明显。嫁接后蔬菜一般抗逆性增
强，对低温或高温、干旱或潮湿、强光或弱光、盐碱土或酸土等的适应能力较
自根蔬菜好。

（一）砧木的选择

优良的嫁接砧木应具备以下特点：①嫁接亲和力好，表现为嫁接后易成
活，成活后长势强；②对接穗的主防病害表现高抗或免疫；③嫁接后抗逆性增
强；④对接穗果实的品质无不良影响或影响小。

目前，常用蔬菜嫁接砧木多为野生种、半野生种或杂交种。如黄瓜多以黑

籽南瓜为砧木，西瓜多以葫芦和瓠瓜为砧木，甜瓜多以南瓜为砧木，番茄、茄子均以其野生品种为砧木。

（二）嫁接方法

嫁接场所最好在育苗温室内，嫁接时要求室温 20～25℃，相对湿度不低于 80%，光照较弱。

嫁接方法有靠接法、插接法、劈接法等。靠接的优点是操作容易，成活率高；缺点是嫁接速度慢，后期还有断根、取夹工作，较费工时，且接口低，定植时易接触土壤。插接法的优点是接口较高，定植后不接触土壤，省去了嫁接后去夹、断根等工序。缺点是嫁接后对温湿度要求高。

四、种子处理

种子在播种前提前消毒，可以预防后期部分蔬菜病害的发生，控制种子内外带菌和苗期土传病菌的为害。

（一）种子处理方法

（1）晒种。一般是在播种前选择晴天，将种子薄薄地摊开在晒垫或水泥地上，连续晒 2～3 天，勤翻动，使种子干燥度一致。晒种可以有效地提高种子的发芽率和发芽势。同时，太阳光谱中的短波光如紫外线具有一定杀菌能力。

（2）温汤浸种。将种子边搅拌边倒入相当于种子容积 3 倍的 50～55℃ 温水中，不断搅拌 20～30 分钟后，使水温降至 30℃，继续浸种 3～4 小时，可杀死种子表面的猝倒病、立枯病、黄瓜炭疽病、黄瓜枯萎病、茄子枯萎病、番茄早疫病等病菌。此法简单易行，适用于各类种子，要在加水后不停地朝一个方向搅拌，以保证水温基本恒定。烫种时间到了以后，要把水温迅速降到 30℃ 左右，然后开始浸种。

（3）热水烫种。将干燥种子放进容器中，先用冷水浸没种子，再倒入 80～90℃ 的热水，水量为种子量的 4～5 倍，要边倒边顺着一个方向搅动，动作要快，使水温达到 70～75℃，保持 1～3 分钟，再迅速倒入一些冷水，使水温降至 20～30℃，然后进行一段时间的普通浸种。此法可迅速软化种皮，既能钝化病毒，又有杀菌作用。主要适用于冬瓜、西瓜、苦瓜等吸水难的种子。

（4）干热处理。将干燥的种子置于 70℃ 的干燥箱中处理 2～3 天，可将种子上附着的病毒钝化，还可以增加种子内部活力，促使种子萌发整齐一致。如将瓜类、番茄、菜豆等蔬菜种子在 70～80℃ 下进行干热处理，就可杀死种子表面及内部的病菌，还可减少苗期病害的发生。干热处理要把握适用品种，按要求严格控制温度和时间。

（5）药剂浸种。药剂浸种是种子消毒处理中最常用的技术，可以杀灭附着在种子上的虫卵和病菌。要选择能溶于水的药剂如可湿性粉剂、水剂、乳剂和悬胶剂，不能用粉剂浸种。须严格掌握药液浓度和浸种时间，时间过长会产生药害，过短达不到消毒目的。药液浸过的种子要用清水冲洗后，方可继续用温水浸种或播种，否则易产生药物危害，影响种子发芽和幼苗生长。如防治番茄、辣椒病毒病可用1％高锰酸钾溶液或10％磷酸三钠溶液浸种20～30分钟；防治番茄早疫病、黄瓜炭疽病、黄瓜枯萎病、茄子黄萎病等可用40％福尔马林100倍液浸种20～30分钟；防治辣椒炭疽病、细菌性斑点病可用1％硫酸铜溶液浸种5分钟；防治黄瓜枯萎病、茄子黄萎病可用50％多菌灵500倍液浸种1～2小时。

（6）药剂拌种。药剂拌种有干拌、湿拌和混合拌种等方法。干拌主要使用粉剂农药，如三唑酮、绿亨2号、禾果利、福美双、拌种双等。湿拌主要用乳剂农药，充分拌匀盖上塑料布堆闷24小时后播种。混合拌种先用乳剂农药湿拌，堆闷晾干后再干拌粉剂农药，这种拌种方法消毒灭菌比较彻底。如用50％克菌丹可湿性粉剂拌种，可防治茄子黄萎病、褐纹病，番茄枯萎病、叶霉病；用拌种双可湿性粉剂拌种，可防治茄科蔬菜幼苗立枯病、白菜类猝倒病、冬瓜立枯病、大豆根腐病、甜瓜枯萎病、甘蓝根肿病和胡萝卜黑斑病、黑腐病等；用35％甲霜灵种子处理剂拌种，可防治大葱、洋葱、十字花科蔬菜的霜霉病；用50％福美双可湿性粉剂拌种，可防治炭疽病、白斑病、霜霉病、萝卜黑腐病、洋葱黑粉病，以及茄子、瓜类、甘蓝、花椰菜等苗期立枯病、猝倒病；用75％百菌清可湿性粉剂拌种，可防治白菜类猝倒病、胡萝卜黑斑病等；用70％代森锰锌可湿性粉剂拌种，可防治白菜类猝倒病，胡萝卜黑斑病、黑腐病、斑点病，十字花科黑斑病；用65％代森锌可湿性粉剂拌种，可防治甘蓝黑根病、白菜霜霉病等；用50％扑海因可湿性粉剂拌种，可防治白菜类黑斑病、白斑病，甜瓜叶枯病，辣椒菌核病等；用58％甲霜灵锰锌可湿性粉剂拌种，可防治马铃薯晚疫病。

（二）不同病害种子处理技术

1. 防治细菌性病害

（1）温汤浸种。一般辣椒种子用55℃温水浸种30分钟，瓜类种子用55℃温水浸种20分钟，甘蓝、花椰菜、萝卜种子用50℃温水浸种20分钟，菜豆种子用45℃温水浸种15分钟。

（2）药剂浸种。辣椒种子可用1％硫酸铜溶液浸种5分钟，萝卜种子可用

45%代森锌水剂 1 000 倍液浸种 15~20 分钟，瓜类种子可用 4%氯化钠 10~30 倍液浸种 30 分钟。

（3）药剂拌种。辣椒种子可用种子质量 0.3%的 50%敌克松原粉拌种，黄瓜、甘蓝、花椰菜、萝卜种子可用种子质量 0.4%的 50%福美双可湿性粉剂拌种，萝卜种子还可用种子质量 0.3%的 35%甲霜灵拌种剂拌种，菜豆种子可用种子质量 0.3%的 50%福美双可湿性粉剂或 70%敌克松原粉拌种。

2. 防治真菌类病害

（1）温汤浸种。瓜类、茄果类种子用 55℃温水浸种 15~20 分钟，芹菜种子用 48℃温水浸种 30 分钟，菜豆种子用 45℃温水浸种 10 分钟，大葱、洋葱种子用 50℃温水浸种 25 分钟。

（2）药剂浸种。防治瓜类（黄瓜、西瓜）枯萎病及茄子黄枯萎病、绵腐病和菜豆炭疽病，可用 40%甲醛 100 倍液浸种 30 分钟；防治白菜白斑病、黑斑病和番茄早晚疫病及瓜类白粉病，用 50%多菌灵 500 倍液浸种 1~2 小时；防治瓜类霜霉病、菜豆炭疽病，用 50%代森铵 200~300 倍液浸种 20~30 分钟；防治番茄早疫病，将番茄种子浸泡 3~4 小时后，移入 0.3%~0.4%的硫酸铜溶液中浸种 5 分钟；防治辣椒疫病、炭疽病，可用 1%硫酸铜溶液浸种 30 分钟；防治黄瓜枯萎病用 2%~3%漂白粉溶液浸种 30~60 分钟；防治菜豆枯萎病用 60%防霉宝超微粉剂 600 倍液浸种 30 分钟；防治大葱、洋葱紫斑病可用 0.1%~0.2%高锰酸钾溶液浸种 20 分钟；防治瓜类枯萎病可用 0.1%~0.2%高锰酸钾溶液浸种 30~60 分钟；防治黄瓜菌核病可用 10%的食盐水搓洗黄瓜种子；预防立枯病和霜霉病，用 0.1%甲基托布津溶液浸种 2~3 小时。

（3）药剂拌种。防治黄瓜疫病和白菜、萝卜、菠菜霜霉病，可用种子质量 0.3%的 50%福美双可湿性粉剂拌种；防治黄瓜黑星病，可用种子质量 0.3%的 50%多菌灵可湿性粉剂拌种；防治菠菜霜霉病，可用种子质量 0.3%~0.4%的 25%甲霜灵可湿性粉剂拌种；防治瓜类真菌病，可用种子质量 0.4%~0.5%的绿亨 2 号可湿性粉剂拌种；防治白菜黑斑病，可用种子质量 0.2%~0.3%的扑海因或 50%速克灵拌种。

3. 防治病毒类病害

（1）温汤浸种。用 60~62℃的温水浸种 10 分钟，可预防病毒病。

（2）药剂浸种。将种子用清水浸 4 小时后，再浸于 10%磷酸三钠溶液中 20~30 分钟后捞出，清水洗净催芽播种，可防治番茄、辣椒病毒病；用高锰酸钾溶液浸种 10~30 分钟，可减轻和控制茄果类蔬菜病毒病以及早疫病。

（3）干热处理。将种子置于 70℃干热条件下（恒温干燥箱）处理 72 小时左右，可以防治病毒病。

五、土壤消毒

土壤消毒是通过向土壤中施用农药，以杀灭其中的病菌、线虫及其他有害生物的技术。除施用化学农药外，利用干热或蒸气也可进行土壤消毒。

土壤消毒主要有以下几种方法：

（1）生物菌肥法。每亩细致喷洒微生物菌剂 500～1 000 克，或施用生物菌发酵的有机肥，增加土壤中的有益菌数量，抑制和杀灭土壤中各种有害微生物，可预防土传病害发生。

（2）福尔马林消毒法。土壤耕翻后，每平方米用 50 毫升福尔马林兑水 10～12 千克，或每平方米喷洒 100 倍的福尔马林液 0.15 千克，然后用塑料薄膜盖严。7～10 天后揭膜，并翻土 1～2 次，使药液挥发，3～5 天即可栽培作物。

（3）药土消毒法。每平方米用 50％多菌灵可湿性粉剂 2 克，或 50％甲基托布津可湿性粉剂 8 克，兑水 2～3 千克，掺细土 5～6 千克，播种时做下垫土和上盖土，可有效防治多种真菌性病害。此法多用于蔬菜育苗营养土处理。

（4）药剂喷淋或浇灌法。将药剂用清水稀释成一定浓度，用喷雾器喷淋于土壤表层，或直接灌到土壤中，使药液渗入土壤深层，杀死土中病菌。喷淋施药处理土壤适用于大田、育苗营养土等。常用消毒剂有 96％噁霉灵可溶性粉剂、80％多福锌可湿性粉剂。

（5）硫黄消毒法。将硝石灰、硫黄、锯末充分拌匀，具体用量每亩硝石灰 6～7 千克、硫黄 0.13～0.2 千克、锯末 35～50 千克，均匀撒在土壤表面，然后深翻混匀，再用大水灌透，覆盖塑料薄膜，并将薄膜四周压实盖严，保持 10 天左右。此法最好在夏季使用，有利于提高土壤温度，达到充分杀灭土壤中病虫的目的。

（6）石灰氮消毒法。石灰氮又名氰胺化钙，分解过程中的中间产物氰胺和双氰胺具有消毒、灭虫、防病的作用，尤其是对蔬菜青枯病、立枯病、根肿病、枯萎病等病害和根结线虫有很好防效；此外，石灰氮是一种碱性肥料，可以为植物提供部分氮元素和钙元素，并且石灰氮是一种缓释肥料，其氮肥效期达 3～4 个月。现在石灰氮一般都是颗粒剂，可以在翻地前撒施，或者和农家肥一起施用，旋耕后再覆膜熏蒸。在 7—8 月，10～15 天即可以完成消毒。

六、保护地设施消毒

保护地多种作物栽培茬口不间断种植，并实施高密度、高肥水栽培，还因设施阻隔，影响紫外线的杀菌强度和通风降湿，有利于病原菌的积累和病害发生。冬季保温、夏季遮阳等资材的应用，又利于害虫的安全越冬、越夏，延长了害虫的发生与为害时期。特别是设施中的主要病害，如灰霉病、菌核病、枯萎病、软腐病、线虫病等，都具有寄主范围广、发生普遍、为害重、损失大的特点。侵入保护地为害的微型害虫如蚜虫、螨类、蓟马、烟粉虱、潜叶蝇等，由于保护地内没有雨水冲刷的自然杀虫作用，易早发、重发。连续用药也因没有雨水的冲刷，产生抗性强的菌种和害虫种群，过度用药使产品积累超量的农药残留，降低产品质量。

在设施中通过土壤消毒，及时清除已积累的病虫基数，提供符合健康栽培的土壤环境，是常规且经济有效、可操作性强的重要控害技术。

（一）太阳能高温消毒

在已连续栽培 2 年以上、密封性较好或能营造利用太阳热能升温消毒土壤的日光温室内，可利用太阳热能提高环境温度，灭杀土壤中病菌和害虫，还能加快土壤微量元素的氧化水解复原，满足作物的生长发育需求。

具体方法是在 7—8 月作物高温休闲期，及时清除残茬，多施鸡粪、猪粪、牛粪等有机肥料和适量玉米、稻草秸秆，立即深翻 25 厘米以上，再按照不同蔬菜的种植方式起垄或做成高低畦，浇水后覆盖薄膜关闭棚室风口，密闭消毒 15～20 天，地表下 10 厘米处最高地温可达 70℃；20 厘米处地温达 45℃以上，可消除土壤病菌、杀灭虫卵、清除杂草。

（二）施用碳酸氢铵闷虫消毒

碳酸氢铵是挥发性肥料，其分解过程可产生氨气、二氧化碳和水，若将其投放于密闭设施内，利用较高温度可促进碳酸氢铵挥发出高浓度氨气，快速灭杀残茬作物上寄生的有害生物。

茄果瓜类作物换茬拉秧时，易造成残存病残体与害虫外迁，危及周边设施内的作物；一些体型较大和耐热性好的害虫也不易闷棚杀死，一些病害则由于寄主环境的恶化进入休眠状态，下茬播种时又恢复新一轮侵染循环；有时还因多阴雨、环境温度低等天气原因，闷棚不一定能达到灭杀作用。在这些情况下，可采用施用碳酸氢铵闷棚灭虫消毒法，将作物、病菌、害虫、杂草在短时间内毒杀灭除。

具体方法是选择中午前后温度较高时，将病虫发生严重并需实施消毒的棚室关闭，按每平方米 20～25 克比例准备好碳酸氢铵化肥，并分装在开敞式易于边提边撒的容器内，进入设施从最远处开始，边撒边快速退向出口，然后密封设施 2～3 天，待设施内作物全部干枯后打开封闭设施，清茬后深耕晒垡

10～15 天，整地种植后茬作物。实施过程中要戴好口罩，再外扎湿毛巾防护。处理较大面积的连栋大棚等设施时，要多人同时操作，注意相互照应，万一有人出现身体不适需及时替换或抢救。小面积棚室也应有二人在场协助处理，安排好撤出先后次序。

（三）电热硫黄熏蒸消毒

在温室大棚安装电热硫黄熏蒸器，利用电热恒温加热和部分药剂的升华特性，使药剂气化成极其微细的颗粒，在温室大棚内均匀沉积分布在植物叶片表面，保护植物免受病虫害的侵害。此种方法简单易行，防治效果好，在草莓白粉病、番茄疫病等的防治中均有优异的效果。

正确的使用方法：每亩设置熏蒸器 5～8 个，温室内一般每隔 12～16 米悬挂一个，高度 1.5 米，距后墙 3～4 米。每次用硫黄 20～40 克，投放量不超过钵体的 2/3，以免沸腾溢出。为避免棚膜受损，可在熏蒸器上方 40～60 厘米高度设置直径不超过 1 米的遮挡物。需要注意的是，棚室内电线和控制开关应有防潮和漏电保护功能，安装位置应高于地面 1.8 米，避免碰及操作人员。

硫黄熏蒸一般用作发病前的预防和发病初期的防治，一般每次不超过 4 小时，熏蒸时间为 18：00—22：00。熏蒸结束后，保持棚室密闭 5 小时以上，再进行通风换气。

七、有机肥料无害化处理

有机肥料是指含有大量有机物质的肥料。一般包括人粪尿、厩肥、绿肥、堆沤肥、饼肥、土杂肥、禽类以及各种废弃物和腐植酸类肥料。

未经无害化处理的有机肥料直接施用，对作物和土壤都会造成不良影响。人畜粪便中含有大量的大肠菌、线虫等有害生物，直接使用可导致病虫害的传播蔓延。未腐熟有机物质在土壤中发酵时，还容易滋生病菌与虫害。分解过程中产生甲烷、氨等有害气体，使土壤和作物产生酸害和根系损伤。因此，有机肥料必须进行无害化处理。

（一）物理方法

如高温处理法，主要适用于堆肥，是利用有机物质分解释放出的能量来提高温度，以杀死肥料中的病虫。堆肥内部温度一般为 50～65℃，最高可达 80～90℃，可以杀灭大量的病原微生物，使堆肥实现无害化。高温堆肥可以用于处理农村的一些有机废弃物，主要包括生活垃圾、有机污泥、人及畜禽粪便、秸秆及其他农业固体废物。

（二）生物方法

生物方法主要针对各类农作物秸秆，使用不同的微生物菌剂进行堆、沤。

（1）"301"菌剂堆肥。"301"菌剂具有生长周期短、繁殖快、易培养的特点。使用"301"菌剂，可在短时间内使粉碎的秸秆充分腐熟成秸秆肥，杀除病菌、害虫、草籽。堆制时，秸秆必须充分湿透，分三层堆积，一、二层各厚50～60厘米，第三层厚30～40厘米，在各层上部撒上"301"菌剂和尿素，用量比自下而上为4∶4∶2。堆积结束后，要做好泥封。

（2）催腐剂堆肥。按粉碎后的秸秆与水1∶1.7的比例，使秸秆湿透。按湿透后的秸秆量的0.12%施足催腐剂，用喷雾器均匀喷施，边喷边拌。将施药后的秸秆堆垛成宽1.5米、高1米的秸秆堆，拍实，用2厘米厚的泥密封。

（3）酵素菌堆肥。原料千克数按秸秆∶麸皮∶钙镁磷肥∶酵素菌扩大菌∶红糖∶干鸡粪＝50∶6∶1∶0.8∶0.1∶20的配比，先将麸皮、钙镁磷肥、红糖、酵素菌扩大菌掺混均匀后，再和鸡粪一起依次撒在用水湿透的秸秆上，拌匀后堆于池内，稍微镇压。适宜堆温为60～65℃，湿度50%～60%。堆肥呈黑褐色腐烂状态且有光泽无任何异味时，即说明堆制完成。

（4）EM多功能发酵菌堆腐法。把各种有机肥源如米糠、稻壳和碎麦秸充分拌和均匀，喷水至含水率30%～40%，然后平铺厚度20～30厘米，均匀喷洒"EM多功能发酵菌"后，上面盖透明的聚乙烯薄膜，温度达到45～60℃时翻动3～4次，至产生白色絮状毛，无臭气，即为发酵完成。夏天3～5天可完成，春季10～15天可完成。

（三）工厂无害化处理

在大型畜牧和家禽养殖场，因粪便较多，可采用工厂无害化处理。方法是先把粪便集中脱水，当水分含量降到20%～30%时，把脱水的粪便移入专门的蒸汽消毒房内，在80～100℃温度下，经20～30分钟消毒，杀死全部虫卵、杂草种子及有害的病菌等。消毒房内装有除臭塔，臭气通过塔内排出。将脱臭和消毒的粪便配上必要的天然矿物，如磷矿粉、白云石、云母粉等进行造粒，再烘干，即成有机肥料。

八、生态调控

病虫生态调控是结合农田生态工程、作物间（套）作、生草覆盖等多样性生物调控与保护自然天敌等措施，从源头与滋生环境控制病虫害，提高农作物抗病虫能力。

（一）生物多样性防控病虫害

生物多样控制病虫害的理论基础是食物链原理。从农田生态学角度讲，多食性的植食昆虫能够取食多种寄主植物，但对各种植物的喜食程度却不相同，甚至差别很大。每种昆虫都有其最嗜食的寄主植物。长期、大面积种植单一作物，给害虫提供了丰富食料，积累了大量虫源，因此常造成害虫大范围暴发。

间作套种是农田生态系统中植物多样性防控病虫害的典型例子。间作套种可以改变寄主的空间分布，致使病害的传播和侵染受到影响；不同作物在生长和成熟时期植株高度上的差异，形成间（套）作田块中高低起伏的表面阻挡效应，不利于病菌传播；间（套）作土壤中有益微生物和原生动物对有害生物具有拮抗或捕食作用，增加了对有害病菌的抑制；间（套）作作物根系可以吸附土壤中引起主栽作物病害的病菌，使其失去活性；不同作物间（套）作可以招引丰富的害虫天敌，一些间（套）作作物可以对某些害虫产生趋避作用。

因此，掌握各类作物的特性，进行合理搭配、间套，能达到防病驱虫的目的。如玉米与辣（青）椒间作可减轻日灼病、病毒病等病害；玉米间种黄瓜可减少黄瓜病毒病发生；玉米间作白菜可减少白菜多种病害；大白菜与韭菜混间种，能防治白菜根腐病；大蒜与油菜间作能防治蚜虫；大蒜与马铃薯间作，可以抑制马铃薯晚疫病；菠菜与莴苣间作可减轻病虫害；番茄地混种韭菜，对番茄根腐病可起到预防和控制作用；葱与胡萝卜邻作，它们各自散发出的气味可以相互驱逐害虫；卷心菜与莴苣混间种，可避免菜粉蝶在菜心上产卵；甘蓝与番茄或莴苣混间种，可使多种甘蓝害虫避而远之。事实上，葱蒜类同蔬菜等作物间作、混作或轮作，均能有效地阻止病原菌的繁殖及降低土壤中已有病原菌的密度。

（二）种植防虫植物

防虫植物主要体现在增强天敌功能的蜜源植物和对害虫具有诱集或者驱避作用的诱集植物、趋避植物。防虫植物主要来源于草本植物，如伞形科、菊科、蝶形花科、唇形科等。利用农业生态系统的平衡原理，种植防虫植物，可以起到防虫作用，有的还可兼作绿肥和农田景观；还有的防虫植物本身就是经济作物，如韭菜、芫荽、大葱等。

（1）蜜源植物。蜜源植物是指那些能为天敌，特别是寄生性天敌提供花粉、花蜜或花外蜜源的植物种类。蜜源植物具有花粉和花蜜资源丰富，花期足够长，花蜜易被获取等特征，因此也有人称其为养虫植物。在露地蔬菜田埂上种植天敌蜜源植物，能够诱引天敌并为其提供补充营养，如寄生蜂或蝇取食花蜜后，寿命延长，繁殖力提高。在果园种植蜜源植物和牧草，可改善天敌生存环境，增加饲料来源，提高天敌种群密度，达到控害的目的。

（2）诱集植物。多数植食性昆虫能够取食多种寄主植物，每种昆虫都有其最嗜食的寄主植物，但农田主栽作物不一定是害虫最嗜食的寄主。在农田种植昆虫更喜食的寄主植物，在关键时期把害虫引诱到诱集植物上，然后集中杀死。这种方法简便易行，且不污染环境，对常发性害虫防治具有重要意义。

诱集植物诱集效果的好坏与诱集植物的种类、空间布局、种植面积和时间等密切相关。①要筛选出对目标害虫引诱效果好、易于种植和管理的寄主植物；②诱集植物种植宜采用四周环绕的方法，阻隔目标害虫迁入农田和果园；③一般诱集植物应占到总种植面积的 5%～10%；④掌握诱集植物适宜的种植时间，使诱集植物物候期与害虫的产卵为害期相吻合。

（3）驱避植物。趋避植物会散发害虫和鸟类讨厌的浓香或毒性物质，不仅能阻碍农田或果园周围有害生物的接近，还会直接产生杀菌抑菌、防虫杀虫作用。

趋避植物涉及农作物类、花卉类、香草类和野草类等。农作物类如大蒜、大葱、韭菜、辣椒、花椒、洋葱、菠菜、芝麻、蓖麻、番茄等；花卉类如金盏花、万寿菊、菊花、串红等；香草类如紫叶苏、薄荷、蒿子、薰衣草、除虫菊；野草类如艾蒿、三百草、蒲公英、鱼腥草等。

九、棚室小环境调控

采用棚室等设施栽培可避免低温、高温、暴雨、强光等逆境条件，为蔬菜生长提供适宜的气候环境。但棚室栽培也存在一些弊端，如冬春季易出现低温高湿、光照不足，周年生产使得连作障碍加重。棚室蔬菜的生态控制就是通过对温度、湿度、光照等生态因子的调控，创造更加有利于蔬菜生长，而不利于病虫害发生的环境条件。

（一）起垄或高畦栽培

起垄或高畦栽培能加大土壤耕作层的昼夜温差，提高地温，促进壮苗和花芽分化，有效抑制蔬菜徒长，促进壮秧。还有利于黄瓜等瓜类作物落秧后茎蔓盘在高处减少与地面接触和浇水时被浸湿，减低茎蔓病害发生概率。对于半木质化的茄果类蔬菜，能增加土壤受光面积，提高地温，减少蔬菜根腐病、疫病的发生。

在具体操作中，地面北高南低顺水的棚室，可降低垄高，地面平坦不顺水的棚室要适当提高垄高，一般垄或畦高 15～20 厘米，这样有利于耕作层通气和蔬菜根系营养吸收。

（二）科学浇水控制湿度

首选滴灌、膜下暗灌等灌溉模式，避免大水漫灌；小水勤浇，避免浇大水；选择晴天上午浇水，浇水后密闭棚室，使温度升至 35℃ 适当闷棚，然后再放风排湿，使叶面无水滴；注意浇水量和浇水间隔时间，在低温时少灌水，控制湿度不宜过高，高温时不能缺水，保持一定空气湿度，有利于蔬菜生长，不利于病害发生。

（三）合理通风调控温湿度

在棚室设施条件下栽培蔬菜，如果室内通风不良，易出现湿度大、棚顶滴水、叶面结露，加上适宜的温度环境，病害会迅速发生蔓延。

合理调节温湿度，有一项很有效的措施，就是"一日三放风"，不仅可以有效控制棚内温湿度，抑制病害发生；同时还能补充二氧化碳和新鲜空气，促进光合作用，增强植株抗病性。

具体做法是：早晨拉开草帘 1 小时左右，开 10～15 厘米风口，放风 15～20 分钟，此时小风口放短风，既排出夜间积攒的湿气，又避免棚内温度下降过多，同时还补充二氧化碳。放风 20 分钟后关闭风口，提升棚内温度至 28～32℃。这样的环境条件有利于番茄、辣椒、黄瓜等喜温蔬菜生长，同时增加光合效率，提高蔬菜抗性，能抑制晚疫病、白粉病的发生。然后再次拉开风口，风口由小到大，使棚内温度保持在 25～30℃，湿度下降至 65%～70%，使棚顶无水滴、叶面无露珠，此时温度虽然有利于病害发生，但低湿度又抑制了病菌的孢子萌发。下午棚温逐渐降低，要逐渐关小风口保温，使温度保持在 22℃ 以上，当低于 22℃ 时完全关闭风口。下午放草苦前半小时左右，开小风口放风 15 分钟，排出棚内湿气，同时补充新鲜空气，有利于作物夜间生长。当棚温 20℃ 左右时放下草苦，夜间湿度可上升至 80% 以上，但夜温能降至 11～15℃，此时湿度虽然有利于病菌生长，但低温又抑制了病菌的萌发。

（四）黄瓜变温管理

一般植物的生长在变温条件下比在恒温或高温条件下更健壮，并有利于减少呼吸消耗、积累养分。

黄瓜变温管理，就是根据黄瓜生长的需求，在不同时期采取不同的温度调控。尤其在越冬茬黄瓜栽培过程中，要确定以温度管理为主线，通过变温管理可以增强黄瓜植株抗逆性，提高产量和效益。①定植后缓苗期，应密闭温室不放风或少放风，以提高地温和气温，加快缓苗。白天温度控制在 25～32℃，夜间控制在 16℃ 以上，地温控制在 15℃ 以上，温度超过 32℃ 时适当通顶风。②缓苗后，将放风口拉大，进行控温蹲苗，白天可将温度控制在 20～25℃，前半夜温度控制在 15℃ 以上，后半夜降到 10～13℃，可以促使根系发育，茎叶健壮，增强植株的抗逆性。③结瓜期要适当提高棚室温度，严冬季节宜采用高温管理，白天棚温超过 35℃ 开始放风，使棚室内温度较长时间保持在 25～35℃，夜间温度保持在 13℃ 以上，既可控制病害又能促进瓜条发育；春季随着外界气温逐渐回升，根据棚内气温变化，放风量应逐渐加大，晴天白天保持在 28～32℃、夜间 12～16℃，此时温度过高，特别是夜间温度高，容易造成植株旺长、畸形瓜增多等情况。

变温管理适用于茄果类和瓜类其他蔬菜。

（五）生长期闷棚控害

棚室温度的调节范围为 15～35℃，多数病虫害适宜发生温度为 20～28℃。可利用温室栽培便于控制温湿度的特点，在作物生长期的病虫发生初始阶段，通过棚室风口管理，提高或降低棚室温湿度，营造有害生物短期的不适宜环境，延迟或抑制病虫害的发生与扩展。

闷棚防治法的应用，防病与防虫的操作有共同点，也有较大区别。适用于防病的是高温、降湿病病；而适用于防虫的是高温、高湿控虫，所以应用闷棚防治病虫需要较高的管理技巧。

高温闷棚控制黄瓜霜霉病，就是利用日光温室在密闭条件下形成高温，达到杀灭病原菌的目的。具体方法是，在闷棚前 1 天浇 1 次水，并适当调高夜温，保持地温，尽量使地温与气温差距缩小。闷棚当日揭帘后封闭温室，待 9:00—10:00 外界温度急剧上升时，迅速将棚温提高到 40℃ 以上。在温室中部的黄瓜植株上部相当于生长点的高度，分前、中、后各挂上一只温度计，每隔 15 分钟左右观察一次，温度达到 40℃ 时开始计时，连闷 1.5～2 小时，此间温度不能低于 43～45℃，也不能超过 47℃。此时注意观察黄瓜植株表现，当室温达到 40℃ 以上时，生长点以下 3～4 片叶上卷，生长点斜向一侧，说明一切正常。若生长点以下叶片没有上卷现象，或发现生长点小叶萎缩，说明土壤水分或空气湿度不够，或根系吸收功能不佳，应及时放出热量，结束闷棚。放热要从顶部慢慢加大放风口，缓慢地使室温下降。当温度超过 45℃ 时，不宜直接打开大风口通风，可适当结合放草苫遮阴降温。高温闷棚多仅杀死分散在黄瓜叶片表面的病菌孢子，而侵入叶片内的病原菌则得以生存下来，潜伏 2～4 天后便又表现症状，然后继续繁殖新生孢子，扩散为害。所以，霜霉病应在第一次闷棚后 4～7 天再进行 1 次，这样才能较彻底地铲除温室里的病原菌。

采用高温闷棚控害技术，对炭疽病、菌核病、白粉病等病害及蚜虫、粉虱、蓟马、螨虫、潜叶蝇等微型害虫也有较好的防治效果。

（六）夏季降温管理

温室夏季栽培，由于相对密闭，空气流通速度慢，温度容易升高，不利于室内作物的生长。因此，夏季降温是棚室栽培必须采取的措施之一。

对于普通日光温室，加大通风量是降温的关键措施。通风时不仅要开棚室顶部风口，前沿的薄膜也要卷起来，这样上下都通风，降温效果较好。但在通风的同时要覆盖防虫网，防止害虫迁飞入棚。在土壤透气性强的情况下，要小水勤浇，用保持田间湿润或增加地面覆盖物降温。

对于高档日光温室降温，除采用自然通风方式降温外，还可采取自然通风＋遮阳网系统降温，自然通风＋微喷降温系统降温，自然通风＋遮阳网＋微喷降温系统降温。实践证明，在自然通风情况下，联合运用遮阳网和微喷降温系统可使温室内气温降低 5℃左右。

十、微生物肥料

微生物肥料又叫生物菌肥，是以活性微生物的生命活动导致作物得到所需养分的一种新型肥料生物制品。与化肥相比，微生物肥料最大的特点就在于它是活的肥料，而且施入土壤后能长期存活并发挥作用。

微生物肥料包括微生物菌剂和微生物菌肥两大类。

（一）微生物菌剂

微生物菌剂分类较多。常用的如有机物料腐熟剂可分解腐熟有机物料，用于畜禽粪便、农作物秸秆、农副产品下脚料等有机物料的快速腐熟；抗重茬菌剂内含针对真菌性、细菌性病害的有益菌，对立枯病、根腐病等 30 余种病害有较好的防治效果；土壤农药残留降解剂，施入土壤后能直接作用于农药，通过酶促反应有效降解土壤中残留的农药及其他可溶性盐类物质，达到修复清洁土壤、消除有机毒物和改善生态环境的目的。

微生物菌剂剂型以液体为主，也有粉剂、颗粒剂。可以是 1 种或 1 种以上微生物的复合，要求其有效活菌数≥10 亿个/毫升（液体）、≥2 亿个/克（固体）、≥1 亿个/克（颗粒）。

微生物菌剂一般每亩用量 2～5 千克。作种肥可采取拌种、浸种、蘸根等方法；作底肥耕地时均匀撒施或与其他肥料混施；作追肥可叶面喷施或灌根，也可滴灌或冲施。

（二）微生物菌肥

微生物菌肥含有多种高效活性有益微生物，这些微生物在肥料中处于休眠状态，进入土壤萌发繁殖后，分泌大量的几丁质酶、胞外酶和抗生素等物质，可以有效裂解有害真菌的孢子壁、线虫卵壁和抑制有害菌的生长，进而控制土传性病虫害的发生，长期使用还可以降解土壤中重金属等污染物质。

微生物菌肥包括生物有机肥（菌＋有机质）和复合微生物肥料（菌＋无机养分）两种。

生物有机肥有颗粒剂和粉剂两种剂型。农业农村部规定的生物有机肥标准要求，有效活菌数≥0.2亿个/克，有机质（以干基计）≥25.0%。生物有机肥一般作基肥，施用时要足墒适温。充足的墒情能促其迅速分解转化，气温在10～30℃范围内肥效较好，气温过低或过高会影响肥料的转化和吸收。

复合微生物肥一般为有机、无机、有益菌并存，是综合型肥料。农业农村部规定的复合微生物肥料标准要求，液体肥有效活菌数≥0.50亿个/克，杂菌含量≤15.0%，总养分含量（N+P_2O_5+K_2O）6.0%～20.0%；固体肥有效活菌数≥0.20亿个/克，杂菌含量≤30.0%，有机质≥20.0%，总养分含量（N+P_2O_5+K_2O）8.0%～25.0%，水分含量≤30.0%。复合微生物肥可基施或追施，也可叶面喷施或浸种、蘸根。基施要避免肥料与种子或根系接触，追施后要覆土。亩用量要根据产品本身N、P、K含量确定，并确定单独使用或与化学肥料混合使用。

十一、有机生态型无土栽培

有机生态型无土栽培是指不用天然土壤，而使用基质；不用传统的营养液灌溉植物根系，而使用有机固态肥并直接用清水来灌溉作物的一种无土栽培技术。目前的温室或大棚，连茬种植普遍，通常连续使用3年以上，都会出现不同程度的连作障碍。有机生态型无土栽培是克服土壤连作障碍最彻底、实用、有效的方法。

有机生态型无土栽培技术适宜种植多种作物。如茄果类的番茄、茄子、辣椒、甜椒等，瓜类的黄瓜、甜瓜、西瓜、南瓜、西葫芦等，豆类的菜豆、豇豆、荷兰豆等，叶菜类的生菜、油菜、白菜、蕹菜、菠菜、芹菜及各种特菜等，还有其他如草莓、樱桃萝卜、韭菜、球茎茴香等。

有机生态型无土栽培系统包括栽培槽、栽培基质、灌溉系统等。

（一）建栽培槽

栽培槽框架可以使用砖、水泥板、塑料泡沫板和木板等来建造。槽和走道的宽度要根据所种作物种类来定，一般果菜类蔬菜槽宽 48 厘米，过道 72 厘米；叶菜类槽宽 96 厘米，过道 48 厘米。槽长不要超过 40 米，日光温室南北向长度一般为 6~8 米。栽培槽高度一般为 15 厘米，即垒三层砖。栽培槽底部要采用塑料膜把基质和土壤隔开，既能防土传病虫害，又能保水保肥。塑料膜上铺粗基质如粗沙、石子、粗炉渣等，厚度约 5 厘米，用于贮水和贮气。粗基质上铺一层可以渗水的塑料编织布，在塑料编织布上铺栽培基质，塑料编织布可以用普通编织袋剪开后代替。

（二）配制栽培基质

（1）基质原料。栽培基质的原料分为有机和无机两大类。无机基质材料较多，如沙子、蛭石、珍珠岩、陶粒以及比较廉价的炉渣、煤矸石、风化煤等。有机基质如草炭、锯木屑、椰糠、菇渣和粉碎的作物秸秆等。用有机物配制栽培基质之前需先粉碎，再高温堆放发酵降低碳氮比，发酵同时有消毒杀菌作用。

（2）基质混配。一般采用 2~3 种有机基质材料、1~2 种无机基质材料进行混配。根据不同地区可以获取的基质材料，可选用下列栽培基质配方（体积比）。

草炭：炉渣＝4：6

沙：椰子壳＝5：5

草炭：玉米秆：炉渣＝2：6：2

玉米秸：葵花秆：锯末：炉渣＝5：2：1：2

油菜秆：锯末：炉渣＝5：3：2

菇渣：玉米秸：蛭石：粗砂＝3：5：1：1

玉米秸：蛭石：菇渣＝3：3：4

油菜秆：菇渣：粗沙＝3：5：2

玉米秸：菇渣：炉渣＝4：4：2

葵花秆：菇渣：粗沙＝3：5：2

葵花秆：菇渣：珍珠岩＝4：3：3

玉米秸：菇渣：煤矸石＝3：4：3

玉米秸：菇渣：风化煤＝4：3：3

栽培基质混配好后要经高温发酵杀菌，再填入栽培槽备用。之后每年需进行夏季太阳能消毒，即于拉秧后把槽里基质翻数遍，并灌水使基质湿度达到 70% 左右，用塑料薄膜将槽盖严，关严温室门窗 15~20 天，杀灭致病微生物和害虫。一般栽培基质可以连续种植 3~4 年。

（三）水肥管理

定植前栽培基质需要施基肥，基肥一般采用有机生态型无土栽培专用肥。

施肥按基质体积计算，每立方米基质施肥 10～20 千克。先将肥料均匀撒在基质表面，然后将基质和肥料混匀。生长期间使用专用肥追肥，一般定植后20～25 天第一次追肥，茄果类蔬菜追肥间隔时间 10～18 天，黄瓜 7～12 天，西瓜、甜瓜整个生育期追肥 1～2 次，叶菜类一般不追肥。追肥方式有洒施、堆施和穴施，其中以穴施效果最好。

定植时在栽培槽中铺设滴灌带，并在滴灌带上覆盖塑料膜。定植前 1～2 天灌水使基质含水量达到近饱和。定植后根据植株状况、基质含水量、天气及季节变化等综合因素进行水分管理。如番茄定植后 5 天左右可不供水，随后少量供水，每株日均灌水量约 100～200 毫升，依植株增长逐渐增加灌水量，盛果期适宜平均灌水量为每株每日 500 毫升以上。

十二、熊蜂授粉

在番茄等蔬菜栽培中，露天种植可以通过昆虫和风力授粉，坐果率高。但温室大棚种植由于缺少风力，昆虫也很少，需要采取人工辅助授粉。最常用的方法就是激素点花、喷花或者沾花，不仅费时费工，还会使番茄口味变差，如果激素使用不当会出现果实畸形。冬季低温季节，灰霉病等花器病害也会随着蘸花而传播，造成经济损失。

熊蜂授粉是近年来番茄上应用比较成功的一项新技术。由于熊蜂具有"嘴"长、授粉专业、耐低温高湿等特点，是设施番茄适宜授粉蜂种。与传统激素授粉对比，熊蜂授粉具有省时、省力、省工，没有畸形果，增加产量，提高品质等优势。

具体方法：在温室作物开花前 1～2 天，选择傍晚时将蜂群放入，第二天早晨打开巢门。面积 1 亩左右的日光温室，1 群熊蜂（60 只工蜂/群）即可满足授粉需要。蜂箱应放置在温室中部作物垄间的支架上，支架高度 30 厘米左右。一群蜂的授粉寿命约 45 天左右，长花期作物授粉应及时更换蜂群。雄蜂授粉时，温室温度一般控制在 15～25℃。在植物开花期间，要避免使用毒性较强的杀虫剂。如果必须施药，应尽量选用生物农药或低毒农药。施药时应将蜂群移入缓冲间以避免农药对蜂群的为害，如夜晚采用硫黄熏蒸防治作物灰霉病和烂根病等病害时，将蜂群移入缓冲间隔离一天，然后再原位放回。

十三、杀虫灯诱虫

杀虫灯是利用昆虫敏感的特定光谱范围的光源，诱集昆虫并能有效杀灭昆虫，降低病虫指数，防治虫害和虫媒病害的专用装置。利用杀虫灯诱控农业害虫，不仅杀虫谱广，诱虫量大，诱杀成虫效果显著，害虫不产生抗性，对人畜安全，而且安装简单，使用方便。

不同种类的昆虫对不同波段光谱的敏感性不同，杀虫灯一般采用宽谱诱虫光源，诱杀害虫种类多，效果好，数量大。尤其对鳞翅目如小菜蛾、棉铃虫、斜纹夜蛾、甜菜夜蛾、银纹夜蛾、地老虎、食心虫、蒂蛀虫、吸果叶蛾等各种成虫有特效。此外，有显著诱集效果的其他害虫还有鞘翅目的金龟子、天牛、步甲、跳甲、象鼻虫等；双翅目的蚊子、蝇、蠓、虻等；同翅目的飞虱、叶蝉等；直翅目类的蝼蛄等。据不完全统计，宽谱诱虫灯诱杀害虫达 1 500 种以上。

（一）杀虫灯类型

常用的杀虫灯因光源的不同可分为各种类型的杀虫灯，应用最多的有频振式杀虫灯和风吸式杀虫灯。

（1）频振式杀虫灯。频振式杀虫灯是运用光、波、色、味四种诱杀方式杀灭害虫。近距离用光，远距离用波，加以黄色外壳和气味，引诱害虫飞蛾扑灯，外配以频振高压电网触杀。在杀虫灯下套一只袋子，内可装少量挥发性农药，熏杀未击毙的蛾子。

频振式杀虫灯使用及安装简便，以 220V 交流电为电源，可利用路两旁的电线杆或吊挂在牢固的物体上。也可利用太阳能电池板作为电源，白天将太阳能电贮存起来，晚上放电给杀虫灯具。

（2）风吸式杀虫灯。风吸式杀虫灯利用光近距离、波远距离引诱害虫成虫扑灯，然后风机转动产生气流将虫子吸入到收集器中，使之风干、脱水达到杀虫的目的。

风吸式杀虫灯利用窄波 LED 光源和风吸式杀虫设备，降低了对害虫天敌的误杀；突破了传统杀虫对小型害虫灭杀能力差的问题，对蛾类、蚊类等较小害虫有很好效果。但弊端是吸引过来的害虫无法做到全部杀灭，大的甲壳类害虫容易在杀虫灯附近聚集形成虫害。

（二）杀虫灯在蔬菜生产中的应用

挂灯时间为 4 月底至 10 月底。杀虫灯诱虫的有效范围是以害虫可见诱虫光源的距离为半径所作的圆，灯的悬挂高度、密度因作物种类和生长期不同而有区别。交流电供电式杀虫灯接虫口距地面 80～120 厘米（叶菜类）或 120--160 厘米（棚架蔬菜）；太阳能灯接虫口距地面 100～150 厘米。如果作物植株较高，挂灯一般略高于作物 20～30 厘米。交流电供电式杀虫灯两灯间距 120～150 米，单灯控制面积 20～30 亩；太阳能灯两灯间距 150～180 米，单灯控制面积 30～50 亩。诱杀鞘翅目、鳞翅目等害虫的适宜开灯时间为 20：00 至次日 2：00。

太阳能杀虫灯在安装时要将太阳能板调向正南，确保电池板能正常接收光照。杀虫灯如冬天不用最好收回，置阴凉干燥的仓库中。太阳能杀虫灯收回后蓄电池要每月充两次电以保证其使用寿命。如冬季无条件收灯，要用防腐蚀雨篷遮盖灯具。

十四、粘虫板诱虫

粘虫板诱虫是利用昆虫的趋光、趋色特性，用双面粘虫胶进行诱杀，可以用于温室、大棚、果园、花圃、大田等。粘虫板与防虫网、杀虫灯、性诱剂等其他措施配合使用，可起到叠加的防治效果。

不同的害虫对颜色的趋性不同。一般习性相似的昆虫，对色彩有相似的趋性。蚜虫类、粉虱类趋向黄色、绿色；叶蝉类趋向绿色、黄色；有些寄生蝇、种蝇等偏嗜蓝色；有些蓟马类偏嗜蓝紫色，但有些种类蓟马嗜好黄色。夜蛾类、尺蠖蛾类对于色彩比较暗淡的土黄色、褐色有显著趋性。色板诱捕的多是日出性昆虫，墨绿、紫黑等色彩过于暗淡，引诱力较弱。白光由多种光混合而成，可吸引较多种类的昆虫，白板上昆虫的多样性指数最大。

粘虫板多是长方形，常用的有 20 厘米×40 厘米、20 厘米×30 厘米、10 厘米×20 厘米等；也有方形的，如 20 厘米×20 厘米、30 厘米×30 厘米等。色板上均匀涂布无色无味的昆虫胶，田间使用时揭去胶上覆盖的防粘纸即可。生产上常用的有黄板、蓝板。黄板可诱杀蚜虫、白粉虱、烟粉虱、飞虱、叶蝉、斑潜蝇等，蓝板可诱杀种蝇、蓟马等昆虫。

粘虫板于虫害发生初期开始悬挂，一般每亩悬挂黄板 25～35 块。具体使用数量应根据诱虫板大小和黏着害虫的数量情况而定。悬挂方向以板面朝东西方向为宜。对低矮蔬菜，应将粘虫板悬挂于作物上部，并随作物生长不断上调粘虫板高度，保持悬挂高度距离作物生长点 15～20 厘米为宜。对搭架蔬菜应顺行，使粘虫板垂直挂在两行中间植株中上部或上部。悬挂时用铁丝或绳子穿过诱虫板的两个孔固定好，垂直悬挂于温室或大棚上部。露地环境应使用木棍或竹片固定粘虫板两侧，然后插入地下。挂板时间一般是从苗期到收获，保持不间断使用。

粘虫板具有良好的持效性，在温室环境中可持续使用 60 天。当诱虫板上粘的害虫数量较多时，用钢锯条或竹片及时将虫体刮掉，可重复使用。当粘虫板因受风吹日晒及雨水冲刷而失去黏着力时应及时更换。

十五、银灰膜驱避

利用蚜虫、烟粉虱对银灰色有较强的忌避性，可在田间挂银灰塑料条或用银灰地膜覆盖蔬菜来驱避害虫，并可预防病毒病。

银灰膜主要应用于夏、秋季露地蔬菜和设施蔬菜。在蔬菜田每亩铺银灰色地膜 5 千克，或将银灰色地膜裁成宽 10～15 厘米的膜条悬挂于棚室内作物上部，高出植株顶部 20 厘米以上，膜条间距 15～30 厘米，纵横拉成网眼状，使害虫降落不到植株上。

近年来，还有一种银黑双色地膜问世，并在生产中广泛应用。双色地膜采用银灰色与黑色的双色组合，正面为银灰色，对蚜虫、白粉虱等有驱避作用，主要用于茄果、瓜类蔬菜栽培上，还增加地面反射光，有利于茄果类果实着色；背面为黑色，具有弱透光性，可抑制杂草生长，减少农药使用。双色地膜黑白相间，地温比较稳定，对早春作物具有增温功能，夏秋季避免根系温度过高，深秋季节利用光照增温，可避免冻伤作物。

十六、昆虫性诱剂诱虫

昆虫性诱剂也叫昆虫性信息素，其原理是通过人工合成雌蛾在性成熟后释放的性信息素的化学成分，吸引田间同种寻求交配的雄蛾，将其诱杀在诱捕器中，导致雌雄比例失调，雌虫失去交配机会，从而大幅度降低子代种群密度。昆虫性诱剂具有高度专一性，每一种昆虫有独特的配方和浓度，对其他昆虫没有引诱作用。

昆虫性诱剂主要用于虫情测报和诱杀防治，其诱捕装置由诱芯和诱捕器组成。诱芯材料常用的有天然橡胶帽诱芯、聚乙烯塑料管诱芯、硅橡胶诱芯等，迷向法防治有开口纤维防治剂型、塑料膜片、夹层塑囊剂型和微胶囊剂型。诱捕器有水盆式、圆筒形、飞机形、船形、三角形、诱盖漏斗形等多种诱捕器，往往根据不同的昆虫接近信息素源时的近距离飞翔行为来选择合适的诱捕器种类。

昆虫性诱剂在虫情监测中发挥着重要作用，通过选择有代表性的地块设置诱芯和诱捕器，每天记录诱虫数，可准确测知害虫发生的时间、地点、为害范围和消长情况，为及时防治害虫提供可靠依据，是一种操作简便、灵敏度高、费用低的测报方法。

昆虫性诱剂更多的是应用于直接防治害虫。应在害虫发生早期、虫口密度比较低时开始使用，如斜纹夜蛾、甜菜夜蛾、小菜蛾等害虫在越冬代成虫始盛期开始使用；悬挂面积应大于害虫的移动范围，以减少成熟雌虫再侵入。雌雄（尤其是雄虫）均是单次交配且虫口密度较低的害虫，是昆虫性诱剂的最佳防治对象；而虫口密度过高或雌雄可多次交配的害虫则难以达到快速降低虫口密度的目的。

诱芯设置高度与密度依昆虫飞行高度和飞行范围而定，放置时一般是外围密度高，内圈尤其是中心位置可以适当减少数量。诱捕器可以重复使用，诱芯应根据寿命及时更换。如斜纹夜蛾每亩设置 1 个专用诱捕器，每个诱捕器内放 1 粒性诱剂；甜菜夜蛾每 1～2 亩设置 1 个专用诱捕器，每个诱捕器内放 1 粒性诱剂；小菜蛾每亩设置 3～5 个纸质粘胶或水盆式诱捕器，每个诱捕器放 1 粒性诱剂。斜纹夜蛾、甜菜夜蛾等体形较大的害虫专用诱捕器底部距离作物顶部 20～30 厘米，小菜蛾诱捕器底部距离作物顶部 10 厘米即可。

性诱剂还可以与生物农药联用，如将信息素与化学不育剂、病毒、细菌等配合使用，利用性诱剂引诱雄蛾，使被引诱雄蛾沾染病毒、原生动物、细菌或化学不育剂后仍返回田间，与其他雌虫正常交尾，导致整个种群产生流行病死亡或子代不育。此外，也有用昆虫性引诱剂与农药结合防治害虫，方法是将诱捕器与农药触杀剂连用，将害虫引诱后直接杀死。

昆虫性诱剂应用时应注意：①性诱具有专一性，只诱捕单一害虫；②性诱剂易挥发，使用前需要存放在较低温度（－15～5℃）的冰箱中保存，使用时才可打开包装袋，一旦打开包装袋就应尽快用完所有诱芯；③性诱剂应在虫口密度比较低和成虫羽化之前使用；④安装不同诱芯前需要洗手，以免相互污染。

十七、食诱剂诱虫

昆虫取食行为受到很多因素影响，系统研究昆虫的取食习性，深入了解化学识别过程，并人为提供取食引诱剂，并与杀虫剂联用，通过吸引昆虫大量取食以消灭害虫。如常见的糖醋液就是利用某些鳞翅目、双翅目昆虫对甜酸气味的强烈趋性诱杀成虫。

利用食诱剂诱虫主要有以下几种方法。

（一）生物食诱剂

生物食诱剂是通过提取多种植物中的单糖、多糖和植物酸，合成具有吸引和促进害虫成虫取食的物质。其借助高分子缓释载体，在田间持续高浓度释放植物芳香物质和昆虫信息素引诱物质，用以引诱靶标害虫到混有少量快杀型杀虫剂的诱饵中，以"集中诱杀"代替"全田喷洒"，对绝大部分鳞翅目害虫均有理想的防治效果，对棉铃虫、玉米螟、黏虫、草地贪夜蛾等成虫具有较强杀伤作用。

生物食诱剂施用方法多样，可以通过飞机喷洒或田间直接滴撒，也可以用液态引诱剂＋多开口式方形诱捕器，还可用固态引诱剂＋十字形双管诱捕器。

使用无人机＋生物食诱剂防治农田害虫，每隔100米施1个诱集药带，无人机每起飞一次可施药100～150亩，每天可作业3 000～5 000亩；1瓶2千克生物食诱剂兑等量清水和5克杀虫剂可以喷洒40亩地。施药面积仅占全田的0.8%，农药使用量仅占常规农药量的3%。

（二）毒饵诱杀

利用害虫的趋化性，在其所喜欢的食物中掺入适量毒剂来诱杀害虫。如将麦麸、棉籽、豆饼粉碎做成饵料炒香，每5千克饵料加入90%晶体敌百虫30倍液0.15千克，并加适量水拌匀，每亩撒施1.5～2.5千克，可诱杀蝼蛄、地老虎等地下害虫。地老虎幼虫发生期，采集新鲜嫩草，把90%晶体敌百虫50克溶解在1千克温水中，均匀喷在嫩草上，于傍晚撒于被害株旁或作物行间，可诱杀地老虎幼虫。用香蕉皮或菠萝皮40份、90%晶体敌百虫0.5份加水调成糊状，每亩设20个点，每点放25克，可诱杀果实蝇等害虫。在田头挖30～60厘米见方的土坑，内放马粪，粪下撒少许敌百虫粉，可诱杀蝼蛄。

（三）植物诱杀

利用害虫对某些植物有特别的嗜食习性，人为把这些植物扎把插在田间，或种植这些植物于田间周围，可针对性诱杀害虫。如将长约60厘米的杨树枝、柳树枝、榆树枝按每10枝扎捆，并蘸90%晶体敌百虫300倍液，每亩插5～10束枝条，可诱杀烟青虫、棉铃虫、黏虫、斜纹夜蛾、银纹夜蛾等成虫。

（四）瓜实蝇引诱剂

瓜实蝇（俗称针蜂、瓜蛆）在我国属二类检疫害虫，主要为害苦瓜、黄瓜、南瓜、冬瓜、节瓜、丝瓜等瓜类蔬菜。成虫产卵管刺入幼瓜表皮内产卵，幼虫孵化后即在瓜内蛀食，受害瓜先局部变黄，而后全瓜腐烂变臭，造成大量落瓜，即使不腐烂，刺伤处凝结着流胶，畸形下陷，果皮硬实，瓜味苦涩。

瓜实蝇成虫多在白天活动，对糖、酒、醋等有趋性。瓜实蝇引诱剂的作用机理就是利用实蝇成虫羽化后需要补充大量营养的特性，通过引诱剂的特殊气味引诱实蝇成虫取食，并通过加入有胃毒作用的杀虫剂杀灭实蝇成虫。引诱剂可同时引诱雌、雄成虫，并具有耐雨水冲刷的特点。对部分双翅目和鞘翅目害虫也有一定诱杀效果。

使用方法是：按照推荐剂量将诱饵放入喷壶，再将配送的杀虫剂倒入喷壶，用清水稀释至3倍，每隔5～8米选取一个喷雾点，每个喷雾点选择瓜架背阴面中下层叶片约 0.5 平方米，在实蝇活动较活跃的早晨或傍晚均匀喷雾，以叶片上挂有滴状诱剂但不流淌为宜。害虫发生期间，每周喷施 1 次，连续喷施 4~6 次，或根据田间虫情适当增减施药频次。

十八、防虫网阻隔

防虫网是一种以聚乙烯为主要原料，添加防老化、抗紫外线等化学助剂，经拉丝制造而成的网状织物，具有拉力强度大、抗热、耐水、耐腐蚀、耐老化、无毒无味、废弃物易处理等优点。能够阻隔和预防菜青虫、菜螟、小菜蛾、蚜虫、跳甲、甜菜夜蛾、美洲斑潜蝇、斜纹夜蛾等常见害虫，还可大大减少病毒的虫传途径，降低病毒病的发生。

（一）防虫网覆盖形式

（1）全网覆盖法。即在露地蔬菜生产中，进行搭架全棚覆盖防虫网，按棚架形式可分为大棚覆盖、中小棚覆盖、平棚覆盖等。防虫网四周要用土压实，棚管间拉绳压网防风，实行全封闭覆盖。全网覆盖不仅具有防虫作用，还具有防强光直射和调节气温、土温和湿度的作用。实践证明，在炎热的 7—8 月，使用 25 目白色防虫网，早晨和傍晚的气温与露地持平，而晴天中午比露地低 1℃左右。在早春 3—4 月，防虫网覆盖棚内比露地气温高 1~2℃，5 厘米地温比露地高 0.5~1℃，能有效防止霜冻。使用防虫网遇降水可减少棚内的水量，晴天能降低棚内的蒸发量。

（2）网膜覆盖法。即在设施栽培中，通过对温室和大棚通风口、门口进行封闭覆盖，阻隔外界害虫进入棚室内为害。

（3）双网（防虫网与遮阳网）配套使用。主要在盛夏高温、强光照的条件下应用，上面用遮阳网，阻挡强光降温，四周侧面用防虫网覆盖，防止害虫侵入为害，实现了兼顾遮光、避雨、防虫的目的，还改良了网膜覆盖、全网覆盖的闷热、通风不良及易引发软腐病的缺陷。

（二）防虫网的选择

防虫网从 20 目直至 120 目，目数越大代表防虫网越密，防虫效果越好；但目数大的防虫网通风透光效果差，对温度、湿度也有一定影响。栽培时应根据作物类型和防治虫害的种类进行选取，一般温室大棚选用 40~60 目防虫网，可阻隔蚜虫、烟粉虱、斑潜蝇等小型害虫，也有利于通风换气；而全网覆盖以 20~32 目为宜，可阻隔菜青虫、斜纹夜蛾等鳞翅目成虫。

防虫网的颜色以白色或银灰色应用较多。喜光蔬菜宜选用目数少、网眼大的白色防虫网；耐阴蔬菜需要加强遮光，可选用黑色防虫网；病毒病为害重的蔬菜，宜选用银灰色网避蚜防病。

（三）配套应用技术

覆网前土壤深翻，精整田块，施足基肥。覆网后防虫网四周用土压严，并用压膜线扣紧压牢。浇水最好采用滴灌，尽量减少入网操作次数。进出网棚时要及时拉网盖棚，不给害虫入侵机会。播种或定植前要进行土壤消毒和化学除草，杀死残留在土壤中的虫卵。覆盖后应使用黄板诱蚜、频振式杀虫灯等配套防虫技术。要经常巡视田间，发现网膜破损及时修补。

十九、臭氧发生器

臭氧是一种无色略带臭味的气体，具有杀灭病菌的作用。臭氧之所以能灭菌消毒，是因为臭氧有很强的氧化能力，能把有机物的大分子降解为小分子，把难溶物分解为可溶物，把有害物分解为无害物，达到残留农药解毒和净化空气的目的。

通过臭氧发生器将空气中的氧气在高压、高频电的电离作用下转化为臭氧，进而在设施农业生产中加以应用。试验证明，臭氧对番茄灰霉病、叶霉病、早疫病、晚疫病，黄瓜霜霉病、疫病等以及温室白粉虱、潜叶蝇、蚜虫等病虫防治效果较好。

臭氧发生器使用方法体现在三个方面。

（一）种子处理

将臭氧气体导入清水中并不断搅拌，10 分钟后即制得臭氧溶液。将种子倒入其中浸泡 15~20 分钟，可杀灭种子表面的病毒、病菌及虫卵。

（二）温室大棚病虫防治

（1）熏棚消毒。定植前 10 天可结合高温闷棚利用臭氧发生器将臭氧集中施放于棚内，施放时间以不少于 2 小时为宜。

（2）苗床病虫防治。先将苗床封严，每 10 平方米每次施放 1 分钟，并密闭熏蒸 10 分钟，然后再通风 30 分钟。

（3）定植后病虫防治。设施蔬菜定植缓苗后，每亩棚室持续施放臭氧 7~10 分钟，再密闭熏蒸 15~20 分钟，然后通风 30 分钟。无病虫的棚室每 5~7 天施放 1 次，连续施用 5 次，每经 2~3 次施放时间再增加 5 分钟，直到每亩每次增至 25 分钟。熏蒸时间也同样每经 2~3 次增加 5~10 分钟。

（三）高浓度臭氧水喷洒

臭氧发生器生成的臭氧分子，在特殊的装置中可瞬间生成臭氧水，然后通过高压喷头喷洒在农作物上，达到杀虫灭菌的目的。这种喷雾器使用更为广泛，既可在温室大棚中使用，也可在露地使用。臭氧水喷洒到作物表面后，不但能起到杀虫、灭菌、降解残留农药的作用，而且使用后还能快速衰变为氧气，不存在二次污染问题，使用更为高效、安全。

二十、天敌释放技术

利用天敌昆虫防治害虫能在一定程度上控制害虫的发生为害，还可以减少环境污染，维持生态平衡。

（一）天敌种类

根据天敌昆虫的取食特点，可分为捕食性天敌昆虫和寄生性天敌昆虫两大类群。

（1）捕食性天敌昆虫。捕食性天敌昆虫在其发育过程中要捕食许多寄主。通常捕食性天敌昆虫较寄主猎物体形大，在其幼虫和成虫阶段都是肉食性，捕获吞噬寄主肉体或吸食其体液。常见捕食性天敌昆虫有蜻蜓、螳螂、猎蝽、刺蝽、花蝽、草蛉、瓢虫、步行虫、食虫虻、食蚜蝇、胡蜂、泥蜂、蜘蛛以及捕食螨类等。草蛉可捕食粉虱、红蜘蛛、蚜虫、地老虎、银纹夜蛾、麦蛾和小造桥虫等；蝽类可捕食叶蝉、飞虱、蚜虫、蓟马、棉叶螨及棉铃虫卵等害虫；捕食性瓢虫可捕食蚜虫、蚧壳虫、粉虱、叶螨等；食蚜蝇是蚜虫、蚧壳虫、粉虱、叶蝉、蓟马、鳞翅目小幼虫等的有效天敌；捕食螨捕食范围包括赤螨科、大赤螨科、绒螨科、长须螨科和植绥螨总科等。

（2）寄生性天敌昆虫。寄生性天敌昆虫几乎都是以其幼虫体寄生，在寄主体内或体表发育，且不能脱离寄主而独立生存。而绝大多数寄生性天敌昆虫的成虫则是以花蜜、蜜露为食，如膜翅目的寄生蜂和双翅目的寄生蝇类。常见寄生性天敌有赤眼蜂、茧蜂、寄生蝇等。赤眼蜂可寄生玉米螟、黏虫、条螟、棉铃虫、斜纹夜蛾和地老虎等多种鳞翅目害虫的卵；茧蜂可寄生于多种蛾蝶类幼虫；寄生蝇可寄生大多数鳞翅目和叶蜂类昆虫的幼虫，还可寄生于甲虫、蝽象等成虫体内。

（二）天敌释放

天敌昆虫在自然界与其寄生或捕食的寄主昆虫，不但发生时间滞后，且数量也远低于害虫，因此需人工饲养或直接购买天敌产品，在害虫初发时向田间释放防治害虫。目前，我国能大量繁殖并释放的天敌昆虫有赤眼蜂、平腹小蜂、丽蚜小蜂、食蚜瘿蚊、草蛉、七星瓢虫、小花蝽和多种捕食螨等。

（1）赤眼蜂。赤眼蜂是寄生性天敌，主要用于防治温室菜青虫、小菜蛾、甘蓝夜蛾、斜纹夜蛾、棉铃虫等鳞翅目害虫。使用时将寄生卵制成放蜂卡，待蜂即将从寄生卵内羽化时，将放蜂卡挂到田间每个放蜂点植株中部的主茎上。每个蜂卡有效蜂量 2 000～2 500 头，每亩均匀悬挂 10～15 张卡。一般隔 3 天释放一次，释放 5～6 次。应选择傍晚时放蜂，以减少新羽化赤眼蜂遭受日晒的可能性。蛾产卵持续期长、单日产卵少，释放次数应增加，间隔时间可适当延长；蛾产卵期短、单日产卵多，释放次数应少，间隔时间应短。待赤眼蜂孵化后，可主动寻找害虫卵并寄生。

（2）丽蚜小蜂。丽蚜小蜂是寄生性天敌，主要防治保护地蔬菜、花卉上的烟粉虱和温室白粉虱，对目前猖獗为害的烟粉虱寄生效果达 90％以上。在温室作物定植 1 周后，或粉虱发生初期单株虫量 0.5～1 头开始释放，将丽蚜小蜂的蜂卡挂在植株中上部分枝上，每亩累计释放 1 万～1.5 万头。丽蚜小蜂羽化后即可自动寻找温室白粉虱并寄生白粉虱的幼虫。

（3）异色瓢虫。异色瓢虫是捕食性天敌，在整个幼虫和成虫阶段均可捕食蚜虫、蚧壳虫、木虱、鳞翅目昆虫的卵和小幼虫。主要用于防治温室、蔬菜大棚、果树、花卉的多种蚜虫、蚧壳虫、木虱、蛾类的卵及小幼虫等。

商品异色瓢虫为卵卡，每卡一般含 20 粒卵，于收到产品后的当日傍晚或者次日凌晨释放。释放量因植株大小及蚜虫为害程度不同而异，一般 1 头异色瓢虫控制害虫在 300～400 头。绿叶蔬菜、草莓等作物，一般在查见蚜虫或发生初期，按每亩 50～70 卡均匀挂在作物叶片上。瓢虫成虫寿命较长、取食量大，可在很大范围内搜寻寄主，迅速控制蚜虫等小个体害虫的种群数量。

（4）捕食螨。捕食螨是肉食性，以温室大棚或果园的红蜘蛛为主要防治对象，也可防治其他螨类、蓟马、粉虱等害虫。捕食螨与红蜘蛛同属螨类大家族，但比红蜘蛛体型小，不仅吃成虫，还吃虫卵，一只捕食螨一天能取食 6 只红蜘蛛，一生能捕食 300～500 只红蜘蛛。

目前常用并可工厂化生产的捕食螨种类有胡瓜钝绥螨、斯氏钝绥螨、智利小植绥螨、加州钝绥螨。其中胡瓜钝绥螨主要防治温室蔬菜上的红蜘蛛、茶黄螨、瘿螨、蓟马；斯氏钝绥螨主要防治温室大田烟粉虱；智利小植绥螨、加州钝绥螨是多种作物上防治红蜘蛛最有效的天敌。

捕食螨应在害螨发生初期、密度较低时释放。一般每叶害螨或害虫数量在 2 头以内应用效果最佳。天气晴朗、气温超过 30℃时宜在傍晚释放，多云或阴天可全天释放。全棚害螨发生较轻（每叶螨数≤10 头）且分布均匀时，每亩释放 70～100 袋，整个生长季节释放 1 次。当棚内叶螨呈点片状发生时，通常棚口或通道处植株上的叶螨密度大于棚室内侧的植株，这种情况下可按捕食螨：叶螨＝1：10 对重点株释放，其他区域可少放或不放。释放捕食螨后要持续观察效果，严重植株可在 1～2 周后再补充释放 1 次。

释放方法可选用挂袋法或撒施法。挂袋法持效期长，适用于叶螨发生较轻的情况，方法是将捕食螨包装袋按标示剪口，作为捕食螨释放出口，再将包装袋上部悬挂孔一侧剪开，悬挂于植株的茎、叶柄上，避免阳光直射。撒施法具有速效的特点，适用于叶螨发生较重的情况，可将捕食螨包装袋剪开，将捕食螨连同培养料一起均匀撒施于叶片上，2 天内不要进行灌溉，以利于洒落地面的捕食螨转移到植株上。挂袋法露地、设施均可应用，撒施法适用于温室大棚。

捕食螨不能与化学杀虫药剂同时使用。如果田间害虫密度较高已造成为害，应先进行药剂防治压基数，7 天后再释放捕食螨进行防治。释放捕食螨田块 15 天内不使用含有杀螨剂成分农药防治病虫，如释放后使用化学杀虫剂防治其他虫害，需在用药后 10～15 天再补充释放一次。

二十一、植物源农药

植物源农药是来源于植物体的农药（从人工栽培或野生植物中提取活性成分），其有效成分通常不是单一化合物，而是植物有机体中的一些甚至大部分有机物质。

植物源农药既有杀虫剂，也有杀菌剂，还少数兼具杀虫、杀菌作用。与传统的化学农药相比，植物源农药具有所含的有效成分为天然物质，施用后在自然界有其顺畅的降解途径；杀虫成分较多、作用方式独特，使害虫较难产生抗药性；对人、畜及天敌毒性小，开发和使用成本相对较低的特点。当然，植物源农药也有一些缺点，如见效慢、持效期短，以预防见长，防治效果确有不及化学农药的地方。因此，植物源农药重在预防和及早用药，施药时间应较化学农药提前 2～3 天，而且一般用后 2～3 天才能观察到其防效。病虫害为害严重时，应当首先使用化学农药降低虫害数量，控制病害蔓延趋势，再配合使用植物源农药，达到综合防治的效果。

主要植物源农药品种有：

（1）印楝素。单剂有 2％水分散粒剂，1％微乳剂，0.3％、0.5％、0.6％、1％乳油，0.3％、0.5％可溶液剂，0.03％粉剂；混剂有 0.8％阿维菌素·印楝素乳油，1％苦参碱·印楝素可溶液剂，2％除虫菊素·印楝素微囊悬浮剂等。印楝中杀虫主要活性物质是印楝素，可用其种子来提取制备。印楝农药不但可杀灭多种昆虫，而且能杀灭螨虫、线虫、细菌、真菌和病毒，是世界公认的无公害农药，可用于无公害、绿色和有机农产品生产。

（2）烟碱。单剂有10％水剂、10％乳油；混剂有1.2％烟碱·苦参碱乳油，0.6％烟碱·苦参碱乳油，3.6％烟碱·苦参碱微囊悬浮剂，1.2％烟碱·苦参碱烟剂。烟碱是从烟草中分离出的生物碱，可用于防治十字花科蔬菜菜青虫、蚜虫，小麦蚜虫、黏虫，苹果树黄蚜，黄瓜红蜘蛛、蚜虫，菜豆蚜虫，烟草烟青虫，芥菜蚜虫等。

（3）鱼藤酮。单剂有2.5％、4％、7.5％乳油，2.5％悬浮剂，5％、6％微乳剂，5％可溶液剂；混剂有18％鱼藤酮·辛硫磷乳油，1.3％、2.5％、7.5％氰戊菊酯·鱼藤酮乳油，25％敌百虫·鱼藤酮乳油。鱼藤酮主要存在于各种豆科植物的根部，具有触杀与胃毒作用，可用于蔬菜、果树、花卉等作物防治蚜虫、螨、网蝽、瓜蝇、甘蓝夜蛾、斜纹夜蛾、黄条跳甲、二十八星瓢虫、茶毛虫等。

（4）除虫菊素。又称天然除虫菊素，剂型有1.5％、3％水乳剂，5％、6％乳油。除虫菊素是由除虫菊花中分离萃取的活性成分，能快速杀灭蚜虫、菜青虫、菜蝽、蓟马、小菜蛾、甜菜夜蛾、斜纹夜蛾、银纹夜蛾、温室白粉虱、红蜘蛛、飞虱、螟虫、毛虫、棉铃虫、跳甲、蛴螬、蝼蛄、金针虫、地老虎、烟青虫等常见害虫，是无公害杀虫剂。

（5）苦皮藤素。单剂有0.2％、0.3％、1％的水乳剂，1％的乳油。苦皮藤素是从卫矛科南蛇藤属苦皮藤根部提取的一种具有胃毒作用的杀虫剂，主要用于防治蔬菜、果树、瓜类等作物的鳞翅目、直翅目和鞘翅目害虫。

（6）藜芦碱。单剂有0.5％可溶液剂，混剂有0.6％苦参碱·藜芦碱水剂。藜芦碱是以中草药为原料经乙醇萃取而成，主要用于大田作物、果树、蔬菜等防治棉蚜、棉铃虫、菜青虫、红蜘蛛等。

（7）苦参碱。单剂有0.3％、0.5％、1.3％、2％水剂，0.3％、0.36％、0.5％、1％、1.5％可溶液剂，0.3％、3％水乳剂；混剂有1％除虫菊·苦参碱微囊悬浮剂，0.6％、1.2％烟碱·苦参碱乳油，1％苦参碱·印楝素乳油等。苦参碱由中草药植物苦参的根、果实提取而制成，具有触杀和胃毒作用，对各种作物的菜青虫、蚜虫、红蜘蛛等害虫有明显的防效。

此外，苦参碱对许多病原真菌的菌丝生长和孢子萌发具有抑制作用。如防治黄瓜霜霉病，可于发生初期每亩用0.3％苦参碱0.36～0.48克稀释喷雾；防治辣椒病毒病，在发生初期每亩用0.15％苦参碱＋13.5％硫黄混剂18.2～27.4克兑水喷雾。

（8）蛇床子素。剂型有0.5％、1％水乳剂，0.4％、1％可溶液剂。从植物蛇床成熟果实中提取，有独特的杀虫抑菌活性，不仅对菜青虫、小菜蛾、蚜虫等害虫和夜蛾卵块有杀灭作用，对黄瓜白粉病、葡萄霜霉病、辣椒疫病、小麦赤霉病等真菌病害也有显著的抑制作用。

（9）小檗碱。单剂有0.5％水剂，混剂有0.6％苦·小檗碱水剂。主要成分从皂角、苦根、生川乌、芦荟、苦参、大黄、松脂等纯天然草木萃取。广谱杀菌剂，对蔬菜灰霉病、疫霉病、白粉病、霜霉病效果显著，对蚜虫、钻心虫、红蜘蛛、菜青虫、玉米螟等虫害也有很好的防效。

（10）香芹酚。单剂有0.5％、1％、5％、10％水剂，混剂有2.1％丁子·香芹酚水剂。有强渗透性和良好的内吸活性，对灰霉病、菌核病、疮痂病、根腐病等多种病害有很好的预防和治疗作用。

（11）丁子香酚。剂型为0.3％可溶液剂、20％水乳剂。从丁香、百部等十多种中草药中提取出杀菌成分，辅以多种助剂制成，兼具预防和治疗双重作用，对各种作物的霜霉病、灰霉病及晚疫病有特效。

（12）大黄素甲醚。剂型有0.1％、0.5％水剂，0.8％悬浮剂，2％水分散粒剂。从蓼科植物掌叶大黄的根中提取。对白粉病、霜霉病、灰霉病、炭疽病等有很好的防治效果。

（13）大蒜素。剂型为5％微乳剂。杀菌谱广，是存在于大蒜的鳞茎中的天然生物源抑杀菌混合物质，对多种细菌病害有特效，同时可兼治部分真菌病害。

（14）乙蒜素。是仿生型杀菌剂，大蒜素的同系物。主要剂型有40.2％、70％、80％乳油，20％高渗乳油，90％乙蒜素原油，30％乙蒜素可湿性粉剂。其杀菌效果优越，易被吸收和降解。主要用于种子处理和叶面喷洒，可防治蔬菜疫病、青枯病、蔓枯病、枯萎病、炭疽病，苗期立枯病、猝倒病、烂根病等。既可单独使用，也可与其他杀菌剂或杀虫剂复配。

（15）香菇多糖。又名菇类蛋白多糖、抗毒剂1号，为低毒生物杀菌剂，对人畜安全，对环境无污染。剂型有0.5％、1％水剂。是从香菇中分离的一种多糖，能钝化病毒和提高植物的抗病能力，可广泛用于防治番茄、辣椒、黄瓜、西葫芦、茄子、芹菜、白菜、西瓜、甜瓜等多种作物的病毒病，使用方法多为喷雾、浸种、灌根等。

二十二、微生物农药

微生物农药是指以细菌、真菌、病毒等微生物活体为有效成分的生物源农药。目前的微生物农药以杀虫剂为主，细菌中的苏云金杆菌、真菌中的白僵菌、绿僵菌以及病毒类制剂都是针对昆虫尤其是鳞翅目昆虫，只有少部分针对病害，比如细菌类的芽孢杆菌和真菌中的木霉菌。这类农药具有选择性强，对人、畜、农作物和自然环境安全，不伤害天敌，不易产生抗性等特点。

微生物农药使用应注意：①掌握较高的用药温度。试验表明，25～30℃时喷施的微生物农药防效比10～15℃时高1～2倍；②对环境湿度要求比较高，太阳光中的紫外线对芽孢有杀伤作用。因此，最好选择阴天、雨后和9:00以前、16:00以后喷施；③要根据天气预报确定施药时间，避免在雨天或施用后遭暴雨冲刷；④与酸性、碱性物质或化学农药混用应慎重。

（一）细菌类微生物农药

包括细菌杀虫剂如苏云金杆菌（Bt制剂）、日本金龟子芽孢杆菌、防治蚊虫的球状芽孢杆菌；细菌杀菌剂如地衣芽孢杆菌、蜡状芽孢杆菌、假单胞菌、枯草芽孢杆菌等。

（1）苏云金芽孢杆菌。被发现已有100多年历史，在害虫防治中发挥了巨大作用，是目前应用最广泛的微生物杀虫剂。剂型有悬浮剂、可湿性粉剂、粉剂、水分散粒剂、颗粒剂等。主要是胃毒作用，对鳞翅目、膜翅目、双翅目、鞘翅目害虫有很好的防效，且有杀卵作用。可用于喷雾、撒施、灌心或毒饵等，也可进行大面积飞机喷洒，还可与低剂量化学杀虫剂混用以提高防效。对暴食叶片的鳞翅目害虫防效好，尤其适用于防治结苞、卷叶、钻蛀性害虫。苏云金芽孢杆菌最好选在清晨、傍晚或阴天时施用。喷药后遇小雨无妨碍，降中至大雨应补喷。可与杀虫剂或杀螨剂混合使用，并有增效作用，但严禁与杀菌剂混用。该药无内吸性，喷雾时要均匀。

（2）杀螟杆菌。广谱杀虫剂，其作用方式与Bt乳剂相同，对人畜无毒，对天敌安全，可防治果树、蔬菜、粮食、药材等的多种鳞翅目幼虫。剂型为杀螟杆菌粉剂，含活孢子100亿个/克以上，在干燥条件下保存菌粉，数年后其芽孢和伴孢晶体不丧失毒力。注意不能与杀菌剂混用，低于20℃时施用效果较差。

（3）枯草芽孢杆菌。既是药，也是肥，还是调节剂，可以制成各种剂型；与化学农药混用不失活，而且批量生产工艺简单，成本较低。主要用于防治真菌性根腐病、灰霉病、白粉病及细菌性青枯病、溃疡病、软腐病、穿孔病等，可叶面喷雾、灌根、拌种及种子包衣，在病害初期或发病前施药效果最佳。如防治辣椒枯萎病，可于发病初期用枯草芽孢杆菌150～300克/亩灌根。

（4）蜡质芽孢杆菌。可在植物表面大量繁殖，直接阻挠和干扰外来有害病原菌的定殖和生长。单剂主要用于防治姜瘟病、青枯病、枯萎病等。如蜡质芽孢杆菌防治茄子青枯病，于发病初期用500倍液灌根，每10天1次，连灌2～3次。

（5）多粘类芽孢杆菌。具有固氮能力的革兰氏阳性细菌，通过灌根可有效防治细菌和真菌性土传病害，对蔬菜青枯病、枯萎病，辣椒根腐病、疫病，番茄猝倒病、立枯病，大白菜软腐病等有很好防效。如防治番茄、辣椒、茄子青枯病，可用多粘类芽孢杆菌稀释 300 倍浸种，或按照每亩 1～1.5 千克用量灌根。

（6）地衣芽孢杆菌。地衣芽孢杆菌能产生多种抗菌物质，抑制土壤中病原菌的繁殖和对植物根部的侵袭，减少土传病害，还能改善土壤团粒结构，缓解重茬障碍。如防治西瓜枯萎病，播种前用地衣芽孢杆菌药液浸泡种子，瓜苗定植后再每株穴浇或浇灌 500～750 倍药液 50～100 毫升，每 10～15 天 1 次，连续浇灌 2～3 次，可阻止植株发病。

（7）荧光假单胞杆菌。通过营养竞争、位点占领等，有效抑制病原菌生长，预防青枯病、软腐病、小麦全蚀病、立枯病和枯萎病等多种土传病害。可采取拌种、浸种、灌根、泼浇等措施，并可与杀虫剂混用，注意拌种时避开阳光直射，灌根时药液尽量顺垄进入根区。

（二）真菌类微生物农药

包括真菌杀虫剂如白僵菌、绿僵菌等；真菌杀菌剂如木霉菌、淡紫拟青霉菌；真菌除草剂如中国开发的鲁保一号。

（1）白僵菌。是一种广谱性昆虫病原真菌，可寄生鳞翅目、同翅目、膜翅目、直翅目等 200 多种昆虫和螨类，是我国研究时间最长和应用面积最大的真菌杀虫剂。白僵菌有效杀虫物质是白僵菌的活孢子，主要通过昆虫表皮接触感染，其次也可经消化道和呼吸道感染。白僵菌分生孢子在寄主表皮或气孔、消化道上，在适宜的温度条件下萌发，长出菌丝侵入虫体内，产生大量菌丝和分泌毒素，使害虫生病，4～5 天后死亡。死亡的虫体表长满菌丝及白色粉状孢子，故名"白僵菌"。虫尸上的孢子可借助风力、昆虫等继续扩散，侵染其他害虫。但菌体遇到较高的温度会自然死亡而失效。

白僵菌产品为白色或灰白色粉状物。目前在我国登记的有球孢白僵菌和布氏白僵菌两种，登记剂型有粉剂、可湿性粉剂或油悬浮剂。产品主要有 100 亿孢子/毫升球孢白僵菌油悬浮剂、300 亿孢子/克白僵菌油悬浮剂、150 亿孢子/克球孢白僵菌可湿性粉剂、400 亿孢子/克球孢白僵菌可湿性粉剂。

施药方式为喷雾、喷粉、撒菌土。喷雾法是将菌粉制成浓度为 1 亿～3 亿孢子/毫升菌液，加入 0.01％～0.05％洗衣粉液作为黏附剂，用喷雾器将菌液均匀喷洒于虫体和枝叶上。也可把因白僵菌侵染至死的虫体收集并研磨，100 个死虫体兑水 80～100 千克喷雾。喷粉法是将菌粉加入填充剂，稀释至 1 克含 1 亿～2 亿活孢子的浓度，用喷粉器喷菌粉，但喷粉效果低于喷雾。土壤处理法防治地下害虫，按每亩用菌粉 3.5 千克，与细土 30 千克混拌均匀，施用菌土分播种和中耕两个时期，在表土 10 厘米内使用。

（2）绿僵菌。真菌杀虫剂，通过体表入侵作用进入害虫体内，使害虫致死。代表种类有金龟子绿僵菌、罗伯茨绿僵菌和蝗绿僵菌等，不同种类的杀虫范围不同。

最常用的是金龟子绿僵菌，能够侵染鳞翅目、鞘翅目、同翅目、半翅目、直翅目和双翅目的 20 多种害虫，还可有效杀灭几乎所有地下害虫，生产中主要用于防治黄条跳甲、蚜虫、甜菜夜蛾、蓟马、桃小食心虫、蝗虫、地老虎、蛴螬、金针虫、蝼蛄等害虫。如在作物播种时，每亩用 2 亿孢子/克金龟子绿僵菌颗粒剂 4~6 千克，拌细土 10~15 千克，均匀撒施后整理土地，然后播种，可有效控制地下害虫的发生，持效期可达 90 天以上。

（3）耳霉菌。制剂外观为土黄色悬浮液，可与菊酯类、有机磷类农药混用。杀蚜谱广，对多种蚜虫具有较强的毒杀作用，而对人畜安全，不污染环境，不伤害天敌。

（4）木霉菌。不仅能对抗和控制生态环境中的植物病原真菌、病毒、细菌，还能有效控制线虫，尤其是根结线虫。已经市场化的产品有哈茨木霉菌、深绿木霉菌、长枝木霉菌、短密木霉菌等，哈茨木霉菌是目前应用最广泛、效果最好的木霉菌。木霉菌使用方法有灌根、冲施、喷雾、蘸根、拌种或浸种、处理土壤、制作生物肥等，主要是要让木霉菌均匀分布于植物根部及土壤中。

（5）寡雄腐霉菌。是一种攻击性很强的寄生真菌，可在多种农作物根围定植，能抑制并杀死枯萎病、炭疽病、白粉病、霜霉病、灰霉病、菌核病、疫病、根腐病、腐烂病等 20 多种病原菌，还能诱导植物产生防卫反应，减少病原菌的入侵。适用于蔬菜、瓜果、中草药、花卉等作物，可采取拌种、浸种、苗床及土壤喷施、灌根、叶面喷施等施药方法。稀释成 6 000 倍液，在蔬菜幼苗期、开花期、结果期叶面喷施，可预防常见真菌病害；蔬菜缓苗后每亩随水冲施 15~20 克，可有效预防枯萎病、根腐病等常见根部病害。

（6）淡紫拟青霉菌。是植物寄生线虫的重要天敌，可用于番茄、黄瓜、西瓜、茄子、姜等作物的根结线虫、胞囊线虫防治。使用方法包括播前拌种、处理苗床或育苗基质、定植穴施、有机肥添加等。

（7）厚孢轮枝菌。是一种重要的噬植物线虫真菌。目前我国登记的防治线虫病害的厚孢轮枝菌品种为 2.5 亿孢子/克厚孢轮枝菌微粒剂，主要用于防治烟草根结线虫。在烟草育苗时与营养土混匀施用，或在烟草移栽时与适量有机肥混匀穴施，每个生长周期最多施用 2 次，不可与化学杀菌剂混用。

（8）盾壳霉。纯生物制剂，低毒、低残留，对作物菌核病有很好的防治作用。通过孢子或菌丝侵染病原菌菌丝和菌核，产生破坏性寄生作用、溶菌作用和抗真菌物质，杀死病原菌的菌丝体和菌核。目前我国登记的品种为 40 亿孢子/克盾壳霉 ZS-1SB 可湿性粉剂，施药方法主要是喷雾，应在发病初期 16:00 后或者阴天全天施药，每季施药不超过 2 次。

（9）鲁保一号。为低毒生物除草剂，20 世纪 60 年代山东省农业科学院植物保护研究所首先从大豆寄生杂草菟丝子中分离得到。专化性极强，只杀菟丝子，对人、畜、天敌昆虫、鱼类均无害，不污染环境，适用于蔬菜、大豆、瓜类、中药材等作物防治菟丝子。但由于产品保存期短，目前还未进行工业化生产，应用受到限制。

（三）病毒类微生物农药

昆虫病毒类杀虫剂直接作用于害虫中肠的细胞核，破坏害虫细胞，一两天后大量繁殖的病毒粒子就能致害虫死亡。具有特异性、专一性强等优点，不伤害天敌及其他非靶标生物，对人畜安全，有利于保护生物多样性，避免次要害虫上升为主要害虫。

昆虫病毒类杀虫剂目前研究应用较多的是核型多角体病毒和颗粒体病毒，主要用于防治鳞翅目、鞘翅目害虫为主的农林害虫。目前国内主要生产的昆虫病毒制剂有棉铃虫、小菜蛾、斜纹夜蛾、苜蓿银纹夜蛾、菜青虫、甜菜夜蛾、茶尺蠖等颗粒体和核型多角体品种。通过人工释放病毒病原体，增加种群数量，达到有效控制宿主的数量，减少其对农作物为害损失的目的。

此类产品均在害虫产卵盛期施用，50 亿 PIB/毫升棉铃虫核型多角体病毒悬浮剂、30 亿 PIB/毫升甜菜夜蛾核型多角体病毒悬浮剂、300 亿 OB/毫升小菜蛾颗粒体病毒悬浮剂均以 500～750 倍液喷雾，水分散粒剂以 5 000 倍液喷雾。施药时二次稀释，用喷雾器、弥雾机等常用器械进行施药喷洒。在应用时应注意：①在害虫产卵高峰期或幼虫 1～3 龄期施药；②选择阴天或傍晚施药；③在作物新生叶片等害虫喜欢咬食的部位重点喷洒；④可以根据防治对象和作物混加化学农药。

（四）抗重茬微生物菌剂的应用

目前微生物菌剂产品登记有 52 种菌种，使用频率较高的前 10 位菌种分别为：枯草芽孢杆菌、胶冻样类芽孢杆菌、地衣芽孢杆菌、巨大芽孢杆菌、解淀粉芽孢杆菌、酿酒酵母、侧孢短芽孢杆菌、细黄链霉菌、植物乳杆菌、黑曲霉，其中芽孢杆菌占 75%。

抗重茬微生物菌剂选用芽孢杆菌、木霉菌等高效菌株，运用现代微生物发酵技术加工制备而成，在蔬菜重茬栽培中应用广泛。这类制剂有效活菌数≥8.0 亿/克，主要通过菌株在作物根表、根际和体内定植、繁殖和转移，充分发挥菌株微生态调控功能，达到预防土传病害、解决连作障碍及改良土壤的目的。

蔬菜抗重茬菌剂主要适用于蔬菜的枯萎病、青枯病、根腐病、黑胫病、立枯病等土传病害的防治。其应用方法：①基施，整地前与有机肥、农家肥或化肥等混合均匀撒入地里，每亩用量2～4千克；②穴施或沟施，定植或播种时穴施或顺垄沟施，每亩用量2～4千克；③蘸根，移栽时用150～300倍液浸蘸苗根30分钟；④灌根，在重茬病害发病初期，用80～100倍液灌根，严重地块用50倍液灌根。

二十三、农用抗生素

农用抗生素是指由微生物发酵产生、具有农药功能、可用于防治病虫草鼠等有害生物的次生代谢产物。农用抗生素对人畜安全，易被土壤微生物分解而不污染环境。

抗生素的共同特点是：由微生物如放线菌、真菌、细菌等发酵产生，结构复杂；属于绿色农药类物质，活性较好，使用量也比传统杀菌剂要少；是土壤微生物产生的天然化合物，能被土壤或自然界中的微生物分解，不会在环境中积累或残留；易于进行工业化生产，与化学农药相比，利用同一设备可进行多种农用抗生素的工业化生产。目前农业上应用的抗生素大多数来自放线菌，主要是通过干扰细胞内蛋白质的合成来达到抑菌和杀菌的效果。

常用的农用抗生素品种有：

（1）阿维菌素。由阿佛曼链霉菌经液体发酵、提取而成的高效广谱的抗生素类杀虫杀螨剂，对昆虫和螨类具有胃毒和触杀作用，常见剂型有1.0%乳油、1.8%乳油、2%乳油，能杀死潜叶害虫，但无杀卵作用。主要用于防治蔬菜、果树等作物的小菜蛾、青虫、棉铃虫、金纹细蛾、甜菜夜蛾、潜叶蝇、斑潜蝇、蚜虫、木虱、红蜘蛛以及叶螨、瘿蝇等。属神经性毒剂，与常用杀虫剂作用机理不同，不会产生交互抗性，对有机磷类或拟除虫菊酯类杀虫剂已产生抗药性的害虫有很好防效。注意对鱼类、蜜蜂高毒，不能与碱性农药混用。

甲氨基阿维菌素苯甲酸盐是半人工合成的杀虫剂，是阿维菌素的类似物。产品有0.5%、1%、2%、5%乳油，0.5%、1%、2%、3%微乳剂，0.5%水乳剂，2%可溶液剂，1%、2%、3%、5%水分散粒剂，2%、5%可溶粒剂，0.5%可湿性粉剂，1%泡腾片剂。其防治对象、杀虫机理与阿维菌素相同，但与阿维菌素相比，一是在常规剂量范围内对有益昆虫及天敌、人、畜安全；二是超高效，对鳞翅目害虫的毒力提高1～2个数量级，防治小菜蛾亩用有效成分仅用0.1～0.2克，防治甜菜夜蛾亩用有效成分仅用0.18～0.3克；三是可与大部分农药混用，扩大了杀虫谱。

（2）浏阳霉素。由灰色链霉菌浏阳变种产生的具有大环内酯结构的抗生素，为低毒、低残留广谱杀螨剂，对多种作物的叶螨有良好触杀作用，触杀持效期 7～14 天。剂型有 5％、10％乳油。药剂具有亲脂性，对成、若螨高效，不能杀死螨卵，不杀伤捕食螨，害螨不易产生抗性。与一些有机磷或氨基甲酸酯农药复配有显著的增效作用。浏阳霉素为触杀型杀螨剂，喷药必须均匀周到，使枝叶全面着药。

（3）华光霉素。由糖德轮枝链霉素 S-9 深层发酵，经提取制得。杀菌杀螨剂，剂型为 2.5％可湿性粉剂。适用于苹果、山楂叶螨，蔬菜、茄子、菜豆、黄瓜二斑叶螨等的防治，还可以防治西瓜枯萎病、炭疽病，韭菜灰霉病，苹果树腐烂病，番茄早疫病，白菜黑斑病，大葱紫斑病，黄瓜炭疽病，棉苗立枯病等病害。严禁与碱性农药一起使用，避免在烈日下使用。

（4）多杀霉素。又名多杀菌素，商品名菜喜、催杀。是在多刺甘蔗多孢菌发酵液中提取的一种大环内酯类无公害高效生物杀虫剂。剂型规格有 48％催杀悬浮剂、2.5％菜喜悬浮剂。对害虫具有快速触杀和胃毒作用，对叶片有较强的渗透作用，残效期较长，可杀死表皮下的害虫，还具有一定的杀卵作用，但无内吸作用。多杀霉素低毒、高效、广谱，能防治鳞翅目、双翅目和缨翅目害虫，也能很好地防治鞘翅目和直翅目中某些大量取食叶片的害虫，对刺吸式害虫和螨类的防治效果较差。对捕食性天敌昆虫比较安全，对植物安全无药害。

（5）乙基多杀菌素。商品名艾绿士，由放线菌刺糖多孢菌发酵产生，是多杀菌素的换代产品，由原美国陶氏益农公司开发，具有杀虫谱广、高效、低毒、低残留、对人和非靶标动物安全、对环境无毒害等优点。剂型 60 克/升悬浮剂。在果树上表现突出，主要用于防治鳞翅目害虫和缨翅目害虫，特别适合绿色高端蔬菜生产。

（6）井冈霉素。是一种放线菌产生的抗生素，具有较强的内吸性，易被菌体细胞吸收并在其内迅速传导，干扰和抑制菌体细胞生长和发育。剂型有 5％、30％水剂，2％、3％、4％、5％、12％、15％、17％可溶性粉剂，0.33％粉剂。对水稻、小麦和玉米纹枯病有很好防效，还可兼治玉米大小斑病、棉花和瓜类立枯病等。在辣椒、果树等蔬菜上使用，可混配烯酰吗啉、嘧菌酯等杀菌剂，增效显著。

（7）新植霉素。由链霉素和土霉素复配的杀菌剂，兼具治疗和保护作用，对人畜低毒，对环境安全。常用剂型为 90％可溶性粉剂。对各种作物的细菌性病害均有特效，一般发病初期开始施药，每隔 7～10 天施药 1 次，幼苗期应适当减少用药量。在用作拌种剂时，对白菜幼苗有药害，应避免使用。

（8）中生菌素。由淡紫灰链霉菌海南变种产生的抗生素，广谱保护性杀菌剂，具有触杀、渗透作用。剂型有 3％可湿性粉剂、1％水剂，对多种细菌和部分真菌有效，可用于防治蔬菜细菌性角斑病、疫病、软腐病和果树溃疡病、炭疽病、黑痘病、斑点落叶病等病害。注意不可与碱性农药如松脂合剂、石硫合剂、波尔多液等混用。

（9）春雷霉素。又名春日霉素、加收米，小金色放线菌产生的水溶性抗生素。剂型有 2％、4％、6％可湿性粉剂，0.4％粉剂，2％水剂。有较强的内吸收性，对农作物具有预防和治疗作用，主要用于防治蔬菜、瓜果和水稻等作物的多种细菌和真菌性病害。春雷霉素与大蒜素复配，不仅能够提高对细菌病害的防效，而且在延缓抗药性、促进生长、提高免疫等方面具有巨大优势。春雷霉素对人、畜、家禽、鱼虾类等均低毒，不能与碱性农药混用，并且对大豆和莲藕有药害。

（10）多抗霉素。又称多氧霉素、多效霉素、宝丽安、宝丽霉素，是金色链霉菌所产生的代谢产物，属广谱性抗生素类杀菌剂。剂型有 1.5％、2％、3％、10％可湿性粉剂，1％、3％水剂。具有较好的内吸传导作用，其作用机理是干扰病菌细胞壁几丁质的生物合成，使菌体细胞壁不能进行生物合成导致病菌死亡。对瓜果蔬菜的立枯病、白粉病、灰霉病、炭疽病、茎枯病、枯萎病、黑斑病，苹果斑点落叶病、霉心病、轮纹病，梨黑斑病，草莓灰霉病，葡萄穗轴褐枯病防效显著。

（11）农抗120。又称抗霉菌素 120 或 120 农用抗菌素，是我国自主研制的嘧啶核苷类抗菌素，剂型有 2％和 4％水剂。作用机理是阻碍病原菌的蛋白质合成，导致病原菌死亡。可防治多种蔬菜的叶部病害，如瓜类、茄果类白粉病，十字花科、菜豆、辣椒炭疽病，大白菜黑斑病，番茄早疫病、灰霉病、叶霉病，黄瓜黑星病、炭疽病，芹菜斑枯病等。对人畜低毒，对植物和天敌安全，并有刺激植物生长的作用。

（12）武夷菌素。是从福建省武夷山地区土壤中分离出的一种链霉菌，经发酵培养后产出的一种核苷酸类抗菌素。剂型为 1％和 2％水剂。对多种作物真菌病害有很好的防效，对蔬菜白粉病、叶霉病、灰霉病，果树白粉病、炭疽病、腐烂病、流胶病等防效显著。

（13）申嗪霉素。上海交通大学生命科学学院与上海农乐公司合作开发的新型生物农药，剂型有 1％悬浮剂。广谱、高效、安全，能有效控制真菌性根腐和茎腐，对枯萎病、疫病、蔓枯病和根腐病等平均防治效果达 80％以上，对病毒病也有较好防效。

（14）宁南霉素。由中国科学院成都生物研究所发现并研制成功的胞嘧啶核苷肽型新抗生素，具有杀菌、抗病毒、调节和促进生长的作用。剂型有 1.4％、2％、4％、8％水剂和 10％可溶性粉剂。防治多种作物病毒病，防效可达 70％～80％。还可防治白粉病、根腐病、茎腐病、立枯病、疫病、蔓枯病、炭疽病等真菌性病害和白菜软腐病、茄科作物青枯病等细菌性病害。

（15）混合脂肪酸。也称为 83 增抗剂，为耐病毒诱导剂，对作物具有抗病毒、促早熟、增产的特性。剂型有 10％水剂或水乳剂。用制剂 100 倍液喷雾，可防治番茄、辣椒、豇豆、白菜类、芹菜、菠菜、苋菜、生菜等蔬菜的病毒病。10 天左右喷 1 次，共喷 3～4 次。宜在作物生长前期施用，生长后期施用的效果不佳。

二十四、植物免疫诱抗剂

植物免疫诱抗剂也叫植物免疫激活剂、植物疫苗，是一类新型生物农药。植物免疫诱抗剂本身对农作物病虫害没有杀灭作用，而是由外源生物或分子通过诱导或激活植物产生免疫反应，在抗病、增产、抗冻、提高品质等方面具有良好效果。

能够激活植物产生免疫反应的物质称为激发子，主要包括蛋白类、寡糖类、脂类、小分子代谢物类、水杨酸及其类似物等类型。蛋白质激发子是目前已鉴定种类最多的激发子类型，目前已鉴定出几十种免疫激活蛋白；寡糖类激发子在自然界中含量丰富，主要通过诱导植物的系统抗病性来增强植物抵抗病原菌的能力；此外还有海带多糖、海藻糖、几丁质、脂多糖、水杨酸等激发子。

已在农业农村部登记的具有抗病诱导功能的农药品种有：植物激活蛋白、SABA、S-诱抗素、氨基寡糖素、甲噻诱胺、香菇多糖、井冈霉素、氟唑活化酯、毒氟磷、Vc 免疫剂。此外，还有一些植物免疫诱抗剂是以肥料登记的。

介绍两类生产中应用较多的植物免疫诱抗剂。

（一）氨基寡糖素

氨基寡糖素又称农业专用壳寡糖，是从海洋生物如虾类、蟹类等的外壳提取壳聚糖为原料并通过比较复杂的水解过程所合成的海洋生物农药。

氨基寡糖素杀菌的作用方式不是直接杀菌，而是通过调节作物新陈代谢、增强作物生理抗性、诱导作物体内免疫系统的方式来达到抑制病菌、防治病害的作用，在防治根结线虫方面主要是通过破坏线虫卵细胞壁达到杀虫效果。据中国农药信息网公开数据显示，截至 2020 年 9 月我国登记氨基寡糖素产品 76 个，水剂为主要剂型，应用较多的有 0.5％、2％、5％水剂。可采取浸种、灌根、喷雾等方法，用于防治蔬菜由真菌、细菌及病毒、根结线虫等引起的多种病害，尤其对土传病害如枯萎病、立枯病、猝倒病、根腐病等效果明显。氨基寡糖素还可以与其他药物如吡唑醚菌酯、噻呋酰胺、宁南霉素、氟硅唑、乙蒜素、戊唑醇、烯酰吗啉等复配使用，以达到内外兼顾的防治效果。对于病虫害较为严重或土传病害较多的地块，应在作物苗期时尽早使用，但要注意作物整个生长期内使用的次数应当控制在 3 次以内，安全使用间隔期不低于 5～7 天，注意不要与其他碱性药物、叶面肥一起使用。

此外，氨基寡糖素对预防寒、旱、涝等恶劣天气也有很好的效果。在高温或低温天气到来前，提前 2～3 天使用 700～800 倍的 0.5％氨基寡糖素对作物进行喷施，即可大幅增强作物对不良环境的抗逆性和抵御能力。

氨基寡糖素的使用方法有以下四种：

（1）处理土壤。在作物播种或移栽时，可使用 0.5％氨基寡糖素水剂 400～600 倍喷施地表或按照颗粒剂 5～6 千克掺混细土撒施到播种穴、定植沟内，即可起到土壤消毒杀菌、预防土传病虫害的作用。

（2）浸拌种。瓜果蔬菜在播种前用 400～500 倍的 0.5％氨基寡糖素水溶液浸种 6 个小时，可以增强作物种子和幼苗体内的抗逆性和免疫力，从而起到抵御外部病菌侵染、减少病害发病率的效果，尤其对作物苗期的青枯病、枯萎病、黑腐病及瓜类枯萎病、白粉病、立枯病、黑斑病、病毒病等病害有很好的预防效果。

（3）灌根。在种苗期或移栽定植时或发病初期或病害高发期前，使用 300～500 倍的 0.5％氨基寡糖素连续灌根 2～3 次，每棵灌药液量 150～250 毫升，每隔 7～10 天灌根 1 次，既可避免出现作物长根慢、发根迟、须根少及沤根、烂根、死根等问题，还能把根结线虫、根腐病、青枯病等病虫害的为害降到最低。

（4）叶面喷施。作物生长期使用 600～800 倍的 0.5％氨基寡糖素水剂叶面喷施 2～3 次，每隔 7～10 天喷施 1 次，既可刺激作物根系生长，又可增强叶片光合作用，还可增强作物自身的免疫力，防治作物病毒病、灰霉病、炭疽病、霜霉病、疫病、软腐病、叶枯病等病害。大田作物建议在缓苗期、返青期、分蘖期、拔节期、灌浆期喷施，瓜果蔬菜建议在幼苗期、花期、盛果期喷施，果树建议在花芽萌动期、花期、幼果期、果树膨大期喷施。如果防治病毒病要提前喷施，并配合含锌叶面肥一起使用。

（二）植物免疫蛋白

植物免疫蛋白是从微生物真菌中分离获得的具有诱导植物免疫抗病的热稳定蛋白质制品。通过诱导或激活植物自身免疫抗性，产生具有抗菌活性的水杨酸和茉莉酸等物质，能有效防控病毒病、灰霉病、霜霉病、白粉病、炭疽病、黄枯萎病、矮缩病、纹枯病、叶枯病、根腐病、黑痘病、花叶病、早晚疫病、大白菜软腐病等多种病害，并能减轻飞虱、蓟马的为害，同时起到促根壮苗、抗寒冻、抗旱涝、解药害的作用。因其本身对病虫无直接杀死作用，因此对环境和植物安全，不会引起病菌的抗药性。

目前，植物免疫激活蛋白代表产品包括已在农业农村部获得农药临时登记的3%极细链格孢激活蛋白可湿性粉剂、6%寡糖·链蛋白可湿性粉剂，获得国家肥料临时登记的普绿通®植物免疫蛋白粉剂、29%极细链格孢激活蛋白可湿性粉剂（克毒灵）等。

二十五、生物刺激剂

生物刺激剂也叫生物刺激素，是来源于自然界，并富含某种活性物质，通过刺激植物自身进行吸收、防御和土壤中有益生物繁殖、扩展，从而改善植物的生理生化状态，提高农药使用效果和肥料的利用率，改善农作物抵抗逆境的水平。但生物刺激素不能完全替代肥料、农药，也不是所有作物在任何条件下都有必要使用，科学施肥、用药仍然是前提和基础。

生物刺激剂主要包括腐植酸、复合有机物质、有益化学元素、无机盐、海藻提取物、甲壳素和壳聚糖衍生物、抗蒸腾剂、游离氨基酸等8个类别。尽管生物刺激剂是农业的一个新概念，但是腐植酸、海藻肥、氨基酸等很早就作为新型肥料或复合肥的增效剂，在农业生产上大量应用并取得了显著的效果。

（一）腐植酸

天然腐植酸是指动、植物遗骸，在微生物以及地球物理、化学作用下，经过一系列分解和转化形成的一类大分子有机弱酸混合物。在自然界中广泛存在于土壤、湖泊、河流、海洋以及褐煤、风化煤、泥炭之中。

腐植酸具有良好的生理活性和吸收、络合、交换等功能，可以刺激生理代谢，促使种子提早发芽，促幼苗发根、根量增加、根系伸长；促进肥料吸收和同化，减少碳铵、尿素损失，促进磷素吸收，提高肥料利用率；促进土壤微生物活动和团粒结构形成，调节土壤 pH；减少叶面蒸腾，增强抗旱、抗寒特性；与微量元素螯合，有利于根系和叶面吸收；对真菌有抑制作用，减少病害发生。

富含腐植酸和某些无机养分的肥料称为腐植酸肥料。如腐植酸钠、腐植酸钾可以用于浸种、蘸根；腐植酸钠、腐植酸钾、黄腐酸营养液肥可以用于叶面喷施或冲施肥；腐植酸盐、腐植酸衍生物、长效腐植酸单质肥、腐植酸有机无机复合肥、腐植酸生物肥可以用于大田基施或追施肥。

（二）氨基酸

氨基酸是植物生长所必需的营养物质。由于氨基酸本身的特性，可以为蛋白质合成提供基本成分；为植物提供优质的氮源、碳源和能量；为根际微生物提供营养；钝化多种重金属元素，减轻其毒副作用；提高作物对干旱、高温等耐受能力，修复作物病害；螯合中微量元素，为植物提供稳定螯合态矿质元素。

氨基酸肥料如氨基酸水溶肥、氨基酸叶面肥等，是以植物氨基酸作为基本物质，并利用氨基酸自身优良的表面活性和吸附能力，通过螯合、络合等化学工艺，添加植物所需营养元素，生产出的有机无机多元素复合性肥料产品。使用方法一般有喷施、拌种、基施3种，对农作物具有提高产量、改善品质、降低农药残留等作用。

（三）海藻提取物

纯天然海藻提取物富含蛋白质、氨基酸、碳水化合物、无机盐、维生素、植物激素、多酚、多糖等生物活性物质，可以增强抗病、抗寒、抗旱能力，促进果实早熟，提高经济价值。

以海洋中的大型藻类为原料制造的海藻肥在生产中应用普遍，可与化肥复配成有机、无机复合肥，增强植物的吸水、保水、抗旱、抗寒能力；在与大多数农药（强碱性农药除外）混用时具有较强的附着力，可显著提高药效，延长药效期。

（四）甲壳素和壳聚糖衍生物

主要包括甲壳素、壳聚糖和壳寡糖，是从蟹、虾壳中提取的动物性高分子纤维素，不仅能使作物长势好，植株健壮，光合作用增强，而且在抗逆性、抗病虫害方面也表现出明显效果。

以甲壳素和壳聚糖衍生物为原料，采用现代生物技术分解、提取并添加多种微量元素精制而成的肥料，因其在防病抗逆方面的良好效果，被人们誉为"植物疫苗"；甲壳素和壳聚糖衍生物作为植物生长调节剂，不仅促进农作物产量提高，还可作为土壤改良剂用于收获后农产品的保鲜等；甲壳素和壳聚糖衍生物可以诱导植物产生自身防卫能力、抑制多种植物病原微生物的生长，其无毒并可为微生物降解，对环境不产生污染，作为一种新型农药在农业生产中将发挥重要的作用。

（五）无机盐

这些离子化合物是由带负电荷的阴离子和带正电荷的阳离子组成。主要包括亚磷酸酯、磷酸盐、碳酸氢盐、硅酸盐、硫酸盐和硝酸盐。作用如磷能直接作用于植物代谢、植物的防御反应和气孔功能；硅可以增加植物对真菌的抵抗力，纠正植物营养失衡，减轻金属毒害，增强对非生物胁迫的耐受性。

（六）抗蒸腾剂

抗蒸腾剂主要包括矿物质（高岭土、硅酸盐）、合成化合物（薄荷油、松脂二烯、萘）、合成集合物（聚丙烯酰胺）和天然聚合物（壳聚糖）。主要作用是大幅度减少叶片蒸腾失水，在根系受损恢复的过程中，暂时维持地上、地下的水分平衡，直到根系恢复吸收能力。

（七）微生物

包括细菌（芽孢杆菌属、固氮菌属）、酵母、丝状真菌和微藻，从土壤、植物、水、堆肥、粪肥分离所得，施用到土壤中，通过自身代谢活动，以提高作物产量。主要是通过固氮和增溶作用，提高植物对微量元素和大量元素营养物质的吸收，还可以修饰植物的激素状态，促进植物体内生长素、细胞分裂素等激素的合成。还能增强植物耐受非生物胁迫的能力，并产生挥发性有机化合物。

二十六、棚室烟雾剂

烟雾剂又称烟熏剂、烟剂农药，是通过农药汽化后冷凝成烟雾粒或直接把农药分散成烟雾粒防病灭虫。温室大棚蔬菜种植中引入烟雾剂针对性防治某些病虫害，其防效可达85%以上，比用同种可湿性粉剂喷雾防治效果提高15%，且省工省时，使用时不用器械、水等辅助工具。但如果使用不当，会引起药害问题。为了安全使用，提高防治效果，必须按正确的操作方法使用。

（一）烟雾剂种类

烟雾剂一般分为杀虫剂和杀菌剂两种。目前生产上常用的烟雾剂有百菌清烟剂、百菌清发烟弹、异丙威烟剂、腐霉利烟剂、三乙膦酸铝烟剂、异菌脲烟剂、噁霜·锰锌烟剂、噻菌灵烟剂等，每种烟剂又可制成不同有效成分含量的制剂品种，供防治不同类型的病害时选择使用。由于品种的制约，一般烟雾剂只用于棚室蔬菜部分常见病虫害的防治，如霜霉病、早疫病、晚疫病、疫病、灰霉病、立枯病、猝倒病、炭疽病、菌核病、黑星病及蚜虫、温室白粉虱等。

烟雾剂是通过燃烧产生烟雾分散到植株或病虫体上进行作用的，成烟率是衡量质量优劣的重要指标，一般要求在80%以上。杀菌烟雾剂作用原理，一是可以杀灭空气中的细菌孢子；二是农药有效成分可以渗入到植物组织内杀死病原菌。由于害虫虫卵外有一层保护膜，因此杀虫烟雾剂只能杀灭幼虫和成虫，而对虫卵不起作用。

（二）烟雾剂使用技术

（1）棚面封闭要严。使用烟雾剂要有严格的密闭环境，使用前先检查棚面，补好漏洞，使棚面封闭严实，门窗关闭严密。值得注意的是，烟雾剂只能在大棚、中棚和温室中使用，不能在小拱棚蔬菜上使用，以免产生药害。

（2）晚上使用最佳。由于烟雾沉积具有避热的特性，晴天中午太阳光直射时，植株表层温度与烟剂微粒温度相同，烟雾不易沉积。傍晚时地面温度低于上部空气温度，烟雾能形成比较稳定的"烟云"覆盖在植株表面，效果较好。

（3）查明病情早用药。烟雾剂一般是保护性杀菌剂或杀虫剂，无内吸作用，不能被作物吸收。因此必须及早用药控制病虫害的发生，一般防治病害应在发病前或初期使用，间隔 7～10 天 1 次，连用 3～4 次。防治虫害应在初发期使用，害虫对药剂的抵抗能力差，且发生量少，便于控制。

（4）剂型选择要合理。烟雾剂种类有片剂和粉尘剂、颗粒剂，要根据大棚特点选用合适的剂型。片剂适合布点较多、窄而长的韭菜棚；粉剂和颗粒剂适合棚室较宽的番茄、黄瓜等蔬菜和水果大棚。考虑到保质期和稳定剂加入的不确定性，建议选择距离出厂日期较近的产品。尽量选择包装小的产品，在棚内多点布放药剂，可以省去拆袋的麻烦。

（5）严格控制用药量。应根据棚室内空间大小、病虫害发生程度、烟雾剂的有效成分含量等因素确定施用量。一般烟剂一次用量为每亩棚室 300～400克。烟剂的有效成分含量在 10%～30%，燃放点可少些，每亩 3～5 个；烟剂有效成分含量在 30% 以上时，为防止燃放点附近植株因长时间高浓度烟雾熏蒸而造成药害，每亩燃放点应增加到 5 个以上；比较矮小的棚室，宜选用有效成分含量在 10%～15% 的烟剂，燃放点可适当增加，一般每亩 7～10 个。

（6）烟雾剂燃放办法。烟雾剂应放置在后廊走道，并注意布点均匀。最好不要将烟剂放到种植沟间点燃，这样造成药害的概率极大。使用时，可用砖块或铁丝做支架，将烟剂支离地面 20～30 厘米高处，有利于烟雾发散和弥漫。还可将烟剂农药放入燃放容器中，如纸杯、空饮料罐或纸筒，点燃后烟雾沿容器内壁向上喷出，避免烟雾过多被地面吸附。燃放时由里向外按顺序点燃，最后点燃棚口烟剂，迅速密闭大棚，次日凌晨通风后再进行农事操作。注意点燃后如有明火须吹灭，使其正常发烟。

（7）把握熏蒸时间。杀虫烟雾剂发烟量大、浓度高，要注意短时熏蒸，一般 4～5 小时即可；杀菌烟雾剂的熏蒸最长也不要超过 10 小时。冬季夜长，点燃烟剂时间不宜过早，最好在 22:00 后。

（8）使用注意事项。①温室黄瓜、西瓜等作物苗期耐药性差，不宜用烟剂；②病虫混发时，最好选用含有杀菌、杀虫成分的复配型烟剂，千万不要将杀虫烟剂＋杀菌烟剂混用，否则极易发生药害；③室外有风时最好不要使用，因气流会通过门缝、放风口等空隙进入温室，该气流在温室内的流向就是容易出现药害的地方；④要针对防治对象选择 2～3 种烟剂交替、轮换使用，避免单一多次连续使用同一种烟剂；⑤烟雾剂应存放于干燥处，避免接近火源。

（三）烟雾剂药害及补救措施

烟雾剂产生的药害，一般几小时后就可表现症状。轻微时不表现坏死症状，但部分叶片有硬化现象，硬化叶片生长速度稍低于正常叶片，一般对生长影响不大；受害严重的数小时后即出现症状，初期部分叶片萎蔫并略微下垂，然后逐渐变褐，受害部逐渐干枯，形成不规则的白色坏死斑；被害严重的叶片坏死斑扩大相连后，造成全部叶片枯萎死亡，仅剩心叶，最终导致全部枯死。如果出现药害后，药害较轻的可加强肥水和温湿度管理，并对叶片喷施三十烷醇、细胞分裂素等，促使尽快恢复生长。药害较重植株不能恢复生长的，应及时补种改种。

二十七、科学使用化学农药

化学农药是快速有效控制病虫害的有效手段，对控制病虫害发生蔓延起到了至关重要的作用。但是如果使用不当，不仅达不到理想的防治效果，还会带来很多负面后果，如环境污染、伤害有益生物、害虫抗药性和再猖獗等。

（一）选择合适的农药品种

蔬菜病虫草害种类很多，不同病虫草对农药反应也不一样，在选择农药时应注意以下几方面。

（1）根据防治对象选择农药。农作物生长季节经常有多种病虫害同时发生，但严重影响植株正常生长的种类并不多，应以一两种主要病虫害为主选择防治药剂，其他种类病虫害可以兼治。在喷药以前，要确定重点防治对象和兼治对象，才能准确用药，既提高防治效果，又减少农药使用量。

（2）根据病虫为害特性选择农药。每一种病虫害都有其为害特性，如有的害虫仅为害叶片，有的为害果实，有的既为害叶片也为害果实；有的害虫营钻蛀性生活，一生中仅部分发育阶段暴露在外面。了解病虫的为害特性，有助于正确选择农药品种。如防治为害叶片的咀嚼式口器害虫，要选择胃毒剂或触杀剂；防治刺吸式口器害虫如蚜虫、粉虱等，要选择内吸性强的杀虫剂；防治蛀果害虫要选择熏蒸作用强的杀虫剂。

（3）根据病虫害发生规律选择农药。各种病虫害都有其发生规律。多种病害在发病前都有一个初侵染期，如果在这个时期喷药，就要选择具有保护作用的杀菌剂。病菌一旦侵入寄主后，用保护性杀菌剂防治就无效或者效果甚微，必须选用内吸性杀菌剂。有些病害具有侵染时期长和潜伏侵染的特性，要选择既有治疗作用又有保护作用的杀菌剂。

（4）根据特性选择农药。各种农药都有一定的适用范围和适用时期，有些农药品种对气温比较敏感，在气温高时药效才能充分发挥出来，如克螨特在夏季使用的防治效果明显高于春季。有的农药对害虫的某一发育阶段有效，对其他发育阶段防治效果较差，如噻螨酮对害螨的卵防治效果很好，但对活动态螨防治效果很差。灭幼脲等昆虫生长调节剂类杀虫剂，只有在低龄幼虫期使用，才能表现出良好的防治效果。

（5）根据剂型选择农药。农药有许多剂型，不同剂型其效果和使用方法不同。如杀虫剂的乳油效力要显著高于悬浮剂和可湿性粉剂，同一种农药有效成分以选用乳油为好。叶面喷雾用的杀菌剂，宜选择悬浮剂或可湿性粉剂，而且悬浮剂的药效要高于可湿性粉剂。叶面喷洒用除草剂，因杂草叶片表面有一层蜡质层，含有机溶剂的乳油、浓乳剂、悬乳剂和具有良好润湿渗透作用的可湿性粉剂、悬浮剂等剂型都可选用。

（二）掌握适宜的施药时期

不同发育阶段的病、虫、草害对农药的抗药力不同。虫害提倡3龄前用药，因为3龄前幼虫抗药力弱；病害方面，病原菌休眠孢子抗药力强，孢子萌发时抗药力减弱；草害方面，杂草在萌芽和初生阶段对药剂较敏感，以后随着生长抗药力逐渐增强。所以，在使用农药时要根据病、虫、草情及天敌数量调查和预测预报，达到防治指标时及时用药防治。一般病害应在发病前或发病初期用药，虫害应在低龄幼虫期用药。

施药还要避免在高温时期或作物敏感期施药，以免造成施药者中毒或作物出现药害。在夏秋高温季节，农药施用的最佳时间应选在晴天9:00左右和16:00以后。9:00一般露水已干，温度还不太高，同时又是病虫活动最旺盛的时间，此时用药效果好；16:00以后，光线渐弱，温度渐低，夜出性害虫（粉虱、蓟马）开始活跃，这个时候喷药有较好的杀菌灭虫效果。一般中午不要喷农药，因此时温度高，太阳光照强，有些害虫怕强光而躲于背光处，甚至停止活动，加之高温下药性分解快，药效反而降低。同时，中午施药药液挥发较快，还容易导致人畜中毒。

在冬春季节日光温室内温度低，农药应在14:30—15:30施用为宜。因上午叶片露水退去后，光合作用逐渐进入高峰期，若在上午喷药会影响温度的提高，降低光合效率。中午喷药时，棚内温度较高，高温容易促进药剂的分解和挥发，炎热天气叶片上气孔开放大，发生药害的概率也增加。

多数病虫害发生后，往往需要2~3次用药才能把病害控制住，每次施药要根据病虫害发生规律合理安排间隔时间，前后用药不能脱节。否则可能会造成病害快速滋生蔓延，增加防治难度。

（三）选择合理的施药方法

常用的施药方法有喷粉法、喷雾法、熏蒸法、毒饵法、施粒法、种子处理法、土壤处理法、覆膜施药法等10多种，要根据病虫草的发生规律、为害特点、发生环境和农药剂型等综合考虑。

喷雾法是最常用的方法，许多药的剂型适用于这一方法。要求喷布均匀，植株上、下，叶片的正、反都要着药，如果施用保护剂，对雾滴分布要求更高些，最好使全叶不漏空白区。按每亩喷洒药液量多少又分为高容量喷雾、中容量喷雾、低容量喷雾和超低容量喷雾等几大类。

烟雾法采用特制的烟雾剂在保护地内点燃，利用弥漫在空气中的烟雾来杀灭病虫。保护地内常用的烟雾剂主要有百菌清、敌敌畏等，可用来防治黄瓜霜霉病、白粉病，番茄晚疫病，韭菜灰霉病以及蚜、螨类害虫。此法施药不需要任何器械，省工省力，可使烟雾弥漫整个空间，施药均匀，可杀灭保护地内潜藏在任何部位的病菌、害虫，防效高而稳定。

粉尘法通过喷粉器械喷洒，使保护地内布满均匀的漂浮药尘，并均匀地沉积于植株的各个部位及保护地的各个角落。采用粉尘法施药，药物的扩散能力增强，植株着药均匀，药效损失少而利用率高，防治效果好。

灌根法是将一定浓度的农药水溶液灌浇到植株根际土壤的施药方法，适用于土壤传染性病害及地下害虫的防治。对一些地上部发生的病虫害，在叶面喷药防治困难或效果较差时，也可采用内吸性较强的农药进行灌根，使药液由根部吸收后转移到地上部，以控制或预防病虫害。适宜灌根的药剂有可湿性粉剂、乳油、悬浮剂等，一般在发病初或初见地下虫害时进行灌根。

撒粒法是针对颗粒状农药，施用于地面或沟施、穴施，防治作物根病、线虫病，或用于土壤消毒。

弥雾法通过专用的烟雾机，用高温把农药油剂吹散成雾状，适用于温室、大棚防治病害。还有一种常温烟雾机，是用压缩空气使药液与高速气流混合成雾状，安全性较好。

（四）农药用量与稀释方法

农药的推荐用量是经过药效试验确定的有效用量，随意加大农药用量不仅浪费药剂，还会加速病虫害抗药性的产生，同时会污染环境和伤害天敌生物，有可能产生药害。

农药用量主要有两种情况，一种是农药包装说明上标明单位面积的用量，按其说明用量使用即可；另一种是农药包装说明上标识按稀释倍数使用，则可将农药重量乘上稀释倍数得出加水量，再根据单位面积需用药液量计算出农药用量，按此量取出农药兑上相应的水量即可。操作时不仅药量、水量称准，还应将面积量准，才能真正做到准确用药。

对于液体农药，药液量少时可直接稀释。正确方法是在准备好的配药容器里先倒入 1/3 的清水，再将定量药剂慢慢倒入水中，然后加满水，用木棍等轻轻搅拌均匀后即可使用。

对于可湿性粉剂等剂型及用药量极少的农药品种，或大面积防治中需配制较多的药液量时，需要进行二次稀释，也称两步配制法。即先用少量水配制成较为浓稠的母液，然后再按照液体农药的稀释方法进行配制。二级稀释时可放在喷雾器药桶内进行配制，混匀使用。

颗粒剂农药其有效成分较低，大多在 5% 左右。其稀释方法可借助填充料稀释后再使用，如经常拌细土粒或沙作填充料，使用时只要将颗粒剂与填充料充分拌匀即可。

（五）农药合理复配混用

农药的合理混用，可以提高防治效果，延缓病虫抗药性，提高防治效果，减少用药量。防治不同病虫的农药混用，还可以减少施药次数，从而降低劳动成本。但若混用不合理，则可能会出现药害、减效、增毒等后果。

1. 农药混用原则

（1）不同毒杀机制的农药混用，可以提高防治效果，延缓病虫产生抗药性。

（2）不同作用方式的农药混用，如杀菌剂有保护、治疗、内吸等作用方式，不同作用方式的药剂混用可以互相补充，在病害发生前或发生初期可用 1 种保护剂，病虫害发生关键期可用 1 种治疗剂配合 1 种保护剂，特殊情况下可2 种治疗剂与 1 种保护剂配合施用，但两种治疗剂必须是不同作用原理或不同的杀菌谱。

（3）作用于不同虫态的杀虫剂混用，害虫有成虫、幼虫、卵、蛹等多种形态，作用于不同虫态的药剂混用杀虫效果更彻底，如防治螨类害虫，用阿维菌素＋哒螨灵/三唑锡＋联苯肼脂，可既杀虫也杀卵。

（4）不同时效的农药混用，有的农药速效性好，有的农药持效期长，将不同时效的农药混用，不但防治及时，而且可起到长期防治的作用。

（5）与增效剂混用可提高防效，如潜藏性害虫在药液中添加有机硅助剂可以提高药效。

（6）作用于不同病虫害的农药混用，几种病虫害同时发生时，应考虑综合用药方案，减少喷药次数。

2. 农药混用次序

农药混配原则不要超过3种，顺序通常是微肥、水溶肥、可湿性粉剂、水分散粒剂、悬浮剂、微乳剂、水乳剂、水剂、乳油，每加入一种即充分搅拌混匀，然后再加下一种。农药混用要进行二次稀释，即在喷雾器中加入大半桶水，加入第一种农药后混匀；第二种农药先用一个小容器稀释，然后倒入喷雾器中搅拌混匀；以此类推再加第三种农药。无论混配什么药剂都应"现配现用、不宜久放"。药液配好后久置，容易产生缓慢反应，使药效逐步降低。

3. 农药混用注意事项

农药混用虽有很多好处，但不合理混用不仅无益，还会产生相反的效果。农药混用须注意：

（1）混合后不能出现浮油、絮结、沉淀或变色，也不能出现发热、产生气泡等现象。如果同为粉剂，或同为颗粒剂、熏蒸剂、烟雾剂，一般都可混用。

（2）可湿性粉剂、乳油、浓乳剂、胶悬剂、水溶剂等以水为介质的液剂则不宜任意混用。

（3）具有交互抗性的农药不宜混用，如多菌灵与甲基托布津、甲霜灵与噁霜灵、乙霉威与异菌脲都具有交互抗性，混用会加速抗药性。

（4）生物农药不能与杀菌剂混用。

（5）许多药剂不能与碱性或酸性农药混用，如在波尔多液、石硫合剂等碱性条件下，氨基甲酸酯、拟除虫菊酯类杀虫剂，福美双、代森环等二硫代氨基甲酸类杀菌剂易发生水解或复杂的化学变化，从而破坏原有结构。

（六）轮换使用农药

杀虫剂可以分为有机磷类、拟除虫菊酯类、氨基甲酸酯类、氯化烟碱类以及以氯虫苯甲酰胺为代表的酰胺类等，每一类杀虫剂都有独特的作用机理。但是，害虫的适应能力很强，如果长期单独使用同一种作用机理的杀虫剂，害虫很快就会发生遗传性应对变异，即抗药性。因此，需要合理轮换用药，以延缓害虫对药剂的抗药反应。但轮换用药，不是简单地把几种名称不同的药剂交替使用。

1. 要轮换使用药理机制不同的农药

轮换用药是延缓病虫害产生抗药性的有效方法。作用机理相同的不同种药剂交换使用，依然达不到轮换的目的。只有不同作用类型农药合理轮用，才能达到延长农药使用寿命和提高防治效果的作用。比如，功夫菊酯和其他菊酯类之间的轮换，同为氯化烟碱类的吡虫啉和啶虫脒之间的轮换都不合适，因为害虫对它们有交互抗性。

2. 轮换用药要考虑田间虫态

无论害虫在某地一年发生几代，害虫自身都会有一定的发生规律，比如每年或每一代的为害高峰、产卵高峰和幼虫孵化高峰、活动习性等。掌握这些规律就能找到关键用药时机，就可以更加有针对性地轮换用药予以防治。如早春小菜蛾发生时，产卵和孵化时间都比较整齐，第一次用药选在卵孵化初期，用氯虫苯甲酰胺、除虫脲等，这类药剂药效慢，但持效期长，对低龄幼虫的防效好；随着温度回升，田间小菜蛾世代重叠加剧，同一块地往往同时有卵、低龄幼虫、大龄幼虫等不同虫态，此时用药应本着消灭数量最多的虫态为主，兼治其他虫态；如果田间幼虫数量多、虫龄大，第一次用药最好用抗性最小的速效性新型杀虫剂，压制住虫口数量以后，再用普通杀虫剂。

3. 农药轮换使用的周期不宜过短

应按农药合理使用准则的规定，不超过连续使用次数和安全间隔期的情况下看情况用药。

（七）注意农药安全间隔期

农药安全间隔期，是指最后一次施药至收获作物前降到最大允许残留量所需的间隔时间。确定农药安全间隔期需要考虑很多因素，包括最大无副作用剂量、安全系数、食品的日摄入量、在某种作物上或作物内的分解半衰期、农药的施用次数等。

不同农药，同一农药不同剂型、不同有效成分，其安全间隔期区别很大。生产中必须严格按农药的安全间隔期施用农药。常用农药安全间隔期见表1。

表1 常用农药安全间隔期

农药名称	含量及剂型	适用作物	防治对象	每季最多使用次数/次	安全间隔期/天
一、杀虫剂					
阿维菌素	1.8%乳油	叶菜	小菜蛾	1	7
		黄瓜	美洲斑潜蝇	3	2
		豇豆	美洲斑潜蝇	3	5

（续）

农药名称	含量及剂型	适用作物	防治对象	每季最多使用次数/次	安全间隔期/天
啶虫脒	20%乳油	黄瓜	蚜虫	3	2
	20%可溶粉剂	黄瓜		3	1
联苯菊酯	10%乳油	番茄（大棚）	白粉虱、螨类	3	4
虫螨腈	10%悬浮剂	甘蓝	小菜蛾	2	14
高效氟氯氰菊酯	2.5%乳油	甘蓝	菜青虫、蚜虫	2	7
高效氯氰菊酯	10%乳油	甘蓝	菜青虫	3	10
氟氯氰菊酯	5.7%乳油	甘蓝	菜青虫	2	7
氯氟氰菊酯	2.5%乳油	叶菜	小菜蛾、蚜虫、菜青虫	3	7
氯氰菊酯	10%乳油	叶菜	菜青虫、小菜蛾	3	2（小青菜）
					5（大白菜）
		番茄	蚜虫、棉铃虫	2	1
	25%乳油	叶菜	菜青虫、小菜蛾	3	3
顺式氯氰菊酯	10%乳油	叶菜	菜青虫、小菜蛾、蚜虫	3	3
		黄瓜	蚜虫	2	3
溴氰菊酯	2.5%乳油	叶菜	菜青虫、小菜蛾	3	2
		油菜	蚜虫	2	5
除虫脲	25%可湿性粉剂	甘蓝	菜青虫	3	7
顺式氰戊菊酯	5%乳油	叶菜	菜青虫、小菜蛾	3	3
苯丁锡	50%可湿性粉剂	番茄	红蜘蛛	2	7
氰戊菊酯	20%乳油	叶菜	菜青虫、小菜蛾	3	12
噻唑磷	10%颗粒剂	黄瓜	土壤线虫	1	25
吡虫啉	20%可溶液剂	甘蓝	菜蚜	2	7
		番茄	白粉虱		3
		保护地番茄	白粉虱		7
四聚乙醛	6%颗粒剂	叶菜	蜗牛、蛞蝓	2	7
喹硫磷	25%乳油	叶菜	菜青虫、斜纹夜蛾	2	24
多杀菌素	2.5%悬浮剂	甘蓝	小菜蛾	3	3
二、杀菌剂/杀线虫剂					
百菌清	45%烟剂	黄瓜	霜霉病	4	3
	75%可湿性粉剂	番茄	早疫病	3	7
	40%悬浮剂	番茄	早疫病		3

（续）

农药名称	含量及剂型	适用作物	防治对象	每季最多使用次数/次	安全间隔期/天
氢氧化铜	77％可湿性粉剂	番茄	早疫病	3	3
异菌脲	50％悬浮剂	番茄	灰霉病、早疫病	3	7
春雷霉素	2％水剂	番茄	叶霉病	3	4
代森锰锌	80％可湿性粉剂	番茄	早疫病	3	15
		西瓜	炭疽病		21
		马铃薯	晚疫病	3	3
	75％干悬浮剂	西瓜	西瓜炭疽病	3	21
丙森锌	70％可湿性粉剂	黄瓜	霜霉病	3	5
		番茄	早疫病、晚疫病、霜霉病	3	7
嘧霉胺	40％悬浮剂	黄瓜	灰霉病	2	3
烯肟菌酯	25％乳油	黄瓜	霜霉病	3	3
甲霜灵＋代森锰锌	58％可湿性粉剂	黄瓜	霜霉病	3	1
		葡萄		3	21
噁霜灵＋代森锰锌	64％可湿性粉剂	黄瓜	霜霉病	3	3
霜脲氰＋代森锰锌	72％可湿性粉剂	黄瓜	霜霉病	3	2

第四章　主要蔬菜病虫害全程防控技术

一、辣椒病虫害综合防控

辣椒根系多分布于 20～30 厘米浅土层中，根系生长相对缓慢，主根粗，根量少，根系不发达。辣椒对环境要求比较严，喜温，不耐霜冻，喜阳光但又怕强光直接曝晒。因此，辣椒生产过程中更易受到自然环境的影响，易发生猝倒病、立枯病、炭疽病、灰霉病、病毒病、疫病、白粉病、粉虱、蚜虫、茶黄螨、棉铃虫、烟青虫、斜纹夜蛾、甜菜夜蛾等病虫害。为害辣椒的主要病虫害常常是几种同时发生或相继发生，必须采取综合防治措施。

（一）穴盘基质育苗

（1）温烫浸种。用 55℃ 温水浸泡种子 30 分钟，放入冷水中冷却，沥干催芽播种，可杀死附着在种子表面和潜伏在种子内部的一些病菌。

（2）药剂浸（拌）种。①防病毒病，用 10％磷酸三钠溶液浸种 20 分钟，或福尔马林 300 倍液浸种 30 分钟，或 1％高锰酸钾溶液浸种 20 分钟，捞出冲洗干净后催芽。②防疫病、炭疽病，将种子在冷水中预浸 10～12 小时，再用 1％硫酸铜溶液浸种 5 分钟；或用 50％多菌灵可湿性粉剂 500 倍液浸种 1 小时；或用 72.2％普力克水剂 800 倍液浸种 0.5 小时，洗净后催芽。

（3）穴盘消毒。用 40％福尔马林 100 倍液浸泡穴盘 15～20 分钟，然后堆摞穴盘覆盖塑料薄膜，密封 7 天后揭开，用清水冲洗干净。

（4）基质消毒。草炭、珍珠岩、蛭石按 6∶3∶1 比例混合，每立方米基质中加入 60％多·福可湿性粉剂 100 克进行消毒。

（5）免疫诱抗。辣椒出苗 2～4 片叶后，用 30％甲霜·噁霉灵水剂 1 800 倍液，加 0.136％赤·吲乙·芸苔可湿性粉剂 7 500 倍液或 5％氨基寡糖素水剂 1 000 倍液，预防死棵烂苗。移栽前一周，选用 0.136％赤·吲乙·芸苔可湿性粉剂 7 500 倍液、5％氨基寡糖素水剂 1 000 倍液、0.003％丙酰芸苔素内酯水剂 2 000～3 000 倍液喷雾，提高抗逆性，控制病毒病。土传病害发生较重区域，可在移栽时用 30％甲霜·噁霉灵水剂 1 800 倍液＋0.136％赤·吲乙·芸苔可湿性粉剂 7 500 倍液（或 5％氨基寡糖素水剂 1 000 倍液）配成药液浸根 10～20 分钟。

（6）病虫防治。发病初期用 80％多·福·锌 700～800 倍液或 80％噁霉·福美双 600～800 倍液或 3％甲霜·噁霉灵 30 倍液，复配芸苔素内酯 1 500 倍液，对苗期病害有较好防效。

（二）露地辣椒病虫害防控

1. 定植前病虫防控

辣椒忌与茄科蔬菜连作，要实行 2 年以上轮作。应选择肥沃且排水性能好的壤土或沙质壤土，定植前结合整地施入腐熟有机肥或商品有机肥。采用地膜覆盖栽培时，做垄应同时铺膜，膜下铺设滴灌带，膜紧贴地面绷紧，四周用土封严。有条件的可安装频振式杀虫灯，悬挂黄蓝粘虫板，或选用烟青虫、棉铃虫等性诱剂诱芯及配套的诱捕器。

辣椒可与玉米间作栽培。玉米是喜光作物，辣椒是中光性作物。玉米为辣椒遮阴，抑制了辣椒因高温强光照导致的日灼病、病毒病，玉米带可诱集棉铃虫成虫，便于集中杀灭，降低了辣椒果实钻蛀率，减少软腐病烂椒。

2. 定植时病虫防控

定植是病虫防控的关键期，技术应用到位往往能起到事半功倍的效果。

（1）定植前浸泡穴盘。可用 72.2％霜霉威水剂 600～800 倍液或 62.5％咯菌腈·精甲霜灵 1 500 倍液，加入 46.1％氢氧化铜水分散粒剂 1 500 倍液或 25％噻虫嗪水分散粒剂 2 500～5 000 倍液，对穴盘苗根部浸泡处理，可提高植株抵抗能力，预防苗期病虫害。

（2）定植时穴施药土或生物菌剂。药剂可选择乙膦铝加 DT，或氢氧化铜加霜脲·锰锌，按照药剂：土=1：10 的比例配制，混合均匀后穴施。如果选择预防死棵的生物菌剂，则不施药土，直接穴施生物菌剂，可改善根系土壤环境，提高植株抗病性。

（3）定植后灌根。可选择氢氧化铜、喹啉铜、硫酸铜钙、琥胶肥酸铜等药剂中任意一种，加入霜脲·锰锌、甲霜灵、吡唑醚菌酯、噁霜·锰锌等药剂任一种进行灌根，每穴灌药剂 100～200 克为宜。

3. 生长期病虫防控

（1）栽培管理。辣椒定植后根系弱，应大促小控，追肥浇水后及时中耕增温保墒。高温季节应着重保根、保秧，要早晚灌溉，还可用萘乙酸 50 微升/升浓度溶液喷花，可有效防止落花。盛果期后主要抓好促秧、攻果，要在封垄前施肥培土保根，注意防病灭虫。

（2）雨季排水。雨季来临，低洼地块易出现积水，造成根部生长不良，甚至出现沤根或根腐病，并引发病害。应提早挖好排水沟，雨后及时排水。对已积水地块，排水后可选择铜制剂如氢氧化铜、喹啉铜、硫酸铜钙中任意一种，加入霜脲·锰锌、甲霜灵、吡唑醚菌酯等药剂中的一种，加生根剂灌根或冲施，预防病害发生。

（3）保花保果。气候过于干燥，或雨水过多，或高温时间过长，或植株生长过旺，都容易出现只开花不坐果以及畸形果增加等情况。可在开花前喷洒磷酸二氢钾 1 000 倍液以促进花芽分化，或者在花期喷洒含有硼钙的叶面肥，起到保花保果的效果。

4. 主要病虫防治

辣椒疫病是一种毁灭性病害，可在定植缓苗后喷 2 次 1：1：240 倍波尔多液预防。发病初期用 58% 甲霜灵·锰锌可湿性粉剂 500 倍液，或 50% 瑞毒铜可湿性粉剂 700 倍液，或 64% 杀毒矾可湿性粉剂 400 倍液，每隔 7～10 天喷 1次，连续 2～3 次。

炭疽病是夏季大田辣椒的主要病害，久旱逢雨或雨后骤晴会加重病害流行。炭疽病最好提前预防，降雨后或发病初期可喷洒 70% 甲基硫菌灵可湿性粉剂 600～800 倍液，或 80% 代森锰锌可湿性粉剂 500 倍液，或 25% 咪鲜胺乳油 1 200～1 500 倍液，7～10 天 1 次，连续喷 2～3 次。同时加强田间管理，忌中午高温浇水。

辣椒病毒病主要是花叶病毒病，常发生在顶部叶片，表现为叶片花叶、黄化、卷叶，植株皱缩变小，果实上有条斑。为害严重时，会造成辣椒"三落"（落花、落叶、落果）。需全生育期防治蚜虫，控制病毒病。病毒病发病初期，用 20% 病毒 A 可湿性粉剂 500～700 倍液，或 1.5% 植病灵乳剂 1 000 倍液喷雾。

辣椒软腐病多由虫害伤口侵入。要及时消灭烟青虫、棉铃虫于蛀果前。发病初期用 1：1：200 倍波尔多液，或新植霉素可湿性粉剂 4 000 倍液，或 77%可杀得可湿性粉剂 600 倍液，或 65% 代森锌可湿性粉剂 500 倍液喷雾，每隔7～10 天 1 次，连喷 2～3 次。

青枯病发病后能致全株枯死。在开花结果盛期叶面喷施 0.2% 磷酸二氢钾等，可提高植株抗病能力。发病初期及时用 60% 琥铜·乙膦铝可湿性粉剂 500倍液灌根，每株 150～200 毫升，每隔 10 天灌根 1 次，连续灌根 2～3 次。

辣椒日灼病是生理性病害。发生日灼后果实病部表皮失水变薄易破，还易被炭疽病菌或一些腐生菌侵入。可与玉米、高粱等高秆作物间作，能减轻日灼为害。结果盛期小水勤浇，避开下午浇水。结果后叶面喷施 0.1% 硝酸钙或氯化钙溶液，7 天左右 1 次，连喷 2～3 次。

露地辣椒生长期常发生脐腐病，主要由缺钙引起。定植时要多施有机肥，坐果后根外喷施含钙叶面肥，如氯化钙、硝酸钙、过磷酸钙等，隔 15 天 1 次，连续 2～3 次。

露地辣椒还容易发生生理性卷叶，原因包括土壤干旱缺水、高温、强光照、叶面肥害与药害、肥水供应不足以及病虫为害等。要注意适时、均匀浇水，避免土壤过干过湿。发现卷叶症状，叶面喷施芸苔素内酯 3 000 倍液，5～7 天 1 次，连续 2～3 次，可以缓解症状。

露地辣椒栽培易发生斑潜蝇、蚜虫、蓟马、螨虫、棉铃虫、烟青虫和夜蛾类为害，可选择吡虫啉、阿维菌素、虫螨腈、多杀菌素、氯虫苯甲酰胺等药剂，轮换交替用药，7～10 天喷洒 1 次。

（三）设施辣椒病虫害防控

（1）土壤消毒。对于重茬种植辣椒的棚室，应在 6—8 月空茬时，利用太阳能进行土壤高温闷棚消毒处理，视天气情况持续 15～20 天，可杀灭土壤中绝大多数病菌虫卵。消毒结束后土壤施肥时补充足量生物菌肥。

（2）棚室表面消毒。定植前，选用 3％甲氨基阿维菌素苯甲酸盐水乳剂＋43％氟菌·肟菌酯悬浮剂，采用常温烟雾施药机棚内均匀喷施，施药后密闭熏蒸 12 小时。夏季还可利用日光高温闷棚消毒，棚内温度保持 46℃以上，闷棚 2 小时以上。

（3）防虫网覆盖。在棚室通风口、出入口处设置 40～50 目防虫网，重点阻断蚜虫、粉虱、斑潜蝇等害虫成虫的迁入和扩散。

（4）夏季遮阳覆盖。夏季高温季节或日照强烈的中午时段，因地制宜采用遮阳网、遮阳涂料、喷洒泥浆等措施遮阳降温，避免秧苗遭受热害。

（5）粘虫板诱杀。定植后悬挂黄板诱杀蚜虫、粉虱、斑潜蝇等害虫，悬挂蓝板诱杀蓟马等害虫。

（6）农业防治。采用高垄或高畦栽培，尽量避免连作。生长期及时摘除病叶、老叶、病果，清除田间病株，并带至田外集中无害化处理。及时采收，长势衰弱的植株应早采收且适当疏果。在疫病等土传病害严重的园区，要注意使用鞋套、专用鞋、专用农具等，避免不同棚室间作业时传带病原。

（7）生态调控。利用地膜覆盖、膜下滴灌或暗灌、保温覆盖、遮阳覆盖等措施，做好棚室的温度、湿度和光照调控。冬季重点做好增温、蓄温和通风降湿，避免因低温高湿导致的沤根、茎基腐病、灰霉病、菌核病等病害发生和蔓延；夏季应防止出现干旱、低湿、高温和强光等情况，避免日灼病、脐腐病、病毒病、蚜虫和叶螨等病虫害的发生。

（8）天敌防治。可在虫害（螨）少量发生时，释放天敌防治害虫（螨）。防治蚜虫可选异色瓢虫和东亚小花蝽；防治粉虱可选丽蚜小蜂和烟盲蝽；防治叶螨可选智利小植绥螨和加州新小绥螨；防治蓟马可选东亚小花蝽、斯氏钝绥螨和胡瓜新小绥螨。还可采用天敌释放和药剂防治相结合的方式，先用速效性较好、残留期短的药剂压低害虫（螨）数量，然后释放天敌防治。

（9）药剂防控。优先采用农业、物理、生态等措施防治病虫害，必要时选用生物源、矿物源或化学药剂进行防治。要结合田间观察和诊断，确保早期用药和预防用药。对聚集在辣椒叶片背面的烟粉虱、白粉病，提倡使用机动弥雾机施药。大棚内湿度大时，提倡应用烟雾剂防治病虫。对于大多数病害和有世代重叠现象的害虫（螨），应轮换使用化学药剂，有利于确保防效，同时延缓产生抗药性。

（10）低温高湿病害预防。冬春季设施栽培若遇阴雪天气，无法通风散气，棚内低温高湿易引发多种病害。防治上要注意：①想方设法提高棚室温度，温度升高至 28℃ 以上，适当通风，降低棚内湿度；②尽量采用膜下滴灌，减少水分蒸发；③施药方法采用喷粉或弥粉法，可降低棚内湿度，同时实现全棚无死角防控。

二、番茄病虫害综合防控

番茄属耐旱作物，根系发达，吸水能力强，但叶片蒸发水分强烈，生长期需要大量水分。番茄对土壤要求不严格，以土层深厚、排水良好、透气性强的壤土、沙壤土最为适宜。

番茄病虫害种类较多，主要病害有病毒病、晚疫病、灰霉病、叶霉病、早疫病和溃疡病等，主要虫害有蚜虫、温室白粉虱和棉铃虫等。这些病虫害在实际生产上常常同时或交替发生，给防治工作带来很大难度。

（一）种子处理

提倡使用穴盘育苗，播种前要对种子进行处理，预防生长期病虫害。

（1）温汤浸种。把种子放入 55℃ 热水，维持水温均匀浸泡 15 分钟，主要防治叶霉病、溃疡病、早疫病。

（2）高锰酸钾浸种。用 0.1%～0.15% 的高锰酸钾溶液浸泡种子 15～20 分钟，可预防番茄病毒病、早疫病、炭疽病等。

（3）多菌灵浸种。用 50% 的多菌灵溶液浸泡种子 1～2 小时，可预防番茄早晚疫病。

（4）磷酸三钠浸种。先用清水浸种 3～4 小时，再放入 10% 磷酸三钠溶液中浸泡 20 分钟，主要预防病毒病。

（二）露地番茄病虫害防控

露地栽培地块至少 2 年以上轮作，前茬不能是黄瓜及茄科类作物。定植前半个月整地并施足腐熟农家肥。定植时每亩撒施 40～50 千克复合肥、40～50

千克硫酸钾、0.5～1千克硫酸锌、3～4千克硫酸铜、0.5～1千克硼肥，然后旋地起垄覆盖地膜。

可在田间布设频振式杀虫灯、黑光灯，诱杀夜蛾类害虫的成虫。还可悬挂黄色粘虫板，诱杀白粉虱、蚜虫、斑潜蝇等趋黄性害虫。也可覆盖银灰色地膜，驱赶和防止蚜虫迁飞传毒。露地栽培要搭建防雹网，对恶劣天气能起到有效的防护作用，尤其对冰雹、暴雨的防控效果达到80%以上。

定植时要浇点穴水，水中可加入辛硫磷乳剂，或辛·马乳剂和30%噁霉灵，或50%多菌灵可湿性粉剂等药液，保苗防病。定植缓苗后，再喷施50%甲基托布津可湿性粉剂500倍液，或50%多菌灵可湿性粉剂500倍液，或30%噁霉灵水剂1 200～1 500倍液，预防根腐病和茎基腐病。

缓苗后及时搭架绑蔓，做好中耕除草，以单干整枝为宜，适时打杈（一般侧枝长到8～10厘米时摘除即可）。打杈要采取"推杈、掰杈"而不是"捏杈"，手不接触主干，也不用剪刀等工具，避免传播病毒。打杈不能在阴雨天或有露水时进行，以防病菌侵入。

生长前期重点防治早疫病，可选用75%百菌清可湿性粉剂、58%甲霜灵·锰锌可湿性粉剂、70%代森锰锌可湿性粉剂、50%甲基硫菌灵可湿性粉剂、50%克菌灵可湿性粉剂、38%噁霜嘧铜菌酯，同时加50%琥胶肥酸铜可湿性粉剂，或77%可杀得可湿性粉剂，或铜高尚预防细菌性病害。

生长中期以防治晚疫病为主，兼治叶霉病、斑枯病和细菌性病害。预防可用75%百菌清可湿性粉剂、25%甲霜灵可湿性粉剂、2%嘧啶核苷类抗菌素水剂、70%代森锌可湿性粉剂、77%氢氧化铜可湿性粉剂；防治可用64%杀毒矾可湿性粉剂、72%克露可湿性粉剂、52.2%抑快净水分散粒剂；细菌性病害防治同上。

生长后期以晚疫病、灰叶斑病、细菌性软腐病为主要防治对象，药物选择同前。注重轮换用药、看天用药，药物要二次稀释。

整个生育期要注意防治病毒病、棉铃虫、蚜虫，病毒病可选用20%盐酸吗啉胍乙酸铜可湿性粉剂、5%植病灵乳剂、3.5%氨基三氮唑核苷水剂、2%宁南霉素水剂进行预防；棉铃虫可选用氯虫苯甲酰胺、棉铃虫核型多角体病毒或苯氧威防治；蚜虫可选用10%吡虫啉、5%啶虫脒或0.3%苦参碱防治。

番茄生长期间还容易发生日灼病、脐腐病、筋腐病、裂果、空洞果、畸形果以及生理性卷叶等生理性病害，在病虫害防治用药时，可加入钙、锰、硼、锌、钾等微量元素肥进行预防，如加0.2%～0.3%的磷酸二氢钾，可防缺钾引起的果实着色不正常及筋腐病；加1%～2%的过磷酸钙加钼酸，可防缺钙引起的脐腐病。还可在喷药时加入生长调节剂如芸苔素、氨基酸肥等，促进植株生长，避免后期早衰。

（三）设施番茄病虫害防控

（1）棚室消毒。定植前要利用夏季休闲期高温闷棚消毒，其他季节可每亩棚室用硫黄粉2～3千克加80％敌敌畏0.25千克拌锯末分堆点燃，密闭熏棚1～2天后通风，充分排除棚内有毒气体。

（2）定植蘸根。定植时，可用寡雄腐霉菌3 000倍液加高巧800倍液蘸根，促根生长。定植后7～10天，可在浇缓苗水时，随水滴灌寡雄腐霉菌20克/亩，预防土传病害。

（3）疏花疏果。及时将长得过密的花和果摘除，减少养分消耗。花后摘除残留花瓣，预防灰霉病。

（4）粘虫板诱杀。利用害虫的趋色性，在棚室内设置长条形黄板，诱集、粘杀白粉虱、斑潜蝇、蚜虫等小型害虫。

（5）天敌应用。当棚室在白粉虱发生较轻时，可以按每株15～20头的量释放丽蚜小蜂，15天1次，连放3次。

（6）人工授粉。保护地栽培环境条件下，极易发生落花落果。为保证产量，冬春季可采用熊蜂授粉，越夏栽培可采取震动授粉。如采取点花或喷花授粉时，可在配好的药液中加入0.1％速克灵可湿性粉剂或40％施佳乐悬浮剂，预防灰霉病。

（7）变温管理。即晴天上午晚放风，使棚室温度升到33℃时开始放顶风，降低灰霉病、晚疫病等病菌的产孢量。上午保持棚温25℃以上，下午保持棚温20～25℃，20℃时开始闭棚，使白天棚内温度保持20～33℃、夜间15～20℃为宜。阴天也要放短风排湿，创造有利于番茄生长而不利于病害发生的生态条件。

（8）高温控病。当棚内灰霉病、叶霉病、晚疫病发生较重时，可采用短时间闷棚升温抑菌技术，即在晴天中午高温闷棚2小时，温度控制在36～40℃，隔10天1次，连续2～3次，能明显抑制病菌生长，控制病害发展与蔓延。

（9）清洁棚室。收获后将植株残体堆集并使用广谱性杀虫、杀菌剂进行喷雾消毒，再闷棚7～10天后集中堆沤处理。

（10）药剂防病。棚室番茄易发生灰霉病、早疫病、晚疫病、叶霉病等病害和温室白粉虱、美洲斑潜蝇、蚜虫等虫害，防治上应采取综合措施，优先采取物理、农业防治措施，药剂防治要预防用药、综合用药、轮换用药，选用生物农药和高效低毒低残留农药，优先采取烟剂熏蒸法、粉尘法等施药方法。

三、茄子病虫害综合防控

茄子喜光、喜温、耐热、喜水、怕涝，因其枝叶繁茂，蒸腾量大，生长期需水量多。但土壤积水易造成沤根死苗。茄子根系发达，较耐干旱，特别是坐果前应适当控制水分，防止幼苗徒长，利于花芽分化和坐果。茄子喜肥，适于富含有机质及保水保肥力强的壤土与沙壤土地。

茄子主要病害有绵疫病、褐纹病、白绢病、根腐病、黄萎病、枯萎病、青枯病、病毒病等，主要虫害有粉虱、蓟马、蚜虫、茶黄螨、斜纹夜蛾等。

（一）苗期病虫害防控

1. 种子处理

提倡穴盘基质育苗，播种前进行种子处理。

（1）温汤浸种。用55℃温水浸泡种子15分钟，边浸边搅拌，待水温自然降到37℃后，停止搅拌，继续浸种8～12小时。捞出种子，用清水冲洗后，开始催芽。

（2）药剂浸种。用50％多菌灵可湿性粉剂800倍液、25％甲霜灵可湿性粉剂800倍液、50％福美双可湿性粉剂800倍液浸种10～15分钟，预防真菌性病害。或用10％磷酸三钠溶液浸种20分钟，预防病毒病。

（3）药剂拌种。用0.4％种子重量的70％甲基硫菌灵可湿性粉剂、25％甲霜灵可湿性粉剂、50％福美双可湿性粉剂拌种，闷种15～20分钟。

2. 嫁接育苗

对于土传病害严重的地块或设施可采用嫁接育苗，既可减轻茄子土传病害的发生，又可利用野生砧木耐低温、根系发达、吸收能力强等特点，增强植株的抗病、抗寒能力。

茄子砧木选择托鲁巴姆或刺茄。托鲁巴姆对枯萎病、黄萎病、青枯病、根结线虫病等土传病害高抗或免疫；刺茄高抗黄萎病，较耐低温，嫁接苗适合秋冬季温室栽培。

3. 苗期预防猝倒病、立枯病

可选用30％甲霜·噁霉灵水剂1 500倍液＋3％噻霉酮可湿性粉剂1 000倍液＋0.136％赤·吲乙·芸苔可湿性粉剂7 500倍液（或5％氨基寡糖素水剂1 000倍液），或50％烯酰吗啉悬浮剂1 000倍液＋10％氰霜唑悬浮剂1 500倍液＋0.003％丙酰芸苔素内酯水剂2 000倍液，喷淋茎基部。

4. 浸根带药移栽

针对土传病害发生较重区域，移栽时用30％甲霜·噁霉灵水剂1 500倍液＋0.136％赤·吲乙·芸苔可湿性粉剂7 500倍液，浸根5～10分钟后移栽。

（二）生长期病虫害防控

（1）农业措施。茄子最忌重茬、迎茬，要与非茄科作物实行3年以上轮作。其地块以地势平坦、土质肥沃、微酸至微碱性，保墒、排水良好的沙壤土栽培为好。露地栽培需晚霜过后，土温稳定在13～15℃时方可定植。生长期及时摘除病叶，拔除病株，带出田外集中处理。雨后及时采收，低洼地块注意排水。

定植后在茎基部撒施草木灰或石灰粉，可减少茎部茄子褐纹病、绵疫病等病害的发生。

加强定植后管理，适度中耕追肥，合理整枝打芽，适当疏花疏果。结果期及早摘除病叶、病花、病果，清除田间和周围杂草，可减少病害的发生和蔓延。

（2）理化诱控。除采取灯光诱杀、粘虫板诱杀、地面覆盖银灰膜驱蚜外，还可用糖醋液诱杀斜纹夜蛾、棉铃虫等鳞翅目成虫，配方为糖：酒：醋：水＝6：1：3：10，再加入90％敌百虫1份，均匀混合后制成糖酒醋诱杀液。

（3）棚室消毒。在夏季高温闷棚，每亩撒施40～60千克石灰氮和1 000千克切碎的麦草秸秆，深翻地25厘米以上，灌水铺膜使地面温度升至60℃以上，持续7～10天。也可每平方米用45％百菌清烟剂1克熏棚5～7小时，能有效杀灭茄子保护地内多种真菌病害。

土传病害严重的棚室还可用药剂进行消毒，常用的土壤消毒药剂有百菌清、多菌灵、噁霉灵、咯菌腈等。

（4）环境调控。棚室风口设置防虫网，夏季遮阳网覆盖，棚内高垄地膜覆盖栽培。掌握好揭盖棉被和放风时间，调节好棚室温湿度，避免出现低温和高温障碍。注意通风降湿，适当控制浇水，防止大水漫灌。

防治灰霉病，可采用变温管理，晴天上午晚放风，使温度迅速升高到31～33℃，达到34℃时开始放风，温度降至25℃仍继续放风，使下午温度保持在21～25℃，下午温度降至20℃时闭棚，保持夜温15～17℃，外界最低温度达到16℃以上时，放风排湿。

（5）天敌利用。保护和利用自然天敌防治茄子虫害的发生和蔓延，有条件的可有针对性地人工释放赤眼蜂、七星瓢虫等进行防治。

（6）生物防治。用5％井冈霉素水剂500～800倍液喷雾防治立枯病、猝倒病；用2％武夷菌素水剂200倍液防治灰霉病；用3％中生菌素可湿性粉剂800～1 000倍液喷淋防治青枯病；用10％浏阳霉素乳油1 500倍液等防治朱砂叶螨；每亩用苏云金杆菌600～700克或2.5％苦参碱乳油3 000倍液喷雾防治温室白粉虱。

（7）科学用药。优先选择植物源、微生物源农药，科学选择高效低毒低风险化学农药。黄萎病可用50％的多菌灵可湿性粉剂500～1 000倍液灌根，或用50％托布津可湿性粉剂500倍液、70％敌克松可湿性粉剂500倍液喷淋；

褐纹病可喷施 75％百菌清可湿性粉剂 600 倍液、或 80％代森锌可湿性粉剂 500 倍液；绵疫病可选用 40％乙膦铝可湿性粉剂 300 倍液、64％杀毒矾可湿性粉剂 400 倍液或 72％克露可湿性粉剂 600 倍液喷雾防治；灰霉病可喷 50％扑海因可湿性粉剂 1 000 倍液或 50％速克灵可湿性粉剂 1 200 倍液；炭疽病可喷 75％百菌清可湿性粉剂 600 倍液或 80％代森锌可湿性粉剂 500 倍液。注意复配用药、综合用药、轮换用药，每次用药间隔 5～7 天，连续用药 2～3 次。

四、黄瓜病虫害综合防控

黄瓜原产于热带潮湿森林地带，生长于有机质丰富的土壤和多雨的环境中，形成了根系较浅，叶片较大，喜温、喜湿和耐弱光的特性，不耐高温，不耐寒冷。黄瓜对土壤要求不严，宜选富含有机质、肥沃、保水保肥能力强的壤土栽培。

近年来，随着黄瓜栽培面积的增大，加之连年重茬，导致病虫害发生较重。尤其设施黄瓜病虫害种类多，为害重，损失大。主要病害有霜霉病、枯萎病、炭疽病、灰霉病、疫病、白粉病等，主要害虫有黄守瓜、蚜虫、美洲斑潜蝇等。

（一）培育无病壮苗

（1）种子处理。根据当地病虫发生情况选择种子处理方法。播种前用50～55℃温水浸种 10～15 分钟，可有效防治黄瓜炭疽病、黑星病；种子用 40℃温水浸泡 3～4 小时，再移入 0.1％的高锰酸钾溶液中浸泡 30 分钟，可防治黄瓜白粉病、枯萎病；用 10％磷酸三钠浸种 20 分钟，可以防治病毒病；用福尔马林 100 倍液浸种 30 分钟，可以防治炭疽病；用 72％新植霉素可湿性粉剂 1 000 倍液浸种 2 小时，可预防细菌性病害。

（2）穴盘消毒。将穴盘在福尔马林 100 倍液或高锰酸钾 1 000 倍液中浸泡 10 分钟，也可用 2％次氯酸钠水溶液浸泡 2 小时，取出清水冲淋，晾晒备用。

（3）嫁接育苗。利用黑子南瓜根系发达的特点，可有效地防治黄瓜枯萎病菌，还可减轻疫病为害。方法是将南瓜作砧木、黄瓜作接穗，进行嫁接换根，防治黄瓜枯萎病，防效可达 95％以上。

（4）苗期防治病虫害。黄瓜苗期主要病害有猝倒病、立枯病及炭疽病，主要虫害有蚜虫、蓟马和美洲斑潜蝇。猝倒病、立枯病于发病初期喷淋 72.2％霜霉威水剂 700 倍液或 38％甲霜·福美双可湿性粉剂 800 倍液；炭疽病喷施 25％嘧菌酯悬浮剂或 25％咪鲜胺乳油 2 000 倍液。蚜虫喷施 3.0％啶虫脒乳油 1 500 倍液或 25％噻虫嗪水分散粒剂 5 000 倍液；蓟马喷施 60 克/升乙基多杀菌素悬浮剂 3 000 倍液或 240 克/升虫螨腈悬浮剂 2 000 倍液；美洲斑潜蝇喷施 20％灭蝇胺可湿性粉剂 1 000 倍液或 10％溴氰虫酰胺可分散油悬浮剂 3 000 倍液。

（二）露地黄瓜病虫害防控

（1）农业措施。与非葫芦科作物轮作。清除田间及周围杂草，深翻土地，减少病虫基数。种植适宜不同时期的蜜源植物，为寄生蜂提供栖息场所与蜜源，能提高寄生蜂寄生率。

（2）理化诱控。每 30 亩安装 1 台频振杀虫灯，利用害虫的趋光性和对光强变化的敏感性诱杀害虫。悬挂黄板诱杀蚜虫、白粉虱、斑潜蝇，悬挂蓝板诱杀蓟马，每亩悬挂 30～40 张，全生育期更换 4～5 次。还可覆盖银灰色地膜驱避蚜虫（棚室栽培可覆盖银灰色棚膜）。

（3）免疫诱导产品。在黄瓜各生育阶段分别使用氨基寡糖素、碧护（0.136％赤·吲乙·芸苔可湿性粉剂）等免疫诱导产品，也可以引进一些新的诱抗剂如几丁聚糖、S-诱抗素、甲壳素等，促进缓苗，提高植物免疫力，优化生长势。

（4）生物农药。烟粉虱用 0.3 亿/毫升蜡蚧轮枝菌或 0.5％苦参碱 500 倍液喷雾防治，苦参碱还可兼治蚜虫；红蜘蛛用 10％浏阳霉素乳油防治；斑潜蝇用 1.8％阿维菌素乳油 5 000 倍液防治。霜霉病用 10％多抗霉素 1 000～1 500 倍液喷雾防治；灰霉病用 1％武夷菌素水剂 150～200 倍液喷雾；细菌性角斑病用 3％中生菌素可湿性粉剂 800 倍液喷雾；根结线虫可穴施淡紫拟青霉 800～1 000 克/亩防治。

（5）化学防治。一般在发病初期喷药，每隔 7～10 天喷 1 次，根据病情防治 2～3 次。霜霉病用 10％氟噻唑吡乙酮 12～20 毫升/亩或 64％代森锰锌＋8％霜脲氰 50～75 克/亩喷雾；白粉病用 25％嘧菌酯悬浮剂 34 克/亩或 10％苯醚甲环唑 1 000 倍液喷雾；蔓枯病用 46％氢氧化铜或 6.25％噁唑菌酮＋62.5％代森锰锌喷雾；灰霉病用 22.5％啶氧菌酯或 25％嘧菌酯悬浮剂 34 克/亩喷雾。烟粉虱用 12％乙基多杀菌素 2 000 倍液或 2.5％联苯菊酯乳油 3 000 倍液喷雾；蚜虫用 50％抗蚜威可湿性粉剂 2 500～3 000 倍液喷雾；斑潜蝇用 20％灭蝇胺可湿性粉剂 30 克/亩或 25％噻虫嗪水分散粒剂 3 克/亩兑水喷雾；害螨用 73％炔螨特乳油或 15％哒螨酮乳油 1 500 倍液喷雾。

（三）设施黄瓜病虫害防控

（1）阻隔、诱杀害虫。棚室栽培要在通风口设置 30～40 目防虫网，阻断害虫迁入，控制温室白粉虱、斑潜蝇的发生。覆盖防虫网之前可用异丙威烟剂熏棚消毒杀虫。棚室内可悬挂黄板诱杀蚜虫、粉虱、斑潜蝇，悬挂蓝板诱杀蓟马，使用银灰色棚膜驱赶蚜虫。

（2）病虫基数控制。休闲期利用太阳能高温闷棚7～15天，或用石灰氮、噻唑磷等药剂及生物菌剂处理土壤。定植前用药剂熏棚或喷洒墙壁、棚膜、缓冲间1～2次，杀灭棚内病菌，降低病虫基数。

（3）温湿度管理。定植缓苗后实行四段变温管理，保持上半天温室大棚内温度在28～32℃，相对湿度70％～90％，下半天温度20～25℃，相对湿度65％～90％，前半夜温度20～15℃，相对湿度90％～95％，后半夜温度10～15℃，相对湿度95％～100％，可有效控制黄瓜霜霉病、灰霉病、菌核病等低温高湿病害。另外，还要通过地膜覆盖、膜下暗灌、排湿换气等措施，调控温室大棚内温湿度，创造适宜黄瓜生长发育的条件，最大限度缩短适宜病虫发生的温湿度组合时间。

（4）高温闷棚防治黄瓜霜霉病。对于已发生黄瓜霜霉病的棚室，在发病初期选择晴天上午高温闷棚。闷棚前1天浇透水，摘去近地面20厘米内的重病叶，闭棚升温至45℃，持续2小时后，缓慢降温，恢复到正常棚室温度，可控制黄瓜霜霉病的流行蔓延。

（5）摘花防治黄瓜灰霉病。灰霉病是温室大棚黄瓜主要病害，侵染黄瓜部位主要为开败的花瓣。开花至花败后1～2天摘花，对黄瓜灰霉病具有很好的防治效果。

（6）精准施药。应优先选用高效低毒、剂型先进的农药品种，推广新型生物农药。黄瓜霜霉病、靶斑病和细菌性角斑病易混发，可混配使用药剂，多靶标防治。阴雨雪天可采用喷粉法或烟熏法施药，如用百菌清烟剂防治霜霉病、灰霉病、白粉病，用异丙威烟剂防治小型害虫。使用生物农药时，要注意不能将枯草芽孢杆菌与抗生素及其他杀细菌药剂混用；不能将哈茨木霉菌制剂与多菌灵、甲基硫菌灵、嘧菌酯、百菌清等广谱性杀菌剂混用。

五、西葫芦病虫害综合防控

西葫芦产量高，经济效益好，近年来种植面逐年扩大，尤其是保护地栽培发展迅速。但随着面积快速扩大，复种指数增加，病虫害的发生程度也在增加。其中以西葫芦病毒病、白粉病、灰霉病和蚜虫、白粉虱、美洲斑潜蝇等病虫害发生最为严重。

（一）种子处理

采用无病菌土育苗或基质穴盘育苗。播种前对种子进行处理。

（1）温水浸种。西葫芦种子曝晒后放在 50～55℃ 的水中搅拌 15 分钟，再在室温中浸泡 6～8 小时，洗净后放到 25～30℃ 条件下保温保湿催芽。

（2）药剂浸种。用 50％ 多菌灵可湿性粉剂 500 倍液浸种 30 分钟，或用 10％ 磷酸三钠浸种 20 分钟，或用 1％ 高锰酸钾溶液浸种 30 分钟，捞出后清水洗净催芽播种。

（3）药剂拌种。用 50％ 多菌灵可湿性粉剂拌种，用药量为种子量的 0.3％。

（二）生长期病虫害防控

（1）农业措施。与非葫芦科蔬菜 2～3 年轮作。定植前整地，施足基肥。露地应在晚霜后定植，大棚栽培应在夜间棚温达 5℃ 以上定植，温室栽培在冬季可随时定植。露地西葫芦适时中耕除草，疏松土壤。生长期及时吊蔓，发现病叶、病瓜和老叶及时摘除，并携出田外深埋。农事操作时应将病株与健株分开进行，以免传播病毒。

（2）棚室消毒。夏季休闲期高温闷棚消毒。或每亩棚室用硫黄粉 2～3 千克，加 80％ 敌敌畏乳油 0.25 千克，拌上木屑分堆点燃，密闭棚室一昼夜，放风至无味时再定植。

（3）理化诱控。温室大棚通风口用尼龙网纱密封，阻止蚜虫、粉虱进入。设置黄板诱杀白粉虱、蚜虫、美洲斑潜蝇等，保护地内也可释放丽蚜小蜂控制白粉虱。铺银灰色地膜，或将银灰膜剪成 10～15 厘米宽的条，膜条间距 10 厘米纵横拉成网状，驱避蚜虫。

（4）药液蘸花。用防落素等蘸花时，在药液中加入 0.1％ 的 50％ 速克灵可湿性粉剂或 28％ 灰霉克可湿性粉剂，可减轻灰霉病的发生。

（5）生态控病。保护地高畦栽培，地膜覆盖，采用微滴灌或膜下暗灌技术。棚室内要求叶面不结露或结露时间不超过 2 小时。采取变温管理，上午使棚室温度控制在 25～30℃，最高不超过 33℃，湿度应为 75％ 左右；午前至下午放风，温度降至 20～25℃，湿度降至 70％ 左右；傍晚闭棚后夜间至清晨温度可降至 11～12℃，如气温达到 13℃ 以上可整夜通风，以降低棚室内湿度。浇水应在晴天上午进行，浇后闭棚，使温度升至 35～40℃，闷棚 1 小时后缓慢放风。遇连阴雨，应控制浇水，浇水后及时排湿，以控制病害发生。

（6）生物农药。可选用 1％ 武夷菌素水剂 150～200 倍液防治灰霉病、白粉病；选用 2％ 宁南霉素水剂 200～250 倍液防治病毒病；用 0.9％ 虫螨克乳油 3 000 倍液防治叶螨，兼治美洲斑潜蝇；用 90％ 新植霉素可溶性粉剂 4 000 倍液防治细菌性叶枯病。

（7）化学防治。保护地白粉病可用 45％ 百菌清烟剂每亩 250 克或 5％ 百菌清粉尘剂每亩 1 千克防治；灰霉病用 6.5％万霉灵粉尘剂每亩 1 千克防治。防治白粉病、灰霉病，可选用 65％甲霜灵可湿性粉剂 800 倍液、15％三唑铜可湿性粉剂 1 500 倍液、50％速克灵可湿性粉剂 600～800 倍液、50％扑海因可湿性粉剂 600 倍液喷雾防治，如同时发生细菌性叶枯病，可再加入 25％青枯灵可湿性粉剂 500 倍液。病毒病发病初期，可用 1.5％植病灵乳剂 600 倍液或 20％病毒 A 可湿性粉剂 500 倍液，再加爱多收 6 000 倍液混合喷雾防治。防治蚜虫、白粉虱、美洲斑潜蝇可用 10％吡虫啉可湿性粉剂 1 000 倍液，或 2.5％天王星可湿性粉剂 2 000 倍液，或 2.5％功夫乳油 2 000 倍液喷雾。

六、菜豆病虫害综合防控

菜豆又名四季豆、芸豆，原产于中美洲，17 世纪后传入我国，以露地栽培为主，主要分布于陕西、山西、河北、北京等地。菜豆直根发达，根的再生能力弱，因此在栽培上多行直播。菜豆喜温耐热，又适应冷凉气候，适合北方地区栽培。菜豆较耐旱不耐湿，土层深厚、地势稍高、排水良好的土壤环境条件能促进根瘤的发育。

菜豆常见的病害有根腐病、炭疽病、枯萎病、煤霉病、疫病、锈病等，常见虫害有豆荚螟、蚜虫、斑潜蝇和螨类害虫。

（一）种子处理

用高锰酸钾 800～1 000 倍液或 50％多菌灵可湿性粉剂 1 000～1 200 倍液浸种 8～10 分钟，洗净捞出晾干后再播种。也可用 600 克/升吡虫啉悬浮种衣剂 10 毫升＋0.136％赤·吲乙·芸苔可湿性粉剂 1 克兑水 20 毫升，干拌菜豆种子 500 克，阴干后播种，可预防地下害虫及蚜虫，并能控制病毒病。

（二）农业防治

菜豆忌连作，应与非豆类作物 2～3 年轮作，最好前茬是玉米、小麦等禾本科作物。播种前翻耕土地，地膜覆盖，减少和消灭土中越冬虫蛹。要少施氮肥，增施磷钾肥，切忌施用未腐熟的有机肥。低洼地起垄播种，防止田间积水，雨后及时排水。常年种植蔬菜的地块，可施用生物菌肥，平衡土壤中的菌群。生长期间尽可能摘除下部虫害老叶及丧失功能的叶片。收获完毕后，将田间植株残体和杂草及时清除并无害化处理。

落花落荚主要是早春低温、夏季高温、连雨天、密度过大、苗期追施氮肥过多徒长、病虫害及采收不及时造成。应适期播种，及时排涝，合理密植，结荚前适当控水，平衡施肥，及时采收，加强病虫害防治。

（三）理化诱控

在豆角地架设频振式杀虫灯诱杀豆荚螟成虫。利用美洲斑潜蝇成虫及豆蚜的趋黄性，在田间挂黄色粘虫板进行诱杀。也可选用豆荚螟诱芯、豆野螟诱芯及配套诱捕器，每亩 1 套棋盘式悬挂于田间，集中连片使用。

幼苗期选用免疫诱抗剂 0.136％赤·吲乙·芸苔可湿性粉剂 7 500 倍液、5％氨基寡糖水剂 1 500 倍液、0.003％丙酰芸苔素内酯水剂 2 000～3 000 倍液、0.5％几丁聚糖水剂 500 倍液或 28-表高芸苔素内酯 0.001 6％水剂 1 000 倍液喷雾，可提高抗逆性。

（四）药剂防治

露地菜豆开花结荚期是害虫多发期，选用 25％乙基多杀菌素悬浮剂 5 000 倍液、2％阿维菌素微囊悬浮剂 1 000 倍液、70％吡虫啉水分散粒剂 5 000 倍液、22.4％螺虫乙酯悬浮剂 1 500 倍液、28％杀虫·啶虫脒可湿性粉剂 1200 倍液，交替喷雾防治蚜虫、白粉虱、斑潜蝇等虫害；防治豆荚螟最重要的是花期（即幼龄虫期）施药，并掌握在 6：00—9：00 开花时喷药，可选用苏云金杆菌 16 000IU/毫克可湿性粉剂 600 倍液、1％甲氨基阿维菌素苯甲酸盐乳油 3 000 倍液。防治根腐病、茎基腐病，可选用 90％乙蒜素水剂 2 500～3 000 倍液、2％春雷霉素水剂 600 倍液、50％福美双可湿性粉剂 800 倍液交替淋灌根；防治炭疽病及锈病，可选用 5％腈菌唑水剂 1 000～1 500 倍液、2％春雷霉素水剂 600 倍液喷雾；发现豆角疫病株及时拔除，选用 58％雷多米尔可湿性粉剂 1 000 倍液、53％金雷多米尔水分散粒剂 1 000 倍液、64％噁霜·锰锌杀毒矾 1 000 倍液喷雾防治。

七、大白菜病虫害综合防控

大白菜是人们生活中最常见的蔬菜种类之一，年消耗量大，病虫害发生为害较重。主要病虫害有霜霉病、软腐病、病毒病、炭疽病、黑腐病、蚜虫、菜青虫、小菜蛾等。

大白菜周年生产可分为春、夏、秋三茬，其中春茬又分为早春茬和春露地茬。现以秋茬大白菜为例介绍病虫综合防控措施。

（一）培育壮苗

（1）种子消毒。播种前用 55℃温水浸种 20～30 分钟，后立即移入冷水中降温，晾干后播种，可预防白菜黑斑病、黑腐病、炭疽病等病害的发生。

（2）预防根腐病、根肿病。可于播种前用 500 克/升氟啶胺悬浮剂 400 倍液对基质喷雾处理消毒；或在 2 叶以前，用 100 克/升氰霜唑悬浮剂 1 000 倍液喷淋苗床；或在白菜 2 叶 1 心后，用 30%甲霜·噁霉灵水剂 1 500 倍液，加 0.136%赤·吲乙·芸苔可湿性粉剂 7 500 倍液或 5%氨基寡糖素水剂 1 000 倍液喷淋苗床。

（二）生态调控

（1）清洁田园。生长期及时摘除病叶、害虫卵块等，采收后及时清除田间农作物病残体、杂草和农用废弃物，带出田园集中处理，减少病（虫）源数量。

（2）合理轮作。大白菜前茬以茄果类、瓜类、葱蒜类为宜，忌与十字花科、茄科、瓜类作物连作。

（3）整地施肥。选用高燥地块，高垄高畦栽培，忌低洼、潮湿、黏重地块，忌平畦；定植前深翻土壤，降低病虫基数，改善土壤通透性。增施磷、钾肥，提高植株抗病力，增强抗病性。雨后排水，防涝降湿，减轻霜霉病、软腐病的发生。连作地块可亩施枯草芽孢杆菌菌肥 40 千克，预防土传病害。

（4）适期定植。大白菜定植过早，霜霉病、病毒病、软腐病等病害往往发病较重，晚播病害发生轻，但包心不实，影响产量。秋茬大白菜一般在立秋后定植，病害发生较轻。

（三）理化诱控

（1）灯光诱杀。在十字花科蔬菜种植区域，每 30 亩安装 1 盏太阳能杀虫灯，灯离地高度 1.2～1.5 米，诱杀鳞翅目、鞘翅目害虫成虫，减少田间落卵量。

（2）昆虫性信息素诱控。从定植至收获，有针对性地选择小菜蛾、斜纹夜蛾、甜菜夜蛾、黄条跳甲诱芯及配套诱捕器，棋盘式悬挂于田间，放置高度以高出作物生长点 10～15 厘米为宜，每亩 1 套集中连片使用。30 天左右更换一次诱芯。

（3）黄板诱杀。利用蚜虫和白粉虱的趋黄性，在田间设置黄板诱杀，每亩设置 20～25 块，固定在木棍上插在菜田中，高度以黄板底部高出植株顶部 20 厘米为宜。

（4）银灰膜避蚜。设施栽培可铺设或悬挂银灰膜驱避蚜虫等害虫。

（四）免疫诱抗

在大白菜团棵期，选用 5%氨基寡糖素水剂 1 000 倍液、0.136%赤·吲乙·芸苔可湿性粉剂 7 500 倍液、0.5％几丁聚糖水剂 500 倍液、0.003％丙酰芸苔素内酯水剂 2 000 倍液喷雾，提高抗逆性，预防干烧心病。

（五）药剂防治

大白菜定植缓苗后，蚜虫、菜青虫、菜螟、跳甲及小菜蛾、甜菜夜蛾等夜蛾科害虫开始为害，要加强田间调查，及时开展防治。蚜虫可选用 28％杀虫环·啶虫脒可湿性粉剂 1 200 倍液、46％氟啶·啶虫脒水分散粒剂 3 000～5 000倍液、70％吡蚜·呋虫胺水分散粒剂 3 750 倍液喷雾；小菜蛾、菜青虫、甜菜夜蛾于卵孵化盛期，选用 1％苦皮藤素水乳剂 750 倍液、80 亿孢子/克金龟子绿僵菌 CQMa421 油悬浮剂 500 倍液、苏云金杆菌 16 000IU/毫克可湿性粉剂 600 倍液、2.5％多杀霉素悬浮剂 1 000 倍液喷雾。

白菜莲座期以后，注意防治霜霉病、软腐病、黑腐病、黑斑病、细菌性角斑病、病毒病等，霜霉病选用 687.5 克/升氟菌·霜霉威悬浮剂 800 倍液、40％霜脲·氰霜唑可湿性粉剂 800 倍液、30％氟吡·氰霜唑悬浮剂 1 500 倍液、40％烯酰·氰霜唑悬浮剂 1 500 倍液、64％噁霜·锰锌可湿性粉剂 500～600 倍液喷雾防治；病毒病选用 1％香菇多糖 750 倍液、8％宁南霉素水剂 600 倍液、1.2％辛菌胺醋酸盐水剂 200 倍液、5％寡糖·噻霉酮悬浮剂 1 000 倍液喷雾防治；黑斑病选用 43％氟菌·肟菌酯悬浮剂 3 000～4 000 倍液、75％肟菌·戊唑醇水分散粒剂 5 000 倍液、200 克/升氟酰羟·苯甲唑悬浮剂 750～1 000倍液喷雾防治；发现软腐病、黑腐病烂帮及时拔除，病穴用生石灰或药剂消毒，选用 36％春雷·喹啉铜悬浮剂 2 000 倍液、20％噻菌铜悬浮剂 500 倍液、3％噻霉酮水分散粒剂 1 000倍液、5％噻霉酮悬浮剂 1 500 倍液、50％氯溴异氰尿酸可溶粉剂 750 倍液、20％噻唑锌悬浮剂 500 倍液喷雾，兼治细菌性角斑病。

八、结球甘蓝病虫害综合防控

结球甘蓝喜温和气候，比较耐寒，结球适宜温度是 17～20℃，宜在春秋季栽培。结球甘蓝根系浅，叶片大，蒸腾作用强，适宜在土壤水分多、空气相对湿度大的环境中生长，但田间积水又会使根系变褐、变黑，引发黑腐病和软腐病。

结球甘蓝生长期间病虫害种类多，为害重，主要病害有黑腐病、软腐病、霜霉病、黑斑病；主要虫害有蚜虫、菜青虫、小菜蛾、斜纹夜蛾。

（一）穴盘育苗

采取穴盘基质育苗，播种前对种子进行处理：①55℃温水浸种 15 分钟，自然冷却降温后再浸种 4～6 小时，可基本杀死种子表面的病菌；②用 41％唑醚·甲菌灵悬浮种衣剂 1 毫升拌 0.5 千克种子，阴干后播种，预防土传病害。

移栽前一周，选用 0.136％赤·吲乙·芸苔可湿性粉剂 7 500 倍液、0.003％丙酰芸苔素内酯水剂 2 000 倍液、5％氨基寡糖水剂 1 000 倍液、0.5％几丁聚糖水剂 500 倍液喷雾，提高抗逆性。

（二）生态调控

（1）合理轮作。与非十字花科作物轮作，避免十字花科蔬菜大面积连片或连茬种植。结球甘蓝最好前茬是豆科、禾本科、葱蒜类作物。

（2）整地施肥。定植前土壤深耕，不仅改善土壤肥力和通气性，增强作物适应性、抗逆性和对病害的免疫力，还可有效杀死土壤中有害病菌和害虫虫卵。增施充分腐熟的有机肥作基肥，合理配置氮磷钾肥，改善作物生长条件，减轻病虫为害。

（3）清洁田园。结球甘蓝收获后，及时清除田间残株，消灭田间残留的幼虫和蛹。

（三）理化诱控

（1）杀虫灯诱控。每 30 亩安装 1 盏，诱杀鳞翅目、鞘翅目害虫成虫。

（2）黄板诱杀。田间设置黄板诱杀蚜虫和白粉虱，高度以黄板底部高出植株顶部 20 厘米为宜。

（3）昆虫性信息素诱控。选用小菜蛾、斜纹夜蛾、甜菜夜蛾诱芯及配套诱捕器棋盘式悬挂于田间，每亩 1 套集中连片使用，诱捕时间从越冬代雄蛾始见开始。

（4）生物天敌。针对小菜蛾、菜青虫、斜纹夜蛾、甜菜夜蛾等鳞翅目害虫，在害虫成虫产卵初期，每亩释放赤眼蜂 1 万头，每代放蜂 2～3 次，间隔 5～7 天放 1 次。

（四）科学用药

优先选择植物源、微生物源农药，科学选择高效低毒低风险化学农药，注意轮换用药，严格执行安全间隔期，施药器械选用低容量喷雾器。

（1）霜霉病。选用 70％甲霜·锰锌可湿性粉剂 600 倍液、722g/L 霜霉威盐酸盐水剂 750 倍液、72％霜脲锰锌可湿性粉剂 700 倍液、43％氰霜·百菌清悬浮剂 750 倍液、250 克/升吡唑醚菌酯悬浮剂 1 000 倍液、31％噁酮·氟噻唑可湿性粉剂 1 500 倍液喷雾防治。

（2）软腐病、黑腐病。选用 20％噻菌铜悬浮剂 600 倍液、30％噻唑锌悬浮剂 600 倍液、20％噻唑锌悬浮剂 400 倍液、50％氯溴异氰尿酸可溶粉剂 750 倍液、3％噻霉酮可湿性粉剂 1 000 倍液喷雾，注意轮换用药。

（3）病毒病。发病前和发病初期，选用 1％香菇多糖 750 倍液、8％宁南霉素水剂 600 倍液、0.06％甾烯醇微乳剂 1 500～2 000 倍液、5％寡糖·噻霉酮悬浮剂 1 000 倍液喷雾。

（4）干烧心病。生理性病害，可进行根外补钙，喷施 0.2％硝酸钙或氯化钙，或金钙宝、钙达灵等，连续 2～3 次。

（5）小菜蛾、菜青虫、斜纹夜蛾。卵孵化盛期，选用 100 亿孢子/毫升短稳杆菌悬浮剂 800 倍液、1％苦皮藤素水乳剂 750 倍液、80 亿孢子/克金龟子绿僵菌 CQMa421 油悬浮剂 500 倍液、苏云金杆菌 16 000IU/毫克可湿性粉剂 600 倍液喷雾。低龄幼虫高峰期，选用 6％阿维·氯苯酰悬浮剂 750 倍液、200 克/升氯虫苯甲酰胺悬浮剂 3 000 倍液、20％氟苯虫酰胺水分散粒剂 3 000 倍液喷雾。

（6）蚜虫。选用 14％溴氰·噻虫嗪悬浮剂 1 500 倍液、28％杀虫·啶虫脒可湿性粉剂 1 200 倍液、46％氟啶·啶虫脒水分散粒剂 3 000～5 000 倍液、70％吡蚜·呋虫胺水分散粒剂 3 750 倍液、42％顺氯·啶虫脒水分散粒剂 1 500倍液喷雾。

第二部分

果树病虫害防控

第一章　果树主要病虫害

一、果树主要病害

（一）果树腐烂病

果树腐烂病俗称烂皮病、臭皮病，是"果树癌症"。可侵染苹果、梨、桃、樱桃等多种落叶果树，主要为害结果树的主干和主枝。其中苹果树和梨树腐烂病最为常见。发病初期从外表不易识别，如果掀开枝干表皮，可见暗褐色至红褐色湿润小斑或黄褐色干斑。受害较重时皮层腐烂坏死，用手指按即下陷。病皮极易剥离，烂皮层红褐色，湿腐状，有酒糟味。发病后期，病部失水干缩，变黑褐色下陷，并生黑褐色小点粒，成为再发病的传染源。当病部绕树干一周时，可使上部枝条渐枯死。如果防治不当，极易造成死树。

真菌性病害。具有夏侵染、秋潜伏、春发病的特点。6—7月是果树枝干增粗落皮层期，也是腐烂病菌的侵染期。腐烂病菌从死组织侵入寄生，逐渐向相邻的活组织侵袭。当树体抗病力降低时，潜伏病菌开始扩展为害，形成病斑。一般大枝（第一、二次分枝）发生较重，老龄树比幼龄树发病重；结果超量、树势衰弱、水肥不足的易发病；修剪过重、伤口过多病菌易侵入的发病较重；遭受冻害后树体衰弱，易引发各种病虫害，冻伤斑往往变为腐烂病斑，造成腐烂病大面积发生。

防治方法：通过合理修剪、增施有机肥和钾肥、适当灌溉等措施改善栽培管理条件，强壮树体。结合疏花疏果、桥接复壮、树干涂白、及时保护伤口、彻底铲刮病斑、树干喷涂药剂等措施，增强树体抗病能力，促进伤口愈合。春季发病高峰，在刮治腐烂病斑后，涂抹药剂石硫合剂、硫酸铜溶液、腐必清、菌毒清、农抗120等。6月底前用石硫合剂、百菌清水剂、腐必清乳剂、菌毒清水剂、农抗120水剂、甲基硫菌灵糊剂等药剂喷布或涂刷枝干。

（二）果树干腐病

果树干腐病俗称黑膏药病，在苹果和梨树上容易发生，主要为害枝干和果实。果树干腐病的症状有溃疡型、枝枯型、果腐型3种类型，最常见的是枝枯型。苹果树多在衰老上部枝干上发生，最初产生的暗褐色椭圆形斑和上下迅速扩展凹陷的条斑，可达木质部，病斑逐年加宽加长造成枝干干枯，严重的枯死。梨树枝干染病，初期皮层出现褐色病斑，很少烂至木质部，当病斑扩展至枝干半圈以上时，其上部枯死。

真菌性病害。病菌以菌丝体、分生孢子器及子囊壳在发病枝干上越冬，翌春潮湿条件下借雨水传播，开始侵染当年枝干和果实。该病菌具有潜伏侵染特点，只有在树体衰弱时，树皮上的病菌才扩展发病。因此，9—10月果实临近成熟时是干腐病发生的高峰期。果园管理水平低、地势低洼、肥水不足、偏施氮肥、结果过多，均可导致树势衰弱，容易诱发干腐病。干旱年份和干旱季节发病普遍较重。果园土壤板结、瘠薄，影响根系发育，也可导致干腐病重发。果树枝干伤口较多干腐病菌会乘机侵入。

防治方法：加强栽培管理，增施有机肥，提高树体抗病力。清除病枝、病果，并集中烧毁。发病后彻底刮除病斑，刮后伤口涂抹10波美度石硫合剂或70%甲基托布津可湿性粉剂100倍液进行保护。果树发芽前喷3～5波美度石硫合剂。生长期间，喷涂百菌清、甲基硫菌灵、杀毒矾等药剂，保护枝干和果实不受干腐病侵害。

（三）果树炭疽病

炭疽病又称苦腐病、晚腐病，为害的果树类型十分广泛，常见的果树基本都会发病，如苹果、桃、梨、葡萄、大枣、山楂、李子、杏、樱桃、柿、核桃等。

炭疽病对中后期的果实，尤其是即将成熟的果实为害最大，同时对果树的叶片、新梢、枝条发生为害。病果面出现淡褐色、水渍状、边缘清晰的圆点，逐渐扩大成水烂眼，最后形成一个表面凹陷的暗褐色大斑，病斑中央长出一圈圈的略呈同心轮纹状排列的黑色粒点。不同环境条件下被害果的表现略有不同：干燥的环境下，果实病部表现为近似圆形的"干疤状"；高湿的环境下，果实病部表现为红褐色的"泪痕状"；在果树采收前后，果实病部表现为茶褐色的"腐烂状"。

真菌性病害。病菌一般寄存在病枝、病叶、病果和枯枝落叶上越冬，翌春通过风雨、昆虫传播侵染幼果、新梢，一年可以多次反复侵染，一直持续到果实采收后。病菌具有潜伏侵染特点，果实在前期被侵染，中后期发病。北方地区5月底到6月初是染病高峰期，7月和8月温度高、雨水大，是病害的盛发期，尤其在果实成熟的中后期发病率特别高。高温阴雨天气极容易爆发流行。地势低洼、土质黏重、排水不良、树势较弱、病虫害严重、通风透光条件差的果园，发病较重。

防治方法：加强栽培管理，合理修剪，强壮树势。雨季及时开沟排水，降低果园湿度。冬季落叶后彻底清园，芽前选用石硫合剂、波尔多液等药剂铲除越冬菌源。生长季节发现零星病果及时摘除，以防病菌在园内重复传染。

药物防治把握好几个关键期：一是早春树体汁液流动、果树萌芽前，二是果树萌芽后、新梢生长期，三是果树谢花后10天左右，四是幼果膨大期。对于气候不佳或炭疽病发病较为严重的果园，要抓住关键期，交替喷洒腈菌唑、甲基硫菌灵、多菌灵、退菌特、苯醚甲环唑、代森锰锌、福美双·福美锌、异菌脲、松脂酸铜、咪鲜胺、苯甲·嘧菌酯、重柴油乳剂及波尔多液等。

（四）果树白粉病

白粉病在果树上发生较为普遍，常见果树如苹果、梨、桃、葡萄、李等都很容易发生。这里重点介绍苹果树和梨树白粉病的为害症状和发生规律。

苹果树白粉病主要为害嫩梢、叶片、花芽、幼果，新梢被害后生长受到抑制，不但降低当年产量，而且不利于叶芽与花芽分化，从而影响第二年的产量。梨树白粉病多为害老叶，严重时造成早期落叶，新梢也可受害。少数严重受害的梨树，叶片提前枯死脱落引起新梢干枯死亡，严重影响树势，缩短结果年限。

真菌性病害。苹果树白粉病在春季冬芽萌发时，越冬菌丝产生分生孢子经气流传播侵染。4—6月是发病高峰期，8月底在秋梢上再次蔓延为害。这2个高峰期与苹果树的新梢生长期完全吻合。梨树白粉病病菌以菌丝在病芽、病叶、病枝上越冬，4月中旬前后分生孢子随风传播侵入叶背，6月上中旬辗转为害，7—8月间多为害老叶。春季温暖干旱、夏季有雨凉爽、秋季晴朗年份有利于白粉病发生和流行。果园阴湿、树冠郁闭的植株往往发病重，下部及内部枝梢最易染病。

防治方法：白粉病菌在芽鳞内越冬，由于鳞片层层包被，春季清园药剂很难发生作用。白粉病防治应抓住三个关键期：一是鳞片开绽期，二是花序分离期，三是花后一周。可选用三唑类药剂如己唑醇、氟硅唑、三唑酮、苯醚甲环唑等喷雾防治。在药剂防治基础上，最好再人工剪除白粉病枝梢，带出园外集中处理。

（五）苹果（梨）轮纹病

轮纹病又称粗皮病、轮纹褐腐病，苹果、梨树受害最重，还为害桃、葡萄等其他果树。主要为害枝干和果实，常与干腐病、炭疽病等混合发生，造成树皮坏死和果实腐烂，叶片受害较轻。枝干受害，以皮孔为中心，形成近圆形红褐色病斑。果实受害以皮孔为中心，生成水渍状褐色腐烂斑点，很快呈同心轮纹状向四周扩展，5～6天即可全果腐烂。

真菌性病害。病菌以菌丝体、分生孢子器及子囊壳在被害枝干上越冬，随雨水溅散传播，经皮孔或伤口侵入，花前仅侵染枝干，花后果实、枝干均可侵染。具潜伏侵染特点，发病期集中在果实接近成熟以后，采收期和贮藏期发病最多。但采收后和贮藏期病果不能成为再次侵染源。果实生长期降水量多，则轮纹病大流行。衰弱植株、老弱枝干及老病园内补植的小幼树最易感病。

防治方法：加强栽培管理，清除病残枝干；休眠期喷施铲除性药剂，直接杀死枝干表面越冬的病菌；落花后果实套袋，防止侵染。从落花后 10 天左右到果实膨大结束适时喷药保护，药剂以波尔多液为主，也可用代森锰锌、多菌灵、甲基硫菌灵等。果实成熟前喷内吸性强的杀菌剂，如乙膦铝、敌菌丹、戊唑醇、氟硅唑等。

（六）苹果（梨）锈病

锈病又称羊胡子、赤星病，在苹果、梨、海棠等果树上发生较为普遍。主要为害叶片，也为害嫩枝、幼果。发病初期叶片上出现锈红色小斑点，后扩大成圆形橙色斑点，叶片背面出现黄色绒毛，叶片光合功能下降，严重时叶片干枯，造成早期落叶。幼果受害在表面萼洼附近出现橙黄圆斑，后斑点逐渐发褐，后期果实畸形，生长停滞。

真菌性病害。每年仅侵染 1 次。以菌丝体在桧柏等转主寄主树枝上的菌瘿中越冬，翌春萌发大量担孢子，随风传播到苹果、梨树上，侵染叶片、嫩梢和幼果，秋季锈孢子再随风传播到桧柏类树上，以菌丝体在桧柏树病部过冬。一般 5 月上旬出现病叶，5 月中旬为发病盛期，6 月上旬新病叶逐渐减少。

此病必须在该地区植有苹果和桧柏两种树，才能完成生活史。温湿度和风力是决定锈病流行的三个主要条件。春季多雨、多风和温度适宜情况下，有利于病菌产生、传播和侵染，极易造成锈病大流行。

防治方法：首先要切断病菌来源，彻底砍伐苹果及梨园 5 公里范围内的桧柏树。未能砍除的桧柏，早春要剪除桧柏上的菌瘿并集中烧毁。果树开花前至谢花后是药剂防治的关键时期，特别是在 4 月中下旬有雨时，必须喷药防治。药剂可选用内吸性杀菌剂氟硅唑、苯醚甲环唑、三唑酮、戊唑醇、丙环唑、腈菌唑等。

（七）苹果斑点落叶病

斑点落叶病又称褐纹病，主要为害叶片，也可为害幼果。叶片染病初期出现褐色圆点，其后逐渐扩大为红褐色，边缘紫褐色，病部中央常具一深色小点或同心轮纹。空气潮湿时，病部正反面均可长出墨绿色至黑色霉状物，即病菌的分生孢子梗和分生孢子。斑点落叶病造成苹果早期落叶，引起树势衰弱，果品产量和质量降低，贮藏期还容易感染其他病菌，造成腐烂。

真菌性病害。病菌以菌丝体在受害叶、枝条或芽鳞中越冬，翌春苹果展叶期随气流、风雨传播，从气孔侵入幼嫩叶片进行初侵染，生长期借风雨传播进行再侵染。5月上旬至6月中旬是第一个发病高峰，春梢和叶片大量染病，严重时造成落叶；9月为第二个发病高峰，可再次加重秋梢发病的严重度，造成大量落叶。生长发育期间高温多湿是斑点落叶病发生的直接原因。

防治方法：落叶后及时清园，销毁落叶，减少越冬病源。加强果园管理，增强树势，提高果树本身抗病性。果树发芽前结合防治腐烂病、轮纹病，全树喷布5波美度的石硫合剂。5月中旬苹果谢花后喷多抗霉素、丙森锌、代森锰锌等药剂预防；发病初期喷异菌脲、戊唑醇、苯醚甲环唑、腈菌唑等药剂，间隔10天左右1次，连喷2~3次。

（八）苹果霉心病

霉心病又叫霉腐病、心腐病，主要为害元帅、红富士和红星等苹果品种。果实受害多从心室开始，逐渐向外扩展霉烂，常造成果实心腐和早期脱落，尤以元帅系品种受害严重。贮藏期继续发病，心室呈褐色、淡褐色。

真菌性病害。霉心病病菌一般潜伏于苹果树体中或者是残留在土壤中越冬，翌春借气流传播，开花期通过萼筒至心室间的开口进入果实。一般5月下旬侵入果心，6月下旬开始发病。冬季温暖、春季潮湿，春季阴湿天气持续时间较长，尤其开花期低温多雨利于病害发生。

防治方法：加强综合管理，合理修剪，疏花疏果，摘除病果。苹果花序分离期、初花期、花后幼果期（谢花后7~10天）是防治苹果霉心病的最佳时期，可喷施多抗霉素、甲基托布津、苯来特、多菌灵、苯醚甲环唑等药剂预防。

（九）苹果褐斑病

褐斑病又称绿缘褐斑病，主要为害叶片，严重时也可为害果实。叶上病斑初为褐色小点，以后发展成3种类型病斑。①同心轮纹型：病斑圆形，中心暗褐色，四周黄色，周围有绿色晕圈，病斑中出现黑色小点呈同心轮纹状；②针芒型：病斑似针芒状向外扩展，病斑小，布满叶片，后期叶片渐黄，病斑周围及背部绿色；③混合型：病斑多为圆形或数斑连成不规则形，暗褐色，病斑上散生无数黑色小粒，边缘有针芒状索状物。果实受害，果面上先出现淡褐色的小粒点，逐渐扩大成黑褐色病斑，表面散生黑色有光泽小粒点，病部果肉褐色，疏松干腐，一般不深入果内。

真菌性病害。病菌以菌丝、分生孢子盘或子囊盘在落地的病叶上越冬，春季产生分生孢子和子囊孢子，借风雨传播，从叶正背面侵入，一般从5月上旬开始发病，7月下旬至8月为发病盛期。多雨是此病流行的主要条件，冬季潮湿，春季雨早且多，夏季阴雨连绵，利于病害发生流行。地势低洼，树冠郁闭，弱树老树，红白蜘蛛发生严重的果园发病重。

防治方法：秋、冬季清扫果园内落叶及树上残留的病枝、病叶，深埋或烧毁。合理修剪，注意排水，改善园内通风透光条件。加强花前和花后红白蜘蛛的防治。6—8月是药剂防治的关键时期，可交替喷洒戊唑醇、丙环唑、宁南霉素、多抗霉素、农抗120等，注意喷药要兼顾叶片背面、树体内膛及树冠下部叶片。

（十）套袋苹果黑点病

黑点病主要为害套袋苹果的果实。发病初期，果实萼洼周围出现针状小黑点，后逐渐扩大如芝麻大。病斑只发生在果实表皮，口尝无苦味，不会引起果肉溃烂，贮存期也不扩展蔓延。

真菌性病害。由粉红聚端孢霉菌、链格孢属真菌等弱寄生菌侵染有伤口的苹果造成。由于套袋后果实处在湿度大、透气差、温度高的条件下，苹果花残留物上产生的分生孢子，容易侵染果实发病，形成小黑点。最早从7月初开始陆续发病，7月中下旬至8月中旬为发病高峰期，9月至10月连阴雨后发病也较多。连阴天气、树势较旺、树冠郁闭、施氮肥过多的套袋果园更容易发病。纸袋（膜袋）质量差，套袋技术低，套袋前喷药质量差，发病重。此外，缺钙、药害、康氏粉蚧为害等也会引起苹果黑点病。

防治方法：选用优质果袋，尽早套袋，套袋时封严袋口。夏季疏枝疏梢，改善通风透光。雨季做好排水，降低土壤含水量和空气湿度。及时防治蚜虫、蚧壳虫等害虫。从落花后7～10天至套袋前，连喷2～3次代森联、代森锰锌、多抗霉素等药剂预防。套袋期间原则上不用药，但若遇较大降雨或连续2～3天阴天，应立即喷施甲基硫菌灵等药剂，避免黑点病后期侵染并压低病原基数。

（十一）苹果（梨）疫腐病

疫腐病又称实腐病、颈腐病，为害果实、叶片及根颈。除为害苹果外，还可侵染梨、桃等果树。果实上表现为深浅不匀的暗红色，边缘似水渍状，有时病斑表皮与果肉分离，外表似白蜡状。树木根颈被病菌侵染后皮层呈褐色腐烂状，致整个根颈部被环割腐烂。叶部受害后病斑多出现在叶缘或中部，呈不规则形，灰褐色或暗褐色，水渍状，潮湿时病斑迅速扩展使全叶腐烂。

真菌性病害。病菌以卵孢子、厚垣孢子或菌丝体随病组织在土里越冬。靠雨水飞溅和水流传播，每次降雨后都出现1次侵染和发病高峰，降雨频繁和雨量大的年份发病重。一般 5 月下旬开始发病，直至 9 月中旬病害才停止蔓延。该病菌主要侵染树冠下层果实，接近地面的果实感染率最高，树冠下垂枝多、四周杂草丛生、局部小气候潮湿等发病均较重。

防治方法：加强土肥水管理，提高树体抗病力；冬季彻底清除病残体，生长期随时摘除病果、病叶集中深埋；果园地面覆草或覆膜，防止雨水飞溅；雨季排除积水，降低环境湿度。5—6 月发病前，地面喷施硫酸铜或硫酸铜钙；苹果落花后至套袋前可用烯酰吗啉、烯酰锰锌、甲霜锰锌等药剂，重点喷 1.5 米以下高度的果实；苹果套袋后喷洒甲霜灵或波尔·霜脲氰。侵害树体根颈处时，用 100 倍硫酸铜或硫酸铜钙溶液浇灌。

（十二）苹果花叶病

苹果花叶病主要表现在叶片上，有轻花叶型、重花叶型、沿叶脉变色型、条斑型、环斑型等症状。这些症状可以在同一株、同一枝甚至同一叶上同时出现，病重树叶易变色、坏死、扭曲、皱缩，有时还可导致早期落叶，染病树新梢节数减少，果实不耐贮存。

病毒类病害。主要靠嫁接传播，砧木和接穗带毒均可形成新的病株。菟丝子可以传毒，修剪工具不消毒可造成人为传毒。树体感染病毒后，全身带毒，终生为害。5 月中旬至 6 月中旬发展迅速，其后减缓，7 月中旬至 8 月中旬基本停止发展，9 月初病树抽发秋梢后，病状又重新开始出现，10 月又急剧减缓，10 月下旬至 11 月初完全停止。

防治方法：农业防治与化学防治相结合。首先培育无病苗木，接穗采自无毒母树，砧木用实生苗，交叉保护；加强水肥管理，增强树势；及时刨除重病树。春季展叶时喷施氯溴异氰尿酸、宁南霉素、盐酸吗啉胍·乙酸铜等药剂防治。

（十三）苹果锈果病

苹果锈果病又称花脸病，主要表现在果实上。可分为锈果型、花脸型和锈果花脸复合型三种类型。果实在着色前，无明显变化；着色后，果实散生许多近圆形的黄白色斑块；红色品种成熟后，果面散生白斑或呈红、黄色相间的花脸状。苹果树一旦染病，病情将逐年加重，成为全株永久性病害。

病毒类病害。可以由病接穗、砧木通过嫁接传染，病、健树根部自然接触也能传染。此外还可以通过刀、剪、锯等工具接触传染。梨树是该病的带毒寄主，但本身不表现症状，与梨树相邻的苹果园或梨树混栽苹果树发病较重。国光、元帅、红星等品种较易感病。

防治方法：严禁从疫区向保护区调运苗木和接穗等繁殖材料。新建果园要栽培无毒苹果苗，避免与梨树混栽。在病害果园及时拔除病株，带出园外处理。初夏在病树主干进行半环剥，在环剥处包上蘸过 0.15‰～0.3‰浓度的土霉素、四环霉素或链霉素的脱脂棉，外用塑料薄膜包裹。7月上中旬起果面喷洒代森锰锌或硼砂溶液，每周1次，共喷3次。

（十四）梨黑星病

梨黑星病又称疮痂病、梨斑病，能够侵染1年以上枝的所有绿色幼嫩组织，包括叶片、果实、叶柄、新梢、果台、芽鳞和花序等部位，以叶片和果实受害最为常见。叶片发病在叶背主脉两侧和支脉之间产生圆形、椭圆形或不规则形淡黄色小斑点，果实受害果面产生淡褐色圆形病斑，在病斑表面均产生黑色霉层。梨黑星病发生后，引起梨树早期大量落叶，幼果受害畸形，不能正常膨大，病树第2年结果减少。

真菌性病害。黑星病病菌以分生孢子和菌丝在病芽鳞片、病果、落叶或以菌丝团或子囊壳在落叶上越冬，靠雨水冲刷在梨园中蔓延。具有多次再侵染特性，整个生长季节均可发生为害。4月至5月下旬在春新梢上最先发病，病梢是重要的再侵染中心；7—8月进入雨季，叶、幼果发病严重；8月下旬至9月上旬，近成熟的梨果发病重，造成大量落果。春季多雨，天气阴湿，气温偏低则发病早且重。

防治方法：冬前清扫梨树落叶，剪除病梢，集中烧毁。梨树萌芽期全园喷1次3～5波美度石硫合剂，铲除芽鳞内越冬病菌。前期于新梢抽出后、花谢后、梨果核桃大小时，各喷1次代森锰锌、多菌灵、甲基硫菌灵、苯菌灵等药剂进行保护；田间发现黑星病斑及时喷药，药剂可选用甲基硫菌灵、退菌特、咪鲜胺及腈菌唑、丙环唑、苯醚甲环唑、戊唑醇、己唑醇等三唑类杀菌剂。如病斑稍多时应连喷2～3次。

（十五）梨黑斑病

梨黑斑病又名裂果病，主要为害叶片、果实和新梢。叶部受害，嫩叶上出现黑褐色小圆斑，渐扩大成近圆形或不规则形病斑，后数斑融成大斑，斑中央灰白至灰褐色，边缘黑褐色，带淡紫色轮纹，病叶枯焦、畸形、早落。幼果受害表面产生小黑斑，渐扩展，略凹陷，发生裂缝，病果常早落。发生严重年份造成大量裂果、烂果，病叶提前脱落，影响翌年生产。

真菌性病害。病菌以分生孢子和菌丝体在被害枝梢、病叶、病果和落于地面的病残体上越冬。翌年通过风雨传播，引起初侵染和再侵染。5月上旬果实开始出现病斑，6月上旬病斑渐多，6月中旬后果实开始龟裂，6月下旬病果开始脱落，7月下旬至8月上旬病果脱落最多。以雪花梨、西洋梨、日本梨、酥梨最易感病。连续阴雨有利于黑斑病的发生与蔓延。肥料不足、偏施氮肥、修剪整枝不合理、植株过密，均有利于此病的发生。

防治方法：加强种植管理，提高树体抗病能力。冬春季做好清园工作。果实套袋，保护果实免受病菌侵害。梨树落花后至梨果套袋前，喷洒杀菌剂 2～3 次，常用药剂包括多抗霉素、代森锌、百菌清、异菌脲、三乙膦酸铝、代森锰锌等。

（十六）梨褐腐病

梨褐腐病主要发生在梨果近成熟期和贮藏期。受害果实初期出现浅褐色软腐斑点，以后迅速扩大，几天可使全果腐烂。病果褐色，失水后软而有韧性。后期围绕病斑中心逐渐形成同心轮纹状排列的灰白色到灰褐色、2～3 毫米大小的绒状菌丝团。病果有特殊香味，多数脱落，少数可挂在树上干缩成黑色僵果，贮藏期病果呈现特殊的蓝黑色斑块。

真菌性病害。病菌主要以菌丝体和孢子在病果或僵果内越冬，翌年春季借风雨传播，通过伤口或皮孔侵入果实。在高温、高湿及挤压条件下，易造成大量伤口，病害迅速传播蔓延，在生长季节或贮藏期都能为害。一般每年的 8 月上旬到 9 月上旬即果实进入成熟期，是该病田间的发病高峰期。果实近成熟期多雨、潮湿、雾大、露重，褐腐病发生严重。果园管理差，水分供应失调，虫害严重，采摘时造成的机械伤口多，有利于该病的发生和流行。

防治方法：采果后耕翻树盘，促进田间病残体的腐烂分解。生长季节随时采摘病果，集中烧毁或深埋。适时采收，减少伤口，防止贮藏期发病。对往年发病较重又不套袋的果园，从果实成熟前一个半月开始喷药，可选药剂为甲基硫菌灵、异菌脲、多菌灵、戊唑醇、苯醚甲环唑、克菌丹、苯菌灵、嘧霉胺等，每隔 10～15 天 1 次，连续用药 2～3 次。贮藏果库及果筐、果箱等贮果用具要提前喷药或硫黄密闭熏蒸消毒。贮藏期间控制窖温 1～2℃、相对湿度 90%。果实贮藏前用甲基硫菌灵或特克多水果保鲜剂浸果 10 分钟，晾干后贮藏。

（十七）梨轮斑病

梨轮斑病主要为害叶片、果实和枝条。叶片染病，开始出现针尖大小黑点，后扩展为暗褐色、圆形或近圆形病斑，具明显的轮纹，潮湿条件下病斑背面产生黑色霉层。新梢染病，病斑黑褐色，长椭圆形，稍凹陷。果实染病，形成圆形、黑色凹陷斑，可引起果实早落。

真菌性病害。病原菌是一种弱寄生菌，主要以分生孢子在病叶等病残体上越冬，翌年春季借风雨传播进行初侵染，后在病斑上产生分生孢子进行多次再侵染。长势弱、伤口较多的梨树易发病。树冠过密、通风透光较差、地势低洼梨园发病重。

防治方法：果树发芽前剪除病枝，清除落叶，并集中烧毁。加强水肥管理，适当疏花疏果，保持树势旺盛。合理修剪，使树膛内通风透光。芽萌动前喷洒代森锰锌、多菌灵、百菌清。花前、落花后幼果期、雨季前、成熟前30天各喷1次药，可用己唑醇、代森锰锌＋醚菌酯、百菌清＋苯醚甲环唑、多菌灵·福美双、腈菌唑·代森锰锌、多菌灵·烯唑醇等。

（十八）葡萄霜霉病

霜霉病是葡萄的主要病害。主要为害叶片，也侵染嫩梢、花序、幼果等幼嫩组织。叶片受害，初在叶面上产生半透明、水渍状、边缘不清晰的小斑点，后逐渐扩大为淡黄色至黄褐色多角形病斑，大小形状不一。如果防治不及时，会造成植株早期落叶，严重削弱树势，造成枝条成熟不良，易受冻害，不仅严重影响当年的产量和品质，对下年的葡萄生产也会造成不良影响。

真菌性病害。病菌以卵孢子在病组织中或随病残体在土壤中越冬，翌年借风雨传播侵染。一般6月开始发病，7月加重，8～9月份进入发病盛期。霜霉病属于高湿型病害，在昼暖夜凉、多雨潮湿、雾大露重的条件下发生严重。低洼、排水不良、通风透光不好、产量过高的园子发病较重。

防治方法：冬季彻底清扫落叶、落果，集中带到园外烧毁。多施有机肥，适当增施钙肥、磷肥。及时打杈、绑缚，清除接近地面的枝蔓、叶片。低洼果园及时排水，或采用避雨栽培。葡萄发芽前，在植株附近地面喷1次3～5波美度石硫合剂，以杀灭菌源。从6月上旬坐果初期开始，喷施丙森锌、硫酸铜钙、宁南霉素、氢氧化铜等保护剂。病害发生初期喷施氯溴异氰尿酸、甲霜灵、烯酰吗啉、噁霜灵、多抗霉素、精甲霜灵·代森锰锌等药剂。

（十九）葡萄黑痘病

黑痘病又名疮痂病，俗称"鸟眼病"，是葡萄生长早期的一种主要病害。主要为害葡萄果实、果梗、叶片、叶柄、新梢和卷须等绿色幼嫩部分，其中以果粒、叶片、新梢为主。叶片受害出现针头大红褐色至黑褐色斑点，周围有晕圈，干燥后病斑自中央破裂穿孔。受害果面上产生深褐色圆形小斑点，后扩大为圆形凹陷病斑，中部灰白色，外部深褐色，边缘紫褐色，似"鸟眼"状。黑痘病发生后常造成葡萄新梢和叶片枯死，果实品质变劣，产量下降。

真菌性病害。病菌主要以菌丝体潜伏在病枝梢、病果、病蔓、病叶、病卷须中越冬，翌年春季借风、雨传播到幼嫩的叶片和新梢上引起初侵染和多次再侵染。一般5月中下旬开始发病，6—8月高温多雨季节为发病盛期，10月以后气温降低，气候干旱，病害停止发展。高温多雨季节发病重。果园低洼，排水不良，管理粗放，枝叶郁闭，偏施氮肥引起徒长，易发病。

防治方法：冬季彻底清除果园内的枯枝、落叶、烂果等残体。生长期及时摘除病叶、病果及病梢。加强枝梢管理，适当疏花疏果，控制果实负载量。果穗及时套袋，隔离病菌保护幼果。葡萄芽鳞膨大但尚未出现绿色组织时，喷洒铲除剂石硫合剂。开花前喷洒宁南霉素、氢氧化铜、丙森锌、代森锌等。开花后喷洒氯溴异氰尿酸、戊唑醇、嘧菌酯、甲基硫菌灵、苯醚甲环唑、烯唑醇、咪鲜胺锰盐等。

（二十）葡萄炭疽病

葡萄炭疽病又称晚腐病，是葡萄近成熟期引起果实腐烂的重要病害之一。主要为害果粒，还可感染叶片、花穗及新梢。果粒受害主要在转色成熟阶段，初期为淡褐色的小斑点，后病斑扩大，果面凹陷，病斑上生出轮状排列的小黑点。若空气湿度较高，小粒点上涌出红色黏胶状物。病害严重时，病果逐渐失水干缩，极易脱落。

真菌性病害。病菌主要是以菌丝体潜伏在已经侵染的枝蔓、枯枝、落叶、烂果中越冬，第二年春季葡萄发芽、展叶、开花期随着雨滴或昆虫传播，从皮孔、气孔、伤口或者是果皮上侵入。一般6月中下旬开始发生，7—8月果实成熟时进入盛发期。高温多雨是病害流行的重要条件。果园排水不良，地势低洼，架式过低，蔓叶过密，田间湿度大，病残体清除不彻底等，有利于发病。

防治方法：架设避雨棚，坐果疏果后立即套袋，避免病菌接触果面。配合修剪清除园中病残枝叶，减少病菌来源。春季幼芽萌动前喷洒石硫合剂。生长期未发病时，可喷嘧菌酯、丙森锌等保护性杀菌剂。发病初期，可用吡唑醚菌酯、苯醚甲环唑、氟环唑、戊唑醇、肟菌酯、唑醚·代森联等喷雾防治。套袋葡萄除袋后可喷喹啉铜等铜制剂保护。

（二十一）葡萄白腐病

葡萄白腐病俗称腐烂病、水烂或烂穗，主要为害果穗（包括穗轴、果梗和果粒）及枝蔓，也为害叶片。果穗受害，篱架下部近地面葡萄首先得病，穗尖小果梗或穗轴上发生浅黑色水渍状不规则病斑，逐渐向果粒蔓延。果粒基部出现灰褐色软腐，随后全粒变褐腐烂，果皮上密生灰白色略突起的小粒点，果梗干枯缢缩。严重时全穗腐烂，稍受震动果粒容易脱落，有时病果失水干缩成为深褐色，并有明显棱角的僵果悬挂在穗上。

真菌性病害。葡萄白腐病首次侵染来自土壤，主要靠雨滴溅散传播。一般6月中下旬开始发病，7—8月雨季是发病盛期。夏季大雨后接着持续高湿和高温是病害流行的适宜条件，常与炭疽病并发流行。特别是遇暴风雨或冰雹过后，常引起白腐病大流行。结果部位过低，管理粗放，排水不良，杂草丛生，枝蔓过多，通风透光不良等，发病重。

防治方法：做好冬春季清园工作，减少初次侵染源。增施有机肥料，合理调节负载量，提高树体抗病力。生长期及时摘心、绑蔓，剪除过密枝叶或副梢，改善通风透光条件。花后果穗套袋，避免病菌侵入。雨后及时排水，降低田间湿度。葡萄发芽前，喷1次3～5波美度石硫合剂。葡萄开花后病害发生前期，喷施代森锌、嘧菌酯、甲基硫菌灵、戊唑醇、苯醚甲环唑、戊菌唑等药剂，隔10～15天1次，多雨季节防治3～4次。

（二十二）葡萄轮纹病

轮纹病在葡萄产区均有发生，主要为害叶片。病斑初呈赤褐色、不规则形，扩大后为黑褐色圆形斑，表面形成深浅不同的同心轮纹，病斑直径2～5厘米，背面产生灰褐色霉层，即病原菌的分生孢子梗及分生孢子。一片叶上可生2～12个病斑。后期病斑上产生黑色子囊壳。

真菌性病害。病原菌以分生孢子附着在结果母枝或以子囊壳在落叶上越冬，4—5月分生孢子随风雨飞散，6—7月子囊孢子成熟后再行广泛传播。病菌一般从叶背气孔侵入，发病后产生分生孢子进行再侵染，9—10月发病达盛期。高温高湿是该病发生和流行的重要条件，雨水多、管理粗放、植株郁闭、通风透光差的发病重。在美洲品种上发病重。

防治方法：加强管理，增施有机肥。合理灌水，降低果园湿度。结合冬季修剪将落叶病残体烧毁或深埋，减少病菌传播。休眠期喷多菌灵、甲基托布津等杀菌力强的铲除剂；6月中旬发病初期，喷施氢氧化铜、宁南霉素、己唑醇、苯醚甲环唑、异菌脲等药剂。

（二十三）葡萄灰霉病

葡萄灰霉病俗称"烂花穗"，又叫葡萄灰腐病，是葡萄的重要病害。主要为害花序、幼果和已经成熟的果实，有时也为害新梢、叶片和果梗。果穗染病初呈淡褐色水浸状，很快变为暗褐色，整个果穗软腐。新梢、叶片染病后，产生淡褐色，或不规则病斑。有时会出现不明显轮纹，上生稀疏灰色霉层。成熟果和果梗染病时，果面上出现褐色凹陷斑，整个果实很快软腐，果梗变黑，病部长出黑色菌核。果实在贮藏、运输和销售期间也会引起腐烂。

真菌性病害。病菌以菌核、分生孢子和菌丝体随病残组织在土壤中越冬。翌春条件适宜时通过气流传播到花穗上。该病有两个明显的发病期，第一次在5月中旬至6月上旬（开花前及幼果期），主要为害花及幼果，造成大量落花落果；第二次在果实着色至成熟期。多雨潮湿和较凉天气条件适宜灰霉病的发生。春季葡萄花期，气温不太高又遇上连阴雨天，最容易诱发灰霉病的流行，常造成大量花穗腐烂脱落。

防治方法：秋施基肥和平衡施肥，以增强树势。合理修剪，提高结果部位。疏花疏果，合理负荷，增强通风透光。生长期剪除病果、病穗，避免病原菌的再次侵染。4 月上旬葡萄开花前，喷施代森锰锌、多菌灵、甲基硫菌灵、多抗霉素、代森锌等，有预防作用。病害发生初期，喷施嘧霉胺、苯醚甲环唑·丙环唑、腐霉利、嘧菌环胺、双胍辛胺、咪鲜胺、噻菌灵、异菌脲、苯菌灵，间隔 10～15 天，连喷 2～3 次。

（二十四）葡萄褐斑病

葡萄褐斑病又称斑点病、褐点病、叶斑病和角斑病等。有大褐斑病和小褐斑病两种，主要为害中下部叶片，侵染点发病初期呈淡褐色、不规则的角状斑点，病斑逐渐扩展，直径可达 1 厘米，病斑由淡褐变褐，进而变赤褐色，周缘黄绿色，严重时数斑连接成大斑，边缘清晰，叶背面周边模糊，后期病部枯死，多雨或湿度大时发生灰褐色霉状物。有些品种病斑带有不明显的轮纹。

真菌性病害。褐斑病病菌分生孢子寿命长，可在枝蔓表面附着越冬，借风雨传播，在高湿条件下萌发，从叶背面气孔侵入，潜育期约 20 天。北方多在 6 月开始发病，7—9 月为发病盛期。发病通常自下部叶片开始逐渐向上蔓延，一般干旱地区或少雨年份发病较轻，管理不好的果园多雨年份生长后期可大量发病，引起早期落叶，影响树势造成减产。

防治方法：秋后清扫落叶，减少越冬菌源。生长期增施有机肥料，促使树势生长健壮。雨后及时排水，降低湿度。春季萌芽后喷施甲基硫菌灵、苯醚甲环唑、代森锌等保护性药剂，减少越冬菌源。6 月中旬发病初期，喷施氯溴异氰尿酸、嘧菌酯、烯唑醇、丙环唑、戊唑醇等药剂防治。

（二十五）葡萄酸腐病

葡萄成熟后期较为普遍的病害，主要表现为果粒腐烂，发展迅速，很快整穗腐烂。如果是套袋葡萄，在果袋下方有深色的湿润，这是烂果流出的汁液，习惯称之为尿袋。同时，袋内有果蝇成虫、幼虫和蛹，果实带有酸腐味。

通常是由醋酸细菌、酵母菌和其他多种真菌、果蝇幼虫等多种病原混合引起。首先是机械损伤或病害造成的伤口，成为真菌和细菌存活与繁殖的初始因素，并且引诱醋蝇产卵。醋蝇在爬行、产卵过程中传播细菌。之后醋蝇迅速增长引起病害流行。雨水、喷灌和浇灌等造成空气湿度过大、叶片过密、果穗周围和果穗内的高湿度会加重酸腐病的发生。

防治方法：合理负载，培养健壮树体。搭建防虫网，果实套袋，糖醋液诱杀致病昆虫，合理使用或不使用植物生长调节剂。发病初期摘除病果、病穗带出园外处理，并及时用药，配方为真菌性药剂＋细菌性药剂＋杀醋蝇药，如：苯甲·嘧菌酯/吡唑醚菌酯/戊唑·醚菌酯/异菌脲/嘧菌环胺＋春雷霉素/二氯异氰尿酸钠/氨基寡糖素/铜制剂＋烯丙菊酯/阿维菌素/联苯菊酯。

（二十六）葡萄卷叶病

葡萄卷叶病具有半潜隐特性。大部分生长季节不表现症状或症状不明显，在采收后到落叶前叶片症状最明显，叶缘反卷，脉间变黄或变红，仅主脉保持绿色，有的品种则叶片逐渐干枯变褐。植株染病后光合作用降低，果穗变小，果粒颜色变浅，含糖量降低，成熟晚，植株萎缩，根系发育不良，抗逆性减弱，冻害发生严重。

葡萄卷叶病是一种病毒类侵染病害，主要通过苗木、接穗和插条传播。

防治方法：选用无病毒母株繁殖苗木。对建园苗木热处理脱毒（其方法是：热处理整株葡萄，即38℃下经3个月，然后将新梢尖端剪下放于弥雾环境中生根，或茎尖组培长成新株）。零星发病的果园，每年夏季和秋季调查2次，随时拔除病株销毁。

（二十七）桃树侵染性流胶病

桃树侵染性流胶病又称疣皮病、瘤皮病。主要为害枝、干，也可侵害果实。新枝染病，以皮孔为中心树皮隆起，出现直径1～4毫米的疣，其上散生针头状小黑点，即病菌分生孢子器。大枝及树干染病，树皮表面龟裂、粗糙。后瘤皮开裂陆续溢出透明、柔软状树脂，与空气接触后由黄白色变成褐色、红褐色至茶褐色硬胶块。病部易被腐生菌侵染，使皮层和木质部变褐腐朽，树势衰弱，叶片变黄，严重时全株枯死。果实发病，由果核内分泌黄色胶质溢出果面，病部硬化，有时龟裂，严重影响桃果品质和产量。

真菌性病害。病菌以菌丝体和分生孢子器在被害枝干部越冬，翌年3月下旬至4月中旬产生分生孢子，通过风雨传播，从皮孔、伤口侵入。一年有2个发病高峰，第一次在5月中旬至6月中旬，第二次在8月上旬至9月上旬。一般直立生长的枝干基部以上部位受害严重，枝干分叉处易积水的部位受害重。土质瘠薄、水肥不足、叶载量大，均可诱发该病。

防治方法：结合冬剪清除被害枝梢，低洼积水地注意升沟排渍，增施有机肥及磷、钾肥，疏花疏果控制树体负载量。早春发芽前将流胶部位病组织刮除，然后涂抹45%晶体石硫合剂30倍液。4月中旬至7月上旬，每隔20天用刀纵、横划病部，深达木质部，然后用毛笔蘸药液涂于病部，药剂选用多菌灵、苯菌灵、甲基硫菌灵、乙蒜素、多抗霉素等。

（二十八）桃树非侵染性流胶病

桃树非侵染性流胶病又称生理性流胶病。主要为害主干和主枝丫杈处，小枝条、果实也可被害。主干和主枝受害，病部硬化，严重时龟裂，从病部流出半透明黄色树胶，尤其雨后流胶现象更为严重。流出的树胶与空气接触后，变为红褐色，呈胶冻状，干燥后变为红褐色至茶褐色的坚硬胶块。病部易被腐生菌侵染，使皮层和木质部变褐腐烂，致树势衰弱，严重时枝干或全株枯死。果实发病，由果核内分泌黄色胶质，溢出果面，病部硬化，严重时龟裂，无食用价值。

生理性病害。机械伤、病虫害、冻害、日灼伤等均可诱发非侵染性流胶病。早春树液开始流动时，日平均气温15℃左右开始发病，5月下旬至6月下旬为第一次发病高峰期，8—9月为第二次发病高峰期。以后随气温下降，逐步减轻直至停止。地势低洼、土壤黏重、过度修剪、施肥配比失调、栽植过深等也会引起流胶现象。

防治方法：加强桃园管理，增强树势。防治枝干病虫害，预防病虫伤。冬春季树干涂白，预防冻害和日灼伤。于花后和新梢生长期各喷一次矮壮素，抑制生长，促进枝条早成熟预防流胶。

（二十九）桃穿孔病

桃穿孔病有细菌性穿孔病、真菌性霉斑穿孔病及褐斑穿孔病三种类型，以细菌性穿孔病最重。

细菌性穿孔病主要为害叶，也侵害果实和枝梢。叶片多发生在靠近叶脉处，初生水渍状小斑点，逐渐扩大为圆形或不规则形，直径2毫米、褐色、红褐色病斑，周围有黄绿色晕环，以后病斑干枯、脱落形成穿孔，严重时导致早期落叶。果实发病，果面出现褐色圆形斑点，渐扩大，稍凹陷，颜色呈暗紫色，四周水渍状，天气潮湿时病斑出现黄白色黏质泌出物。枝条染病有春、夏两种病斑：春季溃疡发生在上年夏季生出的枝条上，初为暗褐色小疱疹，扩大后可造成枯枝；夏季溃疡多发生在夏末当年生新梢上，以皮孔为中心形成暗紫色斑点，扩大后稍凹陷，颜色变深，外缘水渍状。

细菌性穿孔病病原细菌主要在被害枝条组织内越冬，次年在桃树开花前后通过风雨和昆虫传播，经叶片的气孔、枝条的芽痕和果实的皮孔侵入。叶片一般于5月发病，高温多湿有利于病菌侵染，病势加重。树势弱发病早且重。果园偏施氮肥、地势低洼、排水不良、通风透光差发病重。

防治方法：加强栽培管理，增施有机肥料，提高抗病能力。冬季结合修剪，彻底清除枯枝落叶及落果，减少越冬菌源。果树发芽前喷施 4～5 波美度石硫合剂。花后 7～10 天，桃细菌性穿孔病喷洒新植霉素、氢氧化铜、络氨铜、叶枯唑、氯溴异氰尿酸、春雷·王铜等；其他类型选择喷代森锰锌、代森锌、多菌灵、甲基硫菌灵等。

（三十）桃实腐病

桃实腐病又名桃树实烂顶病、桃腐败病，为害近成熟期的果实。桃果实自顶部开始表现为褐色，并伴有水渍状，后迅速扩展，边缘变为褐色。感病部位的果肉也为黑色，且变软、有发酵味。感染初期病果看不到菌丝，后期果实常失水干缩形成僵果，表面布满浓密的灰白色菌丝。

真菌性病害。病原菌以分生孢子器在僵果或落果中越冬。翌年春天分生孢子借风雨传播，侵染果实。果实近成熟时，病情加重。桃园密闭不透、树势弱发病重。在晚熟品种桃上发病较为严重。

防治方法：注意桃园通风透光，增施有机肥，控制树体负载量。捡除园内病僵果及落地果，集中深埋或烧毁。谢花后喷洒农抗 120 水剂预防。发病初期喷洒腐霉利、苯菌灵、多菌灵、甲基硫菌灵等药液，每隔 15 天用药 1 次，共用 2～3 次。

（三十一）桃软腐病

桃软腐病主要为害近成熟期至贮存期的果实，可造成大量烂果，损失严重。发病初期病果表面产生黄褐色至淡褐色腐烂病斑，圆形或近圆形；随病斑发展，腐烂组织表面逐渐产生白色霉层，渐变成黑褐色，霉层表面密布小黑点；病斑扩展迅速，很快导致全果呈淡褐色软腐；发病后期病斑表面布满黑褐色毛状物。

真菌性病害。病原菌在自然界广泛存在，借气流传播，从伤口侵入成熟果实。另外健果与病果接触也可传染，且传染性很强。果实受伤是诱发该病的主要原因，温度较高且湿度大时发展很快，4～5 天后病果即可全部腐烂。

防治方法：合理浇水，防止果实自然裂伤。在采、运、贮过程中，轻拿轻放，防止机械损伤。桃果成熟后及时采收。在 0～3℃低温下进行贮藏和运输，利于控制病害。生长后期注意蛀果害虫及果实病害防治。收获后用苯菌灵、脱乙酰壳多糖和氯硝氨等药剂浸果有一定的防治效果。

（三十二）桃黑星病

桃黑星病又称疮痂病、黑点病或黑痣病，为害桃以及杏、李、扁桃、樱桃等核果类果树的果实，也为害叶片和新梢。果实多在果肩处发病。果实上的病斑初为绿色水渍状，扩大后变为黑绿色，近圆形。果实成熟时，病斑变为紫色或暗褐色，病斑只限于果皮，不深入果肉，后期病斑木栓化，并龟裂。

真菌性病害。病菌以菌丝体在枝梢病部或芽的鳞片中越冬，翌年4月下旬至5月中旬形成分生孢子，借风雨或雾滴传播进行初侵染。病菌初侵染后潜育期较长，果实上为40～70天，枝梢、叶片上为25～45天。潜育期过后直接表现症状。早熟品种发病轻，晚熟品种发病重。4—6月多雨潮湿发病重，地势低洼潮湿、果园定植过密或树冠郁闭也利于病害的发生。

防治方法：结合冬剪，剪除病枝梢，带出园外烧毁。夏季加强内膛修剪，促进通风透光。注意雨后排水，降低果园湿度。开花前喷3～5波美度石硫合剂，铲除枝梢上的越冬菌源。从落花后半个月起，轮换喷施代森锰锌、苯菌灵、甲基硫菌灵、苯醚甲环唑、嘧菌酯、氟硅唑等药剂，隔15天1次，套袋前再喷施1次。

（三十三）桃树缩叶病

桃树缩叶病主要为害叶片，严重时为害枝条和果实，在春季萌芽初期即可表现出症状。叶片常在刚长出时受害，导致叶片呈卷曲状，呈现淡黄色至红褐色，继续加重则萌生一层灰白色粉状物，之后病叶干枯脱落。为害植株嫩梢时，受害枝梢呈黄绿色，受害严重枝梢生长停滞，枝干逐渐干枯死亡。幼果受害，逐步呈现黄色至红褐色的块状病斑，后期表现为形状不规则的畸形果。

真菌性病害。病菌芽孢子在鳞片与树皮中过冬，第2年早春桃芽萌发期间侵染，展叶后继续侵入并刺激叶片中细胞分裂，使病叶肥厚皱缩变色。病菌最适萌发温度10～16℃，夏季高温不利于病菌越夏。一般4—5月发病，当年为害一般只1次。春季低温多湿、低洼潮湿果园利于发病。栽培管理粗放，果园郁闭，通风透光不良发病比较重。幼龄果园新发枝梢多，更容易感染此病。早熟品种较中、晚熟品种发病重。

防治方法：加强栽培管理，培育健壮或中庸树势，进而增加树体抵抗力。对皱缩严重的病叶全部摘除，集中烧毁。休眠期喷施3～5波美度石硫合剂。春季桃芽开始膨大是防治桃树缩叶病的关键时期，喷洒0.3～0.5波美度石硫合剂或甲基托布津、氨基寡糖素、核苷·溴·吗啉胍、多菌灵等药剂。展叶后至高温干旱天气到来之前，交替喷洒甲基托布津、多菌灵、代森锰锌、井冈霉素。早期发现病斑及时喷施杀菌剂，病斑可受到明显抑制。

（三十四）桃树褐腐病

桃树褐腐病又叫菌核病，桃树重要病害之一。整个生育周期内均可发病，主要为害果实、新梢、叶片以及花等部位。幼果受到为害表现出坏死小斑点的症状，成熟果实遭受为害，病部出现褐色圆斑，进而扩大，致全果变褐腐烂或成为黑色僵果，常年挂树而不脱落。此病还为害李、杏、樱桃等果树。

真菌性病害。病菌以菌丝体在僵果、病枝上越冬，翌年随风雨传播，如花期遇雨，可大量侵染花朵。早期受害部位可进行再侵染。病菌主要通过伤口侵入，也可经气孔、皮孔侵入，病果和健果接触也可传染。果实易感病时间是 4 月下旬至 5 月。果实近成熟期阴雨高湿，发病加重。贮运过程中果实也会再感染发病。

防治方法：结合冬季修剪彻底清除果园内的病枝、僵果以及落果。夏季修剪以疏枝为主，营造良好通风透光条件。加强水肥管理，增强植株抗病虫害能力。发芽前喷 5 波美度石硫合剂或 45％晶体石硫合剂 30 倍液。花后喷布代森锌或多菌灵。落花后至采果前 3 周，每隔 10～15 天喷 1 次药，常用药剂包括甲基托布津灵、代森锌、嘧啶核苷、醚菌酯、苯甲·嘧菌酯等。

（三十五）桃根癌病

桃根癌病主要发生在根颈部，也发生于主根和侧根。癌瘤通常以根颈和根为轴心，环生和侧生一侧，为球形或扁球形或不定形。地上部表现为树势衰弱，叶片薄、发黄，严重时干枯死亡。

细菌性病害。病原细菌存活于癌瘤组织中或土壤中，可随雨水径流或灌溉水及带病苗木传播，通过伤口侵入。碱性土壤有利于发病，重茬桃园容易发病。

防治方法：建立无病苗木基地，严禁从病区调运苗木。栽植后发现果树病瘤时，先切除癌瘤并烧毁，然后用稀释 100 倍的硫酸铜溶液或 50 倍抗菌剂 402 溶液消毒切口，再外涂波尔多浆保护。病株周围土壤用 2 000 倍液的抗菌剂 402 灌注消毒，或用 20％的乙酸铜可湿性粉剂 500 倍液灌根。

二、果树主要虫害

（一）苹果绵蚜

苹果绵蚜也称苹果绵虫、白毛虫和血色蚜等，世界性检疫害虫，寄主以苹果树为主，在山楂树上也可为害。

苹果绵蚜主要为害枝干和根部。成虫、若虫群集于背光的树干伤疤、剪锯口、裂缝、新梢、叶腋、短果枝叶群、果柄、萼洼、地下根部、地表根际、根蘖基部等处寄生为害，吸取汁液，消耗树体营养，被害部膨大成瘤，甚至破裂，阻碍水分、养分的输导，受害后易造成树势衰弱，推迟结果甚至引起死亡。

苹果绵蚜一年发生10～12代，以1～2龄若蚜在枝干裂缝、病虫伤口、剪锯口四周及一年生枝条基部越冬。春季气温上升到9℃时开始活动取食，气温为22～25℃时为繁殖盛期，大量幼虫向树冠外围枝梢扩散蔓延，是第一个发生高峰期。进入8月后种群数量明显减少。9月中旬以后气温比较适宜，种群数量又趋上升，形成一年中的第2个发生高峰期。

防治方法：实行检疫措施。注意保护和利用天敌日光蜂。发芽前喷洒含油量5‰的矿物油乳剂。3月下旬至5月上旬绵蚜繁殖迁移之前，采用喷雾法和涂环法施药，药剂可选苦参碱、吡虫啉、噻虫嗪、吡蚜酮、蚜虱净等。也可4—5月根部施药，将树主干基部1.5～2米范围内铲去5厘米表土，噻虫嗪或吡虫啉灌根，浇灌后覆土。

（二）山楂叶螨

山楂叶螨又称山楂红蜘蛛、红蜘蛛等，国内分布极为普遍，为害梨、苹果、桃、山楂等多种果树，主要吸食叶片及嫩芽的汁液。叶片受害会出现许多失绿小斑点并扩大成片，严重时全叶变为焦黄而脱落，抑制果树生长，影响当年花芽的形成和次年的产量。

北方果区山楂叶螨1年发生5～9代，以受精雌成螨在树体各种缝隙及树干附近土缝中群集越冬，翌春日均气温达9～10℃时出蛰活动。梨落花期为出蛰盛期，苹果盛花前后是产卵高峰期，6月前发生较轻，6月中下旬以后在高温干旱条件下繁殖很快，7月进入严重为害阶段，可造成大量落叶。之后随着雨水增多，山楂叶螨繁殖受到限制，到9月数量明显减少。

防治方法：萌芽前刮除翘皮、粗皮，消灭大量越冬虫源。发芽前结合防治其他害虫喷洒石硫合剂或含油量3‰～5‰的柴油乳剂。6月下旬至7月上中旬叶螨发生盛期，喷施阿维菌素、炔螨特、双甲脒、唑螨酯、苯螨特、哒螨灵、甲氰菊酯等药剂。

（三）苹果红蜘蛛

苹果红蜘蛛又名苹果金爪螨、苹果叶螨、棉红蜘蛛，除为害苹果外，还为害梨、桃、杏、枣等10余种果树。常在叶片正面活动为害，一般不吐丝结网。叶片被害出现灰色斑点，严重时整叶花斑，叶片变脆变硬，甚至焦枯死亡，但一般不提早落叶。严重年份也可为害幼果。

苹果红蜘蛛一年发生6～9代。以冬卵在短果枝、果台和2年以上的小枝条分叉、叶痕、芽轮及粗皮等处越冬。第2年苹果萌芽期开始孵化，4月下旬开花期是越冬卵的孵化盛期，5月上旬落花期是越冬代成虫发生盛期。高温干旱是红蜘蛛严重发生的生态条件。为害最重的时期是 6 月下旬至 8 月。

防治方法：8 月中下旬用诱虫带或树干绑草把诱虫。冬季刮除树干老翘皮，清理枯枝落叶，消灭害螨越冬场所。果园生草，改善生态环境，利用天敌自然控制。苹果发芽前，全园喷施一次 3～5 波美度石硫合剂。生长期抓住苹果萌芽后至开花前和落花后 7～10 天这两个关键期进行防治，可交替喷施哒螨灵、噻螨酮、联苯菊酯、甲氰菊酯等药剂。

（四）果树二斑叶螨

果树二斑叶螨俗称"白蜘蛛"，在梨、苹果、桃、李、杏、樱桃、葡萄等果树上均有发生。以成螨、幼螨、若螨聚集刺吸汁液为害，受害叶片正面叶脉两侧表现失绿，后全叶逐渐变淡褐色，严重时叶片焦枯。螨量大时叶面结薄层白色丝网，或在新梢顶端聚成"虫球"，严重影响树势及果品质量。

北方果区 1 年发生 7～9 代，以橙黄色越冬滞育型雌成螨在树干翘皮和粗皮缝隙内、果树根际周围土缝内及落叶、杂草下群集越冬。翌年春天平均气温上升到 10℃ 左右时，越冬雌成螨开始出蛰，逐渐上树为害。早期多集中于树干和内膛萌发的徒长枝叶片上，不久向全树冠扩散。6 月中旬至 7 月中旬为猖獗为害期，进入雨季后螨量密度有所下降。雨季过后如气候干旱仍可再度猖獗为害。至 9 月气温下降后陆续向杂草上转移，10 月出现越冬型成螨，陆续寻找适宜场所越冬。

防治方法：秋末、早春清洁田园，用诱虫带诱虫，降低越冬虫口基数。保护和利用自然天敌，或释放捕食螨、草蛉等。梨树开花前后至落花后 1 月内是阻止害螨上树扩散为害的第一关键期，6—7 月是有效防治害螨扩散为害的第二关键期。每期喷药 1～2 次，可用阿维菌素、浏阳霉素、三唑锡、唑螨酯、哒螨酮、溴虫腈、甲氰菊酯、喹螨醚等药剂。

（五）苹果小卷叶蛾

苹果小卷叶蛾又叫棉褐带卷蛾、小黄卷叶蛾，为害苹果、梨、山楂、桃、杏、李和樱桃等多种果树。

小卷叶蛾以幼虫为害苹果叶片和果皮。为害叶片时，将叶片卷起，在其中取食。为害果实时，幼虫大多在果、叶相贴处啃食果皮，轻者果皮出现坑洼，重者坑洼连片，降低果实商品价值，且引起褐腐病的发生。

小卷叶蛾一年可发生 3～4 代，以 2 龄幼虫在树皮裂缝、翘皮卜、剪锯口等处结白色薄茧越冬。第二年春芽萌动时开始出蛰，盛花期是幼虫出蛰盛期。幼虫出蛰后先为害幼芽、幼叶、花蕾和嫩梢，造成芽枯并影响抽枝开花。展叶后幼虫吐丝缀叶卷成"虫包"居内为害，称"紧包期"。第一代幼虫主要为害叶片，有时也为害果实；第二代幼虫既为害叶片，也为害果实。

防治方法：利用频振式杀虫灯、糖醋液（糖∶醋∶水＝1∶1∶8）、性激素诱杀成虫；越冬代成虫产卵高峰出现后3～4天释放赤眼蜂天敌。花芽鳞片露白是第一次用药关键期，可用Bt乳剂、青虫菌6号等喷雾防治。6月上中旬第一代虫卵和幼虫发生初期是第二次用药关键期，可用药剂有白僵菌、川楝素、灭幼脲、三氟氯氰菊酯等。

（六）金纹细蛾

金纹细蛾主要为害苹果，同时也为害梨、桃、山楂等。以幼虫在表皮下潜食叶肉，形成褐色线条形虫斑，影响叶片的光合作用，削弱树势，严重时整株叶片枯萎，早期脱落。

金纹细蛾一年发生5代，以蛹在被害叶中越冬，翌年苹果树发芽前开始羽化。春季发生较少，秋季发生较多，为害严重。发生期不整齐，后期世代重叠。春季第1、2代比较整齐，是全年防治的关键时期。

防治方法：性诱剂诱杀雄蛾。落叶后清洁果园，消灭越冬虫蛹。幼虫期释放金纹细蛾寄生蜂天敌。4月中下旬是金纹细蛾越冬代成虫羽化盛末期，5月下旬至6月上旬是第一代成虫羽化盛末期，这时果园虫量少，发生整齐。防治上要抓住这两个最佳时期，重点防治初孵幼虫。常用药剂有阿维菌素、杀铃脲、蛾螨灵、氯虫苯甲酰胺、氟氯氰菊酯等，间隔10～15天，连防2次可基本控制。

（七）金龟子

金龟子成虫俗称栗子虫、黄虫，幼虫统称蛴螬，俗称土蚕、地蚕、地狗子。幼虫为害苗木的根部和地下茎等地下组织，成虫为害苹果、梨、桃、李、葡萄等果树的花器、芽、嫩叶等，常造成整株叶片被食光，影响树势及当年果品产量。

金龟子一年发生一代，4—5月是大量为害期。成虫出土后，白天潜藏在树冠下的土层中，16:00以后出土上树为害，5月下旬至6月上旬成虫入土产卵，不再为害，有趋光性和假死性。

防治方法：冬春季对果树行间耕翻，以消灭大量幼虫。利用成虫的假死性，可傍晚摇树体震落捕杀。利用黑光灯、果醋液［落果∶食醋∶食糖∶水＝1∶1∶（1.5～2）∶0.5，混合加热煮成粥状，再加入敌敌畏液混匀］诱杀。药剂防治掌握两个时期：一是4月上中旬成虫出土后，用毒死蜱、辛硫磷或高效氯氟氰菊酯喷洒地面杀虫，或随水冲施农药消灭土壤中的害虫；二是成虫发生盛期，于每日傍晚选用高效氯氟氰菊酯对树冠喷雾。

（八）梨木虱

梨木虱主要寄主为梨树，是梨树早春较为常见的虫害之一。以成虫、若虫在幼叶、果梗、新梢上群集吸食汁液，影响叶片生长而致叶片卷缩，甚至干枯脱落。若虫在叶片上分泌大量黏液，可诱发煤烟病等。一旦蔓延到果实上，会严重影响到果实的品质和产量。

梨木虱1年发生5~6代，以冬型成虫在寄主树皮缝隙内、落叶、杂草及土缝中越冬。翌年惊蛰前后出蛰为害，出蛰盛期在3月底至4月初。春季成、若虫多集中于新梢、叶柄为害，夏秋季则多在叶背吸食为害。高温干旱季节或年份发生较重，雨水多、气温低，则发生轻。

防治方法：早春刮树皮，清洁果园，压低虫口密度。梨树开花前冬型成虫出蛰盛期和第二代梨木虱低龄期，是药剂防治两个重要时期。出蛰期，可喷阿维菌素、高效氯氰菊酯、吡虫啉、毒死蜱等药剂。第二代梨木虱低龄期，可用阿维菌素、吡虫啉、啶虫脒、噻虫嗪、虱螨特、双甲脒等喷雾防治。

（九）梨小食心虫

梨小食心虫主要为害梨、苹果、桃、大樱桃等果树的新梢和果实。为害果树嫩梢，可致新梢顶部干枯死亡。为害果实时，幼虫蛀入果心，高湿情况下蛀孔周围会变黑腐烂并逐渐扩大，俗称"黑膏药"。

梨小食心虫一年发生3~4代，以老熟幼虫在桃、梨树干老翘皮下、根颈部、树杈、剪锯口、石缝中、堆果场等处结茧越冬，于翌年4月中旬开始化蛹。梨小食心虫第一代、第二代主要为害桃梢，第三代和第四代幼虫主要为害梨、桃、苹果的果实。梨、桃混栽或相邻的果园，发生较重。

防治方法：杀虫灯、糖醋液（糖：醋：酒精：水＝3：1：3：80，加少量敌百虫）诱杀成虫。悬挂梨小食心虫迷向丝，每亩40根。春夏季剪掉梨小食心虫为害的树梢。在成虫产卵高峰期，用毒死蜱、灭幼脲、仲丁威或毒死蜱＋阿维菌素喷雾防治。幼虫蛀果前，用氯氟氰菊酯、氯氰菊酯、高效氯氰菊酯、联苯菊酯、甲氰菊酯、阿维菌素、苏云金杆菌等均匀喷雾，间隔15天再喷1次，连续喷2~3次。

（十）梨大食心虫

梨大食心虫俗称吊死鬼、黑钻眼、翻花虫等，主要为害梨的花芽、花序和幼果，也为害桃和苹果。以幼虫蛀食芽、花簇、叶簇和果实，为害时从芽基部蛀入，造成芽枯死。幼果期蛀果后，被害果变黑、皱缩、干枯但至冬季仍不脱落。

梨大食心虫一年发生 1～2 代，以小幼虫在被害芽内结茧越冬，花芽前后转移到新芽上蛀食，称"出蛰转芽"。一般幼虫出蛰后 7～10 天为转芽盛期（4月中旬）。待果实长到拇指大小时，幼虫转蛀幼果为害，称"转果期"，转果盛期在 5 月下旬。每头幼虫可为害 2～3 个果，老熟后在最后那个被害果内化蛹。成虫羽化后，在芽旁、小枝及果品的粗糙之处或果实萼洼里产卵，孵化后幼虫蛀入芽内为害，一头幼虫可为害 3 个芽，在最后那个被害芽内越冬，称"越冬虫芽"。

防治方法：刮老树皮消除越冬幼虫。摘除有虫花簇、虫果。黑光灯诱杀成虫。越冬幼虫出蛰转芽期、转果期、越冬虫芽期，是药剂防治的三个关键时期，可用毒死蜱、仲丁威、高效氯氰菊酯、阿维菌素、氰戊菊酯、甲氰菊酯、联苯菊酯等均匀喷雾。

（十一）梨茎蜂

梨茎蜂也被称作梨梢茎蜂或梨茎锯蜂，果农则叫它折梢虫或剪枝虫，是为害梨树春梢的重要害虫，影响幼树整形和树冠。为害时多为幼虫和成虫，而成虫对梨树的为害最为严重。

梨茎蜂一年发生 1 代，多以老熟幼虫在被害枝梢上越冬。第二年梨树开花之际，成虫开始羽化，梨树进入盛花期之后的 5 天是雌性梨茎蜂成虫产卵高峰期。幼虫孵化后即向枝橛下方蛀食为害至 6—7 月，先后老熟做茧休眠。

防治方法：梨树初花期黄板诱杀成虫。尽早剪除虫梢虫枝，以杀死被害枝梢中的卵或幼虫。利用成虫的假死性与群集性捕杀成虫。药剂防治最好时期是梨茎蜂成虫发生期，即梨树花絮分离期，选用高效氯氟氰菊酯、氰戊菊酯、甲氰菊酯、溴氰菊酯、敌敌畏、毒死蜱等有机磷或菊酯类农药，结果大树正值花期，可于开花前和刚落花后喷药，对未开花小梨树，开花期施药。

（十二）梨圆蚧

梨圆蚧又名梨枝圆盾蚧、梨笠圆盾蚧，主要为害梨树，还为害苹果、枣、桃、核桃、葡萄、柿、山楂等果树。以成、若虫用刺吸式口器固定为害，主要为害枝条、果实和叶片。枝条上常密集许多蚧虫，被害处呈红色圆斑，严重时皮层爆裂，甚至枯死。

梨圆蚧一年发生 2～3 代，多以 2 龄若虫在树枝上越冬，翌年春季树液流动后，越冬若虫开始为害。一般 5 月中旬至 6 月初成虫羽化繁殖。第一代若虫发生期集中 6 月上旬至 7 月初，第二代若虫在 7—9 月，第三代若虫在 9 月至 11 月上旬。7 月以前主要在枝条上为害，7 月以后主要为害果实，喜群集于向阳面。

防治方法：冬季剪除寄生严重的枝条，集中烧毁。果实套袋要扎紧袋口，防止若虫爬入袋内为害。在梨树发芽前 10～15 天，喷洒 5 波美度石硫合剂或 5％柴油乳剂、45％松脂酸钠粉剂，杀死过冬若虫。越冬代雄成虫羽化盛期和 1 龄若虫发生盛期是药剂防治的关键时期，可喷洒双甲脒、毒死蜱、氯氟氰菊酯、高效氯氰菊酯、甲氰菊酯等药剂。

（十三）梨二叉蚜

梨二叉蚜分布国内各梨区，以成、若虫群集于芽、嫩叶、嫩梢上吸取汁液，致叶片受害纵卷、早落，削弱树势，影响果品产量和质量。

梨二叉蚜一年发生 20 代左右，其寄主冬、春、秋三季是梨树，夏日则在狗尾草上。以卵在梨树芽腋内和树枝裂缝中越冬。翌年 4 月中下旬梨芽萌发时开始孵化。梨二叉蚜在春秋两季为害，以春季为害较重，秋季为害轻于春季。

防治方法：保护和利用好瓢虫、食蚜蝇、蚜茧蜂、草蛉等蚜虫天敌。早期发生量不大时人工摘除被害卷叶。梨芽尚未开放至发芽展叶期，蚜虫越冬卵基本孵化完毕，是防治梨蚜的关键时期，可用吡虫啉、啶虫脒、吡蚜酮、阿维菌素、高效氯氰菊酯、氯氰菊酯等喷雾防治。

（十四）梨花网蝽

梨花网蝽又名梨网蝽、梨军配虫。成、若虫在叶背吸食汁液，被害叶正面形成苍白点，叶片背面有褐色斑点状虫粪及分泌物，使整个叶背呈锈黄色，严重时被害叶早落。

梨花网蝽在华北地区 1 年发生 3～4 代，均以成虫在落叶、杂草、树皮缝和树下土块缝隙内越冬，梨树展叶时开始活动，产卵于叶背面叶脉两侧的组织内，若虫孵化后群集在叶背面主脉两侧为害。由于成虫出蛰很不整齐，造成世代重叠。到 10 月中下旬，成虫开始寻找适宜场所越冬。

防治方法：刮除老树皮，彻底清除树下落叶、杂草，消灭越冬成虫。9 月树干绑草把或用诱集带诱集越冬成虫。越冬成虫出蛰期和第一代若虫期，可用三氟氯氰菊酯等菊酯类和敌敌畏等有机磷类药剂喷雾防治。

（十五）梨黄粉蚜

黄粉蚜又叫黄粉虫，主要为害梨树果实、枝干、果台枝等，叶片很少受害。成虫、若虫常堆积一处，似黄色粉末，故称"黄粉虫"，以成虫、若虫吸食果汁为害，梨果受害会造成果实腐烂。

黄粉蚜一年发生 6～9 代，以卵在树翘皮缝、果台等处越冬，翌年 4 月上旬梨树开花时孵化为若虫，在翘皮下嫩皮处吸食汁液。6月上中旬向果实转移，6月下旬至8月下旬是为害高峰期，8月中下旬果实近成熟期达到为害高峰，果面能见堆状黄粉。8—9月开始出现有性蚜，转移到果台、树皮缝等处产卵越冬。套袋不当或黄粉蚜入袋后，繁殖更快，为害也更严重。

防治方法：搞好冬春季清园，降低虫口基数。做好冬、春、夏修剪，破坏虫口生存环境。套袋前施1次药，施药后要保证2～3天内套完袋。套袋后间隔10～15天连续用药3～4次，采收前20天停药。药剂轮换使用苦参碱、吡虫啉、吡蚜酮、啶虫脒、敌敌畏、毒死蜱等。

（十六）茶翅蝽

茶翅蝽又名臭木蝽象，俗称臭板虫、臭大姐，为害梨、苹果、桃、杏、李等果树。以成虫和若虫吸食嫩叶、嫩茎和果实的汁液，被害嫩梢中止成长，严重时叶片枯黄，提早落叶，树势衰弱。正在生长的果实受害后，受害部分中止发育，果肉木栓化，形成果面凹凸的"疙瘩果"。

茶翅蝽1年发生1代，以成虫在屋檐下、椽缝、墙基等隐蔽处越冬。成虫于4月下旬至5月上中旬出蛰活动，多集中在桃、杏等早花果树上栖息取食，5月下旬转移到梨树上刺吸幼果，造成为害。于6月上旬开始产卵，6月中旬孵化若虫，若虫大多集中在果实上取食，但被害状不如成虫为害明显。从9月下旬开始，成虫飞向越冬场所越冬。

防治方法：成虫越冬前和出蛰期在墙面上匍匐逗留时进行人工捕杀。在产卵和为害前果实、果穗套袋。于越冬成虫出蛰结束和低龄若虫期，喷洒辛硫磷、毒死蜱、高效氯氟氰菊酯等有机磷或菊酯类及其复配药剂，间隔10～15天，连喷2～3次。

（十七）梨瘤蛾

梨瘤蛾又名梨瘿华蛾、梨枝瘿蛾，俗称糖葫芦、梨疙瘩、梨狗子，目前只发现为害梨。幼虫蛀入当年发生嫩枝为害，渐膨大成瘤，于内蛀食。连年为害致瘤成串似糖葫芦。影响枝梢发育和树冠形成。

每年发生1代，以蛹在虫瘤内越冬。梨芽萌动时开始羽化，花芽开绽前为羽化盛期。产卵始期在3月中旬，盛期3月下旬。梨树长出新梢后，幼虫开始孵出，盛期在4月中旬。9月中下旬幼虫老熟，化蛹盛期在10月下旬。管理粗放的梨园受害重。

防治方法：剪除虫瘤集中烧毁，消灭其中幼虫和蛹。成虫发生期即梨树开花之前，喷洒菊酯类和有机磷类药剂；若虫孵化期，除喷洒上述药剂外，还可用灭幼服3号、阿维菌素等。

（十八）葡萄粉蚧

葡萄粉蚧除为害葡萄外，还能为害苹果、梨、桃、山楂、李、杏等多种果树。主要以成虫和若虫在老蔓翘皮下及近地面的细根上刺吸汁液进行为害，随后逐渐向新梢、嫩枝、果梗转移，被害后表面粗糙不平，并分泌白色黏物，常招来蚂蚁和黑色霉菌。被害树体生长不良，严重时树势衰弱，颗粒畸形，果实糖度减低，产量和品质下降。

葡萄粉蚧一年发生3代，以卵隐藏于枝蔓近地面隐蔽处越冬。4月中旬孵化第一代若虫，先在近地面的细根及地下幼嫩部分为害，然后逐渐迁移到当年生新梢上。第二代若虫孵化期为6月中下旬，第三代若虫约在7月底至8月上旬出现，逐渐向根颈部浅土层及其他隐蔽场所迁移。于10月上中旬产卵越冬。葡萄粉蚧喜阴暗环境，葡萄套袋为其提供了适宜的生存、繁殖、活动场所。

防治方法：冬春季细致清园，喷石硫合剂去除越冬虫卵。上冻前冬灌水淹潜藏在土壤中越冬的葡萄粉蚧。利用和保护好异色瓢虫等天敌。在葡萄开花前、套袋前、套袋后半月三个节点，喷施螺虫乙酯、噻嗪酮等药剂。

（十九）葡萄透翅蛾

葡萄透翅蛾又叫葡萄透羽蛾、葡萄钻心虫，在我国各个葡萄种植区均有发生。主要以幼虫蛀食葡萄的枝蔓，使受害枝蔓易折断或先端嫩梢枯死。枝蔓被透翅蛾幼虫蛀食髓部后，受害部肿大，叶片凋萎，葡萄果实生长不良，甚至脱落，影响当年产量及树势。

葡萄透翅蛾每年发生1代，以老熟幼虫在葡萄枝蔓内越冬。翌年4月底5月初，越冬幼虫化蛹。5—6月成虫羽化。在7月上旬之前，幼虫在当年生的枝蔓内为害；7月中旬至9月下旬，幼虫多在二年生以上的老蔓中为害。10月以后幼虫进入老熟阶段，继续向植株老蔓和主干集中，以老熟幼虫进入越冬阶段。

防治方法：结合冬剪，剪除被害枝蔓，消灭越冬幼虫。6—8月剪除被害枯梢和膨大嫩枝集中处理。葡萄抽卷须期和孕蕾期，喷施拟除虫菊酯类农药。发现主枝受害时，在蛀孔内滴注烟头浸出液，或用50％杀螟松5～10倍液喷施。

（二十）葡萄二星叶蝉

葡萄二星叶蝉也叫葡萄小叶蝉、葡萄二点浮尘子，俗称"吧啦虫"。除为害葡萄外，也为害梨、苹果、桃、山楂等。主要以若虫、成虫聚集在葡萄叶的背面吸食汁液，造成较大的失绿斑点。严重时叶片苍白或焦枯，影响产量与质量。

葡萄二星叶蝉1年发生3代。以成虫在落叶、杂草中以及山地果园的地埝、石缝中越冬。翌年春天葡萄发芽前开始活动，先在桃、梨、山楂等发芽早的果树上吸食，待葡萄展叶后再转移到葡萄上为害。第一代若虫发生在5月下旬至6月上旬，第一代成虫在6月上中旬。以后世代交叉，第2、3代若虫期大体在7月上旬至8月初、8月下旬至9月中旬。9月下旬出现第3代越冬成虫。此虫喜荫蔽，受惊扰则蹦飞。管理粗放、杂草丛生、通风不良的果园发生较重。

防治方法：冬季清除田间杂草、落叶，剥除枝蔓老皮，消灭越冬成虫。5月下旬孵化第一代若虫期是全年药剂防治的有利时机，可喷布敌敌畏、敌百虫、联苯菊酯、辛硫磷、马拉硫磷、杀螟硫磷等。

（二十一）绿盲蝽

绿盲蝽别名小臭虫，属于杂食性害虫，通过刺吸式口器吸食果树嫩叶、嫩芽、花蕾、幼果等幼嫩部位的汁液，苹果、葡萄、大樱桃、桃、梨等果树均可受害。被害的幼嫩芽叶后期变成黑色，局部组织皱缩死亡。幼果被害后，果面上出现黑褐色水渍状斑点，造成果实僵化脱落。

绿盲蝽一年发生4～5代，以卵在苹果、葡萄等果树和各种木本植物枝条上叶芽和花芽的鳞片内过冬。翌年4月下旬为若虫孵化盛期，越冬若虫孵出后集中在新梢顶端为害花器、幼叶。5月中旬是越冬代成虫羽化高峰期，也是集中为害幼果的时期。之后繁殖3～4代，末代成虫于10月陆续迁回果园，产卵于果树顶芽越冬。绿盲蝽为害从早春叶芽破绽开始直至6月中旬，其中以展叶期和小幼果期为害最重。早春湿度大有利于越冬卵孵化。

防治方法：清除田间蒿类杂草，减少盲蝽繁殖场所。性诱剂诱捕。5月上中旬是药剂防治关键期，需连续喷药2次，间隔期7～10天，常用药剂氯虫氰、吡虫啉、噻虫嗪、毒死蜱、甲氰菊酯等。喷药应树上、树下细致喷施，树干、地面杂草及行间作物全部喷到。

（二十二）葡萄短须螨

葡萄短须螨又称葡萄红蜘蛛。每年自葡萄展叶开始，以幼虫、成虫先后在嫩梢基部、叶片、果梗、果穗及副梢上为害。叶片受害后，叶面生很多黑褐色的斑块，严重时焦枯脱离。果穗受害后，果梗、穗轴呈黑色，组织变脆，极易折断。果粒前期受害后，果面呈现铁锈色，果皮表面粗糙，有时龟裂，影响果粒生长。果穗后期受害影响果实着色，严重影响葡萄的产量和品质。

葡萄短须螨一年发生6代以上。以雌成虫在老皮裂缝内、叶腋及松散的芽鳞绒毛内群集越冬。第二年3月中下旬出蛰，以若虫和成虫为害嫩芽基部、叶柄、叶片、穗柄、果梗、果实和副梢各个部位。10月下旬逐渐转移到叶柄基部和叶腋间，11月下旬进入隐蔽场所越冬。7、8月的温湿度最适合其繁殖，发生数量最多。

防治方法：生长期及时清除杂草，春季发现有害叶片，立即摘除销毁。采果后及时清除园内杂草、落叶、落果及残枝等。春季葡萄发芽时，喷布3波美度石硫合剂混加0.3%洗衣粉。7—8月虫口密度大时，可喷施哒螨灵、炔螨特、阿维菌素、浏阳霉素、联苯菊酯等。

（二十三）茶黄螨

茶黄螨又名侧多食跗线螨、茶半跗线螨，俗称茶嫩叶螨。杂食性强，可为害果树及瓜类蔬菜等。在葡萄上主要为害叶片、嫩枝和果面。受害叶片正面有黄白色小点，背面呈灰褐色或黄褐色，叶片僵硬、挺直，边缘向上翻卷。受害嫩枝常变黄褐色，扭曲畸形，严重者顶端枯死。受害果实表面形成条状或不规则锈斑，严重时果粒开裂，种子外露。

茶黄螨以雌成螨在枝蔓缝隙内或土壤中越冬。葡萄上架发芽后开始活动，主要靠爬行和风扩散蔓延，也可通过田间管理、衣物和农具等传播。有很强的趋嫩性，始终随植株生长而转移为害。落花后转移到幼果上刺吸为害，使果皮产生木栓化愈伤组织，变色形成果锈。温暖、高湿的环境有利于茶黄螨的发生为害。

防治方法：葡萄萌芽前药剂清园，可用石硫合剂、机油乳剂、矿物油以及硫黄干悬剂等，能杀死大部分越冬害螨。萌芽后至幼果发病初期，喷施螺螨酯、联苯肼酯、乙螨唑、阿维菌素等杀螨剂及其复配剂如阿维·螺螨酯等。注意喷雾不留死角，用水量足，叶背、叶面、地面都要喷到。

（二十四）桃小食心虫

桃小食心虫又名桃蛀果蛾，不仅为害桃树，还为害苹果、梨、山楂、杏、李等核仁类果树。以幼虫蛀果为害，多从果实胴部或顶端蛀入，在果面留下针孔大小的蛀入孔。蛀果口常有流胶点，幼虫在果肉里为害使幼果长成凹凸不平的畸形果。

桃小食心虫1年发生2代，以老熟幼虫在土壤中做冬茧越冬。第一代卵发生盛期在6月下旬至7月上旬，7—8月为第一代幼虫为害期，也是该代幼虫逐渐老熟脱果期。第二代卵发生盛期在8月上中旬。幼虫孵出后蛀果为害，于8月下旬开始从果里脱出，在树下土里做冬茧滞育越冬。

防治方法：秋冬深翻树盘，覆盖地膜。果实套袋。设置黑光灯、糖醋液或性诱捕器诱杀成虫。喷药应在成虫产卵期和幼虫孵化期，即于 7 月中旬叶面喷除虫脲、苏云金杆菌、阿维菌素、氰戊菊酯、高效氯氟氰菊酯等药剂防治第一代幼虫；9 月中旬地面喷雾防治脱果期幼虫，降低越冬代基数。

（二十五）桃蛀螟

桃蛀螟主要以幼虫蛀食为害。蛀孔处会有黄褐色透明胶状物，周围堆积大量红褐色虫粪，果实易腐烂。

桃蛀螟一年发生 3～4 代。5 月下旬为第一代成虫盛发期，7 月上旬、8 月上中旬、9 月上中旬，依次为第二、第三、第四代成虫盛发期，第一、二代主要为害桃果，以后各代转移到石榴、向日葵等作物上为害，最后一代幼虫于 9—10 月在果树翘皮下、堆果场及农作物的残株中越冬。成虫对黑光灯有强烈趋性，对糖醋液也有趋性。

防治方法：冬季清园，刮除老树皮，清灭越冬茧。利用黑光灯、糖醋液诱杀成虫。生长季节摘除虫果，拾净落果，消灭果肉幼虫。在第一、二代成虫产卵高峰期，喷布高效氯氰菊酯、氰戊菊酯、敌百虫、灭幼脲等，每个产卵高峰期喷 2 次，间隔期 7～10 天。

（二十六）桃蚜

桃蚜又称桃赤蚜、烟蚜。主要为害桃树，也为害杏、李、樱桃、梨等多种果树。以成虫、若虫群集新梢和叶背面为害，被害叶片皱缩卷曲，严重影响新梢生长，排泄的蜜状黏液后期滋生真菌，形成霉污病，影响果实外观质量。

桃蚜 1 年发生 20 多代，以卵在桃枝芽腋处越冬。翌年当花芽膨大露红时开始孵化，先在芽上为害，落花期可为害花蕾，展叶后转移到叶背为害。5 月中下旬为害最为严重。近麦熟时产生有翅蚜转移到蔬菜上为害。10 月有翅蚜再飞回桃园，交尾后产卵越冬。

防治方法：黄板诱杀桃蚜。保护和利用瓢虫、食蚜蝇、草蛉等天敌。开花前喷施吡虫啉、啶虫脒·氯氰菊酯，杀灭越冬虫卵。落花后大量卷叶前，喷洒印楝素、吡虫啉、啶虫脒、吡蚜酮等药剂。

（二十七）桃球坚蚧壳虫

桃球坚蚧壳虫常和桑白蚧、杏球坚蚧混合发生，是桃树上普遍发生的一种害虫。其成虫、若虫、幼虫用刺吸口器为害枝条。蚧壳虫大多喜欢爬在 2～4 年的桃树枝上，吸食枝内营养。受害枝条长势减弱，叶小而少，芽瘦小，严重时整个枝条全部枯死。

桃球坚蚧壳虫每年发生 1 代，以 2 龄若虫在枝条上越冬。5 月下旬至 6 月上旬为卵孵化盛期，初孵化的若虫分散在小枝条上为害，以二年生枝条上较多。果树落叶前虫体被白色蜡层包围，越冬前若虫脱一次皮，10月中旬以后以二龄若虫越冬。

防治方法：成虫产卵前，用抹布或劳动布手套，将枝条上的雌虫捋掉。芽萌动期喷5波美度石硫合剂或5％柴油乳剂，以杀死越冬若虫。5月下旬至6月上旬若虫孵化期，用敌敌畏、毒死蜱、扑虱灵、速蚧杀等喷雾防治。

（二十八）桃潜叶蛾

桃潜叶蛾寄主植物主要有桃、杏、李、樱桃、苹果、梨等。以幼虫在叶组织内取食叶肉，在上、下表皮之间吃成弯曲隧道，并将粪粒充塞其中。果树生长后期，蛀道干枯，有时穿孔。虫口密度大时，叶片枯焦，提前脱落。

桃潜叶蛾每年发生5～7代，以蛹在枝干的翘皮缝、被害叶背及树下杂草丛中结白色薄茧越冬。翌年4月下旬至5月初成虫羽化，产卵于叶表皮内。5—9月是为害期，每月发生1代，幼虫潜入叶内取食叶肉，造成落叶。

防治方法：冬季彻底清园，消灭越冬虫体。性诱剂诱杀成虫。越冬代和第1代雄成虫出现高峰后的3～7天内，喷洒灭幼脲、甲氰菊酯、阿维菌素、杀螟松等药剂，有较好效果。

（二十九）红颈天牛

红颈天牛别称哈虫、铁炮虫，是一种为害巨大的蛀干害虫，主要为害桃、杏、李、苹果、樱桃、梨、核桃等。以幼虫为害主干或主枝基部皮下的形成层和木质部浅层部分，造成树干中空，皮层脱离，树势衰弱，枝条干枯或整株死亡。被蛀虫孔引起真菌侵入，还易引发流胶病。

华北地区2～3年发生1代，以幼虫在树干蛀道内越冬。翌年春天在皮层下和木质部钻蛀出不规则的隧道，并向蛀孔外排出大量红褐色虫粪及碎屑，5—6月为害最严重。幼虫一生钻蛀隧道，总长达50～60厘米。桃红颈天牛有惧怕白色的习性。

防治方法：糖醋液（糖：醋：白酒：水＝5：20：2：80）诱杀成虫。6月下旬至7月上中旬发现成虫人工捕杀。成虫产卵之前，涂白树干和主枝驱避成虫（涂白剂配方生石灰：硫黄：水＝10：1：40）。成虫产卵盛期至幼虫孵化期，用毒死蜱、高效氯氰菊酯、虫酰肼、吡虫啉均匀喷洒主干和主枝，10天后再喷1次，杀灭初孵幼虫。

第二章 果树病虫害绿色防控关键技术

一、果园生草

果园生草包括自然生草和人工种草。自然生草是指保留果园内的自生自灭良性杂草，铲除恶性杂草。人工种草是指在果园播种豆科或禾本科植物，并定期刈割，用割下的茎秆覆盖地面，让其自然腐烂分解，从而改善果园的土壤结构。

果园生草是一种先进的果园土壤管理和生态环境调控方法。我国 20 世纪90 年代开始将果园生草作为绿色果品生产技术体系在全国推广，并取得较好的效果。实践证明，果园地面有草层覆盖，减少了地面与表土层的温度变幅，缩小了果园土壤的年温差和日温差，有利于促进果树根系的发育及对水肥的吸收利用；可增加土壤有机质积累，激活土壤微生物活动，不断补充土壤营养，改善土壤理化性状，增强土壤保水、透水性；可为天敌提供丰富的食物和良好的栖息场所，使昆虫种类和数量增加，制约害虫的发生和蔓延，形成果园较为稳定的生态系统。

（一）果园生草技术

（1）草种选择。选择草种应遵循耐寒、耐旱、耐阴、耐践踏、须根性、生态兼容性等原则。果园生草种类一般有豆科类，如白三叶、紫花苜蓿、百脉根、沙打旺、紫云英、绿豆、黑豆、毛叶苕子等；禾本科类，如黑麦草、早熟禾、鸭茅草、野燕麦等。一般一个果园播种一种牧草，也可禾本科、豆科的草混种，如禾本科草：豆科草为 2∶1，或禾本科草：豆科草为 1∶1。

（2）生草方式。果园生草分为全园生草、行间生草和株间生草。在土层厚、土壤肥沃的成龄大树果园，宜全园生草；土壤瘠薄或幼树园，宜在行间生草，株间可清耕。年降水量少于 500 毫米又无灌溉条件的果园不宜生草，高度密植果园不宜生草。

（3）播种方法。主要采用直播生草法，播种深度 2～3 厘米，可条播也可撒播。播种前先人工清除行间杂草，或选用广谱性、降解快的除草剂进行除草。除草后整地、灌水，墒情适宜时播种。草带宽视果树行距而定，草带边行距树基部 0.5～0.8 米。

（4）水肥管理。播种时间可分为春播（3—4 月）和秋播（9—10 月），出苗后及时灌水、施肥，发现断垄缺株及时补苗。在生长期每年追 1～2 次肥，主要以氮肥为主，采用撒施或叶面喷施的方法，每年每亩 10～20 千克。

（5）适时刈割。草长成以后，根据生长情况及时刈割，不能只种不割。在种草当年，最初几个月最好不割，待草根扎稳、高约 30 厘米的时候再开始刈割。刈割后草的高度为 10～15 厘米，全年刈割 2～5 次。草生长快的刈割次数多，反之则少。将割下的草覆盖在树盘内，先起保水作用，再逐渐腐烂成肥。生草 3～5 年后，草便开始老化，这时应及时翻压，注意将表层的有机质翻入土中。

（二）种植趋避植物

在果园生草技术的应用中，还可结合病虫害防治种植趋避植物。

（1）以预防果树底部害虫为目的。这些害虫主要吸食果树树干汁液，选择的趋避植物包括蒲公英、鱼腥草、三百草、薄荷、大葱、韭菜、洋葱、菠菜、串红、除虫菊等。一般在早春种植，种植地距离果树树干 10 厘米左右。

（2）以防治果树叶片和果实病虫害为目的。选择的趋避植物包括番茄、花椒、芝麻等。在果树叶片和果实多的部位底下种植，距离叶片和果实越近越好，但注意不能给果树叶片遮阴，影响果树正常生长。

（3）以防治土壤根系病虫害为目的。选择的趋避植物包括三百草、金盏花、蒲公英、鱼腥草、薄荷等，种植在离果树根部 1 米的距离，可在一定程度上减轻果树根结线虫的为害。

二、树干涂白

果树涂白剂是以生石灰、植物油、食盐等为主要成分经过充分搅拌混合而成，对果树主干和主枝基部进行涂白的一种制剂。

果树枝干涂白具有明显的防病治虫作用。涂白剂中的生石灰和食盐均具有杀菌消毒的作用，可以消灭在树干基部越冬的各类病菌，涂白后还能加速伤口愈合；许多害虫喜欢以虫卵在树皮缝隙中和树干翘皮内部越冬，涂白可以有效消灭这些虫卵；树干涂白后还能阻止害虫沿着树干上爬到树上为害；涂白树干可以将白天充足的阳光和紫外线反射出去，降低树干基部昼夜温差，避免冻害及"倒春寒"造成霜害；涂白还能有效减少阳光反射造成的日灼为害；涂白能防止牲畜啃咬树干。

（一）涂白方法

（1）涂白时间。涂白应在果树落叶后至土壤封冻前进行。冬季气温低，冷空气下沉，涂白后能保护树干免受冻害，提早涂白还能起到阻隔害虫上下转移的作用。涂白要在晴天进行，雨、雪天气涂白会降低效果。

（2）涂白部位。涂白的高度是距离地面 0.8～1.5 米，重点涂白树干根颈，对幼树、树冠不完整的大树、病树及树干南面应着重涂白。普通枝条、当年生枝条不要涂白，以免烧坏皮层。

（3）注意事项。涂白剂应随配随用，配好后的涂白剂不能久放；配制过程中，每添加一次成分都应充分搅拌均匀；进行涂白前，应先对果园进行冬季修剪，对粗翘树皮应刮除干净；涂白液要干稀适中，以涂刷时不流淌、干后不翘起、不脱落为宜；如发现枝干已有害虫蛀入，要先把害虫杀死后再进行涂白处理。

（二）涂白剂配方

涂白剂的成分一般有生石灰、食盐、硫黄（石硫合剂）和水。石灰和硫黄可以防冻、防灼、防病、杀虫，石硫合剂具有杀菌作用，食盐有助于石灰渗入树皮，保持水分，防止石灰龟裂剥落。一般是 100 千克水中加生石灰 20～30 千克、硫黄粉 2～3 千克、食盐 1～2 千克，先将生石灰化开，再加硫黄粉、食盐搅拌均匀后，涂抹在树干基部。

涂白剂不能与杀虫剂或杀菌剂一起使用，虽然一些杀虫剂、杀菌剂和涂白剂的目标是一致的，都是为了防病虫和杀死病虫，但涂白剂是碱性物质，而大部分杀虫剂和杀菌剂是酸性的，在涂白剂中掺入杀虫剂或杀菌剂，容易造成酸碱中和，降低杀虫杀菌效果。

三、冬春季清园

果树清园包括冬季清园和春季清园，是果园植保工作的重要措施，也是病虫害防治的关键环节，可将病虫害消灭在萌动之前，大大减轻果树生长期间病虫为害，为果树优质高产打下坚实基础。

（一）清园作用

清园是全年管理的基础和关键。秋末冬初，果树进入休眠期，绝大多数果树的害虫、病原菌开始在病枯枝梢、病僵落果、落叶和树皮裂缝、杂草、土壤中蛰伏、越冬、休眠。例如，果树枝干粗老翘皮中越冬的山楂叶螨雌成螨、苹果全爪螨卵、卷叶蛾越冬幼虫等，枝干上的苹果树腐烂病新发病斑、轮纹病病菌、干腐病病菌，枝条的叶痕处、芽腋间等场所越冬的梨木虱、蚜虫卵，病虫落叶中越冬的金纹细蛾蛹、斑点落叶病病菌、褐斑病病菌、梨黑星病病菌等，病果中越冬的轮纹病菌、炭疽病菌等，树冠下土壤中越冬的金龟子、桃小食心虫等，落叶、树缝和土块下越冬的梨网蝽成虫等。清园时不但能压低越冬病菌基数，减轻生长季节轮纹病、腐烂病、白粉病、炭疽病等病害的发病率，对于虫害来说，因为生长前期各种虫的出蛰时间整齐，给防治带来很大方便，可有效降低蚧壳虫、卷叶蛾、食心虫、蚜虫、绿盲蝽以及螨类等害虫的发生程度。清园时因为没有嫩叶，药液浓度宜适当加大，杀虫杀菌效果好，可减少用药次数，降低农药用量。

（二）清园方法

（1）彻底清洁果园。枯枝落叶是许多病虫的主要越冬场所。如苹果褐斑病、斑点落叶病，梨黑星病，葡萄白腐病、黑痘病，桃疮痂病、褐腐病等的病原都是在被害叶片、枯病枝、落地病果、僵果上越冬；金纹细蛾、黄斑卷叶蛾、梨木虱、桃冠潜蛾、叶螨、梨小食心虫等以成虫、蛹潜伏在病叶上越冬。因此，果树落叶后，及时彻底清扫果园内的落叶、杂草、僵果、虫果、病果、枯枝以及果园周围的杂草、落叶、作物秸秆等一切可能为病虫害提供越冬场所的物品，掩埋、沤肥或直接带出果园烧毁，可以消灭枯枝落叶上越冬的病虫，大大减少翌年的病虫基数。捆绑在树上的诱虫带也要解下集中烧毁。

（2）剪除病虫枝。冬季修剪是果园管理的一项重要技术措施，也是休眠期消灭越冬病虫的有效方法。许多病虫，如顶梢卷叶蛾、吉丁虫、绣线菊蚜、瘤蚜、叶螨、梨茎蜂、杏仁蜂、葡萄透翅蛾以及白粉病、腐烂病、枝枯病、葡萄白腐病、梨炭疽病、桃褐腐病、柿炭疽病、黑星病、枣炭疽病、枣褐斑病等，为害后形成枯枝、僵果、僵叶等并不脱落，而是长久地挂在枝上。结合修剪，予以剪掉并集中烧毁，对减轻其发生为害有很好的作用。同时，合理修剪，可调节树体负荷，改善通风透光条件，促进果树健壮生长，提高果树的抗病虫能力。

（3）刮除老翘皮、粗皮及树瘤。树干上的翘皮、粗皮是多种病虫的越冬场所，如山楂叶螨、苹果小卷叶蛾、盗毒蛾、梨小食心虫、梨星毛虫、苹小食心虫、桃蛀螟、梨黄粉虫、旋纹潜叶蛾、梨木虱、梅木蛾、多种蓟马、蚜虫以及康氏粉蚧、枣粉蚧、东方盔蚧等多种蚧壳虫等都在老翘皮、粗皮下越冬，刮除翘皮、粗皮可消灭上述大部分害虫。老翘皮、粗皮、病瘤还是许多枝干病害病菌越冬的场所，刮除后可减少来年的侵染源。

刮皮时，要在树下铺一块塑料布，以收集刮下来的树皮、碎木渣，并集中带出果园外烧毁或深埋，不要随意撒落或倒在路边、地头。刮皮工具要消毒，刮皮深浅要得当，以大树刮皮露白、小树露青为宜，而不应刮至木质部。对蚧壳虫发生严重的枝干，可用硬毛刷刷除越冬若虫、卵囊等，以消除越冬蚧壳虫，降低虫口基数。对于苹果树腐烂病、枝干轮纹病、干腐病等枝干病害，要按照"一刮净、二涂药、三抹泥、四包缠、五桥接"的技术要求，彻底刮除病斑、病皮，涂药可选用石硫合剂及代森铵、辛菌胺醋酸盐、菌毒清等药剂，按推荐剂量进行涂抹。

（4）树体喷药。在冬季落叶后和春季萌芽前（即病菌、害虫复苏前），可对整个树体枝干喷施触杀性强的杀菌剂、杀虫剂。

冬季喷药要在12月至翌年1月底，喷施3～5波美度石硫合剂。石硫合剂由于其强碱性，无法与绝大多数高效杀虫剂混配。如在蚧壳虫多的果园，可先喷1次5%柴油乳剂或18～20倍松脂合剂，一个月后再喷石硫合剂。

春季喷药要掌握好两个时期，两次用药。第一次喷药在惊蛰过后，气温回升到18℃以上；第二次喷药在葡萄绒球期和苹果、桃、李、杏、梨花蕾露红期。清园药剂要选择持效期长、渗透性强的药剂。针对大部分真菌、细菌病害和多种越冬害虫和虫卵，最常用的是石硫合剂（但石硫合剂对腐烂病、粗皮病严重的果园效果不好）；针对粗皮病严重的果园可选择甲基硫菌灵膏剂（刮皮涂抹）、戊唑醇、多菌灵等药剂；针对腐烂病严重的果园可选择腐植酸铜（膏剂涂抹）、松脂酸铜、噻霉酮、辛菌胺、咪鲜胺，与己唑醇、戊唑醇或氟环唑等药剂配合，进行树干涂抹和喷雾，同时配合三唑类杀菌剂可以预防白粉病；针对果园虫害，可选用毒死蜱或高效氯氟氰菊酯复配吡虫啉，兼具胃毒和触杀作用，对咀嚼式、刺吸式口器害虫都有很好的杀灭效果。

果树清园喷药要细致周到，水量要大，要喷遍树干、枝干的粗皮、裂缝、枝杈等处，亩用水量应不低于250～300千克。

（三）配套技术

在做好冬春季清园工作的同时，还可以针对某些病虫害的发生特点，有针对性地采取以下防控措施。

（1）深翻树盘。许多害虫在寒冷季节有钻入地下冬眠的特性，入土深度大多在树盘表层土内10～15厘米。在果园土壤封冻前，结合施肥深翻树盘，将害虫翻到土壤表层，破坏越冬害虫的生存环境，有的被直接杀死，有的被鸟类啄食，还有的被冻死。此法可消灭在土壤中越冬的部分红蜘蛛、桃小食心虫、舟形毛虫、刺蛾等害虫。同时在卷叶中越冬的卷叶蛾类和其他害虫，及树盘表面残留的病虫和在杂草上越冬的蚜虫、红蜘蛛类等，可随杂草被埋压至土壤深层，可减少早期落叶病、金纹细蛾等病虫的越冬源。结合灌水，改变土壤的环境条件，还可破坏桃小食心虫、金龟子类害虫的越冬场所，减少越冬虫源。

（2）覆膜防虫。红蜘蛛、桃小食心虫、早期落叶病病菌等常在树干基部周围土缝内越冬。春季土壤解冻后，可在树盘下覆盖地膜，使病原菌、害虫不能上树，并可消灭出土幼虫和羽化的成虫。对于红蜘蛛发生严重的果园，也可于春季土壤解冻后，在树干基部培 20 厘米厚的细土，然后拍实，以闷死树干基部土缝中越冬的红蜘蛛。

（3）地面喷药。对于黑星病、白腐病、黑痘病等发生较重的果园，要在做好树上喷药的同时，对地面土壤内潜藏的病菌喷药灭杀。过去常用的药剂是五氯酚钠，既可杀菌又可杀虫，还可用于芽前除草，但该药残留较大，已限制在果园使用。现在有一种效果较好的地面杀菌剂——福美硫黄粉（福美双：硫黄粉：石灰＝1：1：2，混合均匀），每亩地 1～2 千克撒施地面后与土壤混匀。

四、理化诱控

（一）杀虫灯诱杀

利用一些害虫的趋光性，开春后每 30～50 亩安装 1 台杀虫灯，可诱杀桃小食心虫、金纹细蛾、苹小卷叶蛾、金龟子等多种害虫。杀虫灯悬挂高度因果树高度而定，一般为 3.5 米，棋盘式分布。使用时间为 4 月中旬至 10 月下旬。定期清理接虫袋，并将虫体深埋或作饲料用，每隔一段时间用毛刷将灯上的虫垢清理干净。

（二）黄板诱杀

利用有翅蚜等害虫对黄色的趋性，设置黄色诱虫板诱杀。黄板规格为 20 厘米×25 厘米，按每亩悬挂 20～30 张，挂在果树枝条上，隔一行树挂一行或隔一株挂一块，悬挂高度 1.5 米左右，可诱杀蚜虫、白飞虱等类害虫。

（三）性激素诱杀

果树生长季节，在果园内悬挂人工合成的昆虫性外激素，可大量诱杀雄成虫，使雌成虫不能正常交尾而无法繁衍后代。常用的有桃小食心虫性诱剂、梨小食心虫性诱剂、金纹细蛾性诱剂、苹小卷叶蛾性诱剂等，可大量诱杀桃小食心虫、梨小食心虫、金纹细蛾等害虫。一般每亩地设 3～5 个诱芯即可达到防控目的。

（四）糖醋液诱杀

趋化性是昆虫通过嗅觉器官对干化学物质的刺激所产生的反应。生产上人们常利用昆虫的这种趋性来防治害虫。许多害虫的成虫对糖醋液有趋性，因此可利用该习性诱杀对糖醋酒等气味有一定敏感性的昆虫，如梨小食心虫、小地老虎、金龟子、黏虫、卷叶蛾、桃蛀螟、红颈天牛等。

糖醋液诱杀害虫在果园中应用较多，不同的防治对象其配方略有区别。如利用糖醋液诱杀果园金龟子，配方是红糖1份，醋2份，白酒0.4份，敌百虫0.1份，水10份。配制时先把红糖和水放在锅内煮沸，然后加入醋闭火放凉，再加入酒和敌百虫搅匀即成。将配好的糖醋液放置容器内（瓶和盆），以占容器体积1/2为宜。糖醋液靠挥发出的气味诱引金龟子，盛装糖醋液容器口径以10厘米左右为宜，口径大挥发量大，便于金龟子扑落，增加诱虫量。瓶子需挂在树冠外围无遮挡处的中上部枝条上，这样容易被远距离的虫子发现，还应注意挂在上风口的位置。金龟子成虫最喜食花朵，再是果实，叶次之，若把瓶色模拟成花或果实的颜色，诱杀效果会成倍提高，金龟子喜欢红、黄、橙、紫色，再利用瓶色来诱引会起到双重的效果。悬挂数量视树体大小和虫口密度而定，一般每棵果树悬挂1～2个即可，害虫填满后要及时倒掉重新换新的糖醋液。换下的糖醋液不能直接倒入土壤，要埋入地下。

五、迷向技术

昆虫性信息素诱虫技术在果树上的应用，除了可利用昆虫性诱剂诱捕害虫的成虫外，还有一项重要技术，即迷向技术，也叫交配干扰法。其基本原理是在充满信息素的环境中，雄虫丧失对雌虫的定向能力，或者由于雄虫的触角长时间接触高浓度的性信息素而处于麻痹状态，失去对雌虫散发的性信息素的反应能力，进而导致雌雄交配率降低，使下一代种群密度下降。该法对非迁飞性而寄主范围较狭窄且虫口密度不是很高的昆虫有效。用于交配干扰的性信息素可以是目标昆虫性信息素、目标昆虫性信息素类似物、目标昆虫性信息素抑制剂。

生产中应用较多的是梨小食心虫信息素迷向技术，是通过迷向丝在果园释放高浓度的梨小食心虫性信息素，来掩盖雌性成虫的位置，使得雄性成虫难以找到雌性成虫，造成其交配推迟或不能交配，直接导致虫口密度下降。

迷向防治区应设置在品种相同、连片种植且园区形状规则的果园种植基地，面积至少在30亩以上。于梨小食心虫越冬代成虫扬飞前，将迷向丝拧系在果树树冠1/2处的树丫上，每亩平均45～60根，在坡度较高或风口方向边缘处加大密度。

六、诱虫带

果树专用诱虫带是利用害虫的潜藏越冬性诱引害虫聚集越冬，待其休眠后集中烧毁或深埋，可大幅度减少其越冬基数，控制来年害虫的发生为害。

诱虫带诱杀的对象主要为苹果、梨、桃、杏等果树上的叶螨类、康氏粉蚧、卷叶蛾、毒蛾、小灰象、棉蚜等害虫。诱虫带瓦楞纸一般棱波幅为4.5毫米×8.5毫米，选用棉干浆纸，纤维长、质量轻、韧度好，柔软舒适，对害虫有极强的诱惑作用，尤其是生产过程中在诱虫带瓦楞纸材料中添加了对越冬害虫具有诱引和催眠作用的化学物质，害虫一旦进入就能很快进入休眠状态。

诱虫带最佳使用时期为8月下旬至9月，即在害虫越冬之前，越早越好。将诱虫带顺绕树干一周，对接后用胶带或扎绳绑扎固定在果树第一分枝下5～10厘米处（也可分别固定在其他个别小枝基部5～10厘米处），害虫一般寻找越冬场所时会沿树干下爬，第一分枝下是害虫寻找越冬场所的必经之路，可诱集绝大多数害虫。果树诱虫带绑扎时要注意接口必须对接严实，以防害虫从接口缝隙逃逸。同时要清除园内杂草，刮除树干枝杈老翘皮，破坏害虫越冬其他有利场所，增加害虫在诱虫带越冬概率。

待害虫完全越冬休眠后到出蛰前（12月至翌年2月底），要解下诱虫带进行集中烧毁或深埋，切勿将解下的诱虫带胡乱丢弃或翌年重复使用，以防害虫逃逸，再次为害果树。

也可采用绑草诱杀，与诱虫带诱杀原理是一样的，可于秋末在树干上捆绑一圈麦秸、杂草、玉米秆等，诱使在枝干、枝杈裂缝翘皮或树下越冬害虫聚集在草束中潜藏越冬，入冬后及时解除并烧毁，减少越冬害虫基数。

七、粘虫胶带（粘虫胶）

粘虫胶带（粘虫胶）又称粘虫带、阻虫胶带，具有无毒、无刺激气味、无腐蚀性、黏性强、抗老化、高低温不变性等优点，是环保高效生态的虫害物理防治方法。

利用粘虫胶及胶带诱捕害虫，其最大作用是阻止害虫上树，可防治果树及林业生产中具有上下树习性的害虫，如苹果树的苹果黄蚜、山楂叶螨，梨树的梨黄粉蚜、康氏粉蚧等，从而控制害虫数量。

粘虫胶使用方法是：在害虫向树上转移之前，在果树主干或几个分枝上的树干处涂胶。涂胶的宽度为5厘米左右，绕树枝涂一周。涂胶高度要看林间的草本、灌木层的高度，涂胶层要在灌木层以上。涂胶前要刮除相应部位的老树皮、翘树皮，或用泥巴将树皮的裂缝抹平整。涂胶时用平头小铲将粘虫胶铲出，绕树皮薄薄涂一层。虫口密度很高时，可以适当涂宽胶环或涂抹两个胶环。胶环上粘满害虫后，要及时清除胶上害虫或另行涂抹新胶环。

粘虫胶带的使用方法与粘虫胶类似。粘虫胶带直接缠绕在距树基部1.2米高的树干上 1~2 圈，或在主干分杈之下缠绕胶带，可直接防治上下树害虫。

也可采用膜环阻隔。于春季果树萌芽前在树干上适宜操作的部位刮去宽度大于 5 厘米的粗皮一圈，用 5 厘米宽的塑料布缠绕一圈，接头处重叠 2 厘米并用订书钉固定，形成膜环，可以阻隔幼虫上树为害。

八、天敌利用

果园里许多害虫都有自己的天敌，如苹小卷叶蛾、梨小食心虫的天敌有松毛虫、赤眼蜂；苹果全爪螨的天敌有小花蝽；果苔螨的天敌为食螨瓢虫类；二斑叶螨、苹果叶螨的天敌为伪钝绥螨；金纹细蛾的天敌有金纹细蛾跳小蜂、金纹细蛾姬小蜂、金纹细蛾绒茧蜂等。在天敌活动盛期，尽量避免用农药防治害虫，即使要用药防治，也应选择有针对性的低毒农药，尽量不要用广谱性剧毒杀虫剂，以免杀害天敌，破坏自然平衡。

还可以用人工的方法在室内大量繁殖饲养天敌昆虫，在需要时释放到田间，以补充自然界天敌数量。目前人工成功繁育的天敌有：赤眼蜂、捕食螨、食蚜蝇、周氏啮小蜂等，分别对鳞翅目害虫、螨类、蚜虫等害虫具有防治作用。

另外，资源性昆虫、壁蜂、熊蜂、蜜蜂等虽然不是天敌，但是释放它们能大幅度提高坐果率，增加产量，减轻病虫害为害。

九、防雹网

生产上应用的防雹网以聚乙烯网为主，所用材料与防虫网基本相同。但与防虫网比较，防雹网的网眼更大，一般呈菱形和月牙形网孔，遮光率较低。

防雹网通过覆盖在棚架上构建人工隔离屏障，将冰雹拒之网外，可有效预防各类冰雹、霜降、雨雪等天气的危害，还能抵御暴风雨冲刷。防雹网适度遮光能创造适宜作物生长的有利条件，减少病虫害发生。

防雹网在果树上应用较多，近年来在茄果类蔬菜上也得到广泛应用。

（一）葡萄园防雹网

安装防雹网较为简单，所需材料包括立柱、网架、雹网和架垫、铁丝、压网线等辅助材料。立柱可选用木杆、水泥柱和钢管柱三种材料，老园在原有的立柱基础上捆绑 1 根硬杂木木杆，能够承担网架、雹网和冰雹的重量。新建园可将水泥柱的长度较原葡萄架立柱增加 60 厘米直接形成防雹网立柱。网架可选用 φ12 钢丝或 φ8~10 铁丝架设，架垫可用旧轮胎制作，规格 15 厘米×10

厘米。防雹网材料的颜色以白色为宜，网面与葡萄架面（棚架）或顶端（篱架）间距为 50 厘米，2 张网的连接部分要用尼龙绳捆缝结实，把网拉紧拉平，以有效抵御冰雹的袭击。

防雹网最好在北方雨季来临之前安装完毕。秋季葡萄下架埋土后要及时收网，将网拉到一端捆绑或将网取下收回存放，以延长防雹网使用寿命。

（二）苹果、梨园防雹网

苹果、梨园防雹网的网孔以菱形为主，也可选择长方形或正方形，菱形网孔大小以 11 毫米×11 毫米为最佳，网幅宽 6 米、8 米或 12 米，果园面积在 10 亩以下，网面积应为果园面积的 120%；果园面积在 10～50 亩，网面积应为果园面积的 115%；果园面积在 50 亩以上，网面积应为果园面积的 105%。

要依据地形和果园面积选择架设形式：①平面式，适宜面积较大、地势平坦的果园；②单面坡式，适宜面积较小及山区的果园；③波浪式（双面坡式），适宜地势平坦、管理水平高的果园。

一般在 5 月底（套袋前）架设，秋冬果实采收后选晴天卸网。首先埋设架杆，包括主杆、边杆和副杆，杆高（米）＝（树高＋0.5）×1.2，架杆可选用水泥柱或钢管柱，如选用木杆入土部分必须炭化或经沥青浸泡。果园四角加主杆，间距不能大于 70 米。边杆间距依网宽、地形及主杆距离确定，一般相邻边杆距 8～15 米。在主杆、边杆之间可依距离再埋设副杆。主杆、边杆外侧埋地锚，架杆埋好后即可架网架，主丝和地锚线选择不生锈的钢绞丝，副丝用 4～6♯钢丝绳。网架上铺设防雹网，根据需要选择不同幅面的网，菱形网长度为网架长的 120%，长方形或正方形网长度为网架长的 105%。须顺行铺网，两边同时在主丝或副丝上选用与网材质地相同的缝合绳缝合，网面要平整。

十、防草地布

防草地布也叫除草布、遮草布、抑草布，是一种透气性好、渗水快、防治杂草生长、阻止根系钻出地面的果园覆盖材料。

果树下铺盖防草地布，一是能够使果树下的土壤保墒。防草地布覆盖阻隔了土壤水分的垂直蒸发，使水分横向迁移，增大了蒸发阻力，有效抑制了土壤水分无效蒸发，并且抑制效果随着防草地布覆盖面积的增加而提高，农业灌溉、雨水可通过防草地布渗透到土壤内部，可增加土壤湿度。二是能够提高果树下土壤养分利用。铺设防草地布后，树盘土壤湿度得以保持，植株根系表面积增加，吸收营养能力增强。三是可有效控制果树下杂草。黑色防草地布可以阻止阳光对地面的直接照射，使杂草不能进行光合作用，其本身坚固的结构又能阻止杂草穿过防草地布，从而保证了对杂草的抑制作用。四是能够防止水土及氮素流失。坡度较大的山地果园容易在雨水的冲刷下形成地表径流，造成严重的土壤侵蚀和氮素流失，铺设防草地布可以避免雨水的直接冲刷，保持水土，防止氮素流失，保护生态环境。

目前，我国应用的园艺防草地布幅宽基本上为 1～6 米，长度有 200 米、100 米等规格。果园行间铺设地布时，一种是树盘铺设，即只在定植行两侧各铺设 1 米，结合行间自然生草方式，可降低投入，适用于生产型果园；另一种是整地铺设，即全园铺设地布，一次性投入较高，适于观光采摘型果园。铺好后两侧用土压实，地布连接处搭接 5～10 厘米，每隔 1 米用地钉或其他材料固定，防止大风掀开。

十一、预防果树倒春寒

在春季天气回暖过程中，常因冷空气的突然入侵，使气温骤然下降至零度以下，对植物造成伤害，这种"前春暖、后春寒"的天气现象称为"倒春寒"。北方地区发生倒春寒正值各种果树的花蕾期和幼果期，对果树伤害很大。倒春寒年年都有，但年度轻重不一。倒春寒发生的时期不同对果树的为害程度不同，地理位置不同为害的程度也不相同，地势相对低洼发生较重，地势高旷发生相对较轻。

(一) 倒春寒综合预防措施

倒春寒重在预防。但预防倒春寒不像治虫那么简单，不能靠喷药解决。倒春寒发生没有规律，必须要年年预防，防患于未然。预防"倒春寒"除要密切关注春季天气预报外，更重要的是应该从秋季开始做起，通过综合管理措施，增加果树自身的抗逆性，从根本上提高抵抗倒春寒的能力。

（1）秋季重施有机肥。果实采收后至落叶前是根系的生长高峰，也是果树吸收营养的重要时期，要尽早使用有机肥，配合三元复合肥和微肥，供给果树全面营养元素，以增强树势。施基肥要开沟深施 40 厘米，断掉细根促生新根，增加吸收能力。秋施肥能增强叶片的同化能力，进一步促进花芽分化和形成饱满健壮的花芽，增加花芽春季的抗寒能力。同时根系贮存更多营养，为春季树体抗寒奠定基础。另外有机肥发酵缓慢散发热量，增加土壤温度，提高了果园小气候气温，中和了倒春寒的为害。

（2）树干涂白。入冬前果树主干涂白，除防病防虫防日灼外，还能反射太阳光降低树体温度，推迟开花期，以错过倒春寒发生期。涂白剂配方为，石灰＋石硫合剂＋少量食盐。以石灰为主，少量食盐增加渗透性，植物油预防雨水冲刷，做成稀糊状，能刷上树干挂住为好。

（3）合理浇水。一是入冬前于"夜冻昼消"时浇好冻水，增加土壤湿度，提高土壤热容量，缓和地温保护根系和根颈部；二是在萌芽前浇好萌芽水，降低地温，推迟萌芽开花期，错过倒春寒发生期。

（4）来临前预防。进入4月应时刻关注天气预报，倒春寒来临前应做好预防：一是提前一天果园浇水，增加土壤和空气湿度，能有效缓解降温；二是在霜冻来临前，从24:00至次日3:00，利用锯末、麦糠、碎秸秆或果园杂草落叶等作燃料，堆置于果园上风口处，每亩果园4～6堆，堆上压薄土层以暗火浓烟为宜，使烟雾弥漫整个果园，至天亮停止熏烟；三是来临前可喷0.3%的磷酸二氢钾＋0.3%尿素水溶液，降低冰点增加抗性，也可提前喷施氨基酸抗寒；四是如下雪要及时震落树上雪水，并喷洒芸苔素内酯＋磷酸二氢钾，预防组织结冰，尽快恢复树体机能。

（5）倒春寒后补救措施。一是发生冻害后树上及时喷洒芸苔素内酯＋磷酸二氢钾或喷防冻剂修复伤害；二是果园及时追施少量水溶肥并浇水，恢复树势；三是容易发生倒春寒的果园不要过早进行疏花疏果；四是放蜂或进行人工授粉以提高没有受冻花的授粉率，保证坐果率。

（二）植物防冻剂的应用

植物防冻剂又叫植物抗冻剂、植物抗冻液，主要作用是激活生物酶，降低植物细胞冰点值，增强植株保水和抗冻能力，抑制和破坏冰冻蛋白，增加热量，降低结冰能力，提高植株对低温的抵抗力。在低温到来之前2～7天使用植物防冻剂，可防止细胞外空间结冰，避免细胞质脱水及有毒物质积累，增加细胞液的浓度，提高细胞半透性，防止细胞内水分向外散失。

1. 植物防冻剂主要成分

植物防冻剂是含有植物调节剂或植物营养液和微量元素的防寒抗冻类物质。市面上销售的防冻剂一般含有以下一种或几种成分。

①海藻类提取物。自身抗冻能力强，富含活性有机质、糖类、醇类、天然生长调节剂、抗逆因子等，可促进光合作用，增强营养水平，提升抗冻能力。

②植物生长调节剂。调控内源激素，增强植物体内酶的活性，增加细胞膜的稳定性，加速细胞质的流动，诱导植物产生抗低温因子，增强抗寒性。

③多糖、醇、多肽类。形成一种多糖多肽蛋白护膜，保护润湿植物表面，降低植物细胞冰点，防止细胞冰晶形成，阻止冰晶对植物生物膜的破坏，避免植物细胞受损。

④氨基酸、鱼蛋白类。富含蛋白质，可增加膜脂中不饱和脂肪酸含量，防止生物膜的相变，以稳定膜结构、促进光合作用等，从而提升抗寒能力。

⑤腐植酸、黄腐酸类。含大分子有机质，提高植物体内多种酶的活性和叶绿素含量，保护植物细胞膜通透性，增强作物抗寒防冻能力。

⑥磷酸二氢钾等离子态磷钾肥。迅速补充营养，维持植株养分平衡，提高植物木质化程度，磷提高糖和磷脂水平，钾能调节气孔抑制蒸发，增强树体抗寒能力。

2. 植物防冻剂使用方法

在寒潮来临前提前两周到三周使用 2～3 次防冻剂，稀释 150～200 倍喷雾，或 300～400 倍灌根，每次间隔 7 天左右，可降低细胞结冰点，提高植物对低温的耐受度，从而避免冻伤。

通常情况下，花蕾抗冻能力相对强一些，花蕊以及幼果抗冻能力弱，因此在施用植物防冻剂后还需要配合其他防冻措施，适当延缓花期，避免不耐冻的花果受寒。常用的办法就是给树干刷白、灌冻水，降低树体温度，推迟萌芽。

十二、果树套袋及其配套技术

果树套袋是一种以保护果树果实为目的的栽培技术，除有使果实着色艳丽、果皮细嫩、果面光泽度高，长期贮存果实不皱皮、不失水，新鲜亮脆等优势外，还可以有效阻隔食心虫、烂果病、斑点落叶病等病虫害直接侵害果实，降低果实病虫害的发展程度。

（一）果袋选择

果袋依据材质可分为塑料袋和纸袋两种，其质量直接影响套袋效果。因此，要选购有一定的生产规模、质量可信、市场占有率较高，并在当地应用效果较好的果袋。果袋的大小和种类应根据品种而定，一般平均单果重 250～350 克，果袋大小 15 厘米×19.5 厘米为宜；平均单果重 400～550 克，果袋大小应为 20 厘米×23 厘米。

（二）套袋时间

科学的套袋时间，应根据果树品种、树龄、树势、物候期等多种因素确定。一天中套袋应在 9：00—12：00 和 15：00—19：00 进行，避开早晨露水、中午强光时段和雨天。苹果套袋时间应在 6 月初，如天气比较干旱可以适当推迟，但也要在 6 月底完成套袋工作。梨品种不同套袋时间也不一样，比如说皇冠梨在 5 月底要套完袋，鸭梨在 6 月初才刚开始套袋。葡萄一般在生理落果，也就是葡萄粒长到豆粒大小时，先进行疏粒、整穗，然后立即套袋。给葡萄套袋时，一定要避开雨后的高温天气，如果在阴雨连绵后的晴天立即套袋，会加重葡萄粒的日烧现象。桃要在盛花后 30 天内定果再套袋，在 6 月中旬前结束套袋。

（三）套袋前准备

在给果实进行套袋前，应该把果树内侧过密的枝条适当疏枝，方便透光，对一些畸形果、病残果、密集小果也要摘除，这样才能保证套袋的都是精品果。还要对果树喷施适量的杀菌剂、杀虫杀螨剂和微量元素叶面肥，最后 1 次喷药后 3～5 天内完成套袋，禁止药液未干套袋。果园面积大要分期用药，分期套袋，以免将害虫套入果袋内。套袋结束后要再喷施 1 遍杀虫剂，主治黄粉虫、康氏粉蚧和梨木虱等，以防钻入袋内。

（四）套袋方法

将纸袋上端 4～5 厘米浸在水中泡 20～30 分钟至湿润柔软，然后用手将袋撑开，使果实悬在袋内中央，果柄置于袋口纵向开口基部，将袋口左右横向折叠收紧，铁丝弯成"V"形夹住袋口；或将果柄长（含部分果枝）约 3 厘米置入上端袋口内，以果柄为轴心，从袋口中央向两侧分别折紧合拢，顺时针或逆时针方向将捆扎丝缠绕果柄 1 圈扎牢袋口。注意弱树、缺水树不宜套袋。

（五）套袋后病虫害防治

果树套袋后到摘袋前，是果树生长和果实膨大的关键期，也是各种病虫害相继为害的重要时期。如套袋后苹果树易发生红蜘蛛、蚜虫、潜叶蛾、食心虫等虫害和早期落叶病、褐斑病、斑点落叶病、炭疽病、轮纹烂果病等病害；梨树易发生梨木虱、黄粉虫、康氏粉蚧等虫害和梨黑星病、黑斑病、套袋黑点病等病害；桃树易发生桃蛀螟、梨小食心虫、桃小食心虫等入袋害虫；葡萄易发生黑痘病、霜霉病、白腐病、炭疽病等病害。针对以上病虫害，要根据天气情况间隔 15～25 天打一次药，铲除性和保护性杀菌剂轮换使用，并混加优质叶面肥，将病虫害消灭在萌芽时期。发现零星病果应及时摘除。

十三、科学使用农药

化学药剂仍然是果树病虫害防治的重要手段。施用农药应从控制病虫害和保护天敌的原则出发，并尽可能减少农药对环境的污染。科学用药主要抓以下几项措施：一是加强病虫监测，掌握防治适期，严格按防治指标使用药剂，尽量减少施药次数和施药面积；二是优先使用植物源、微生物源农药和昆虫生长调节剂，有限量地合理使用矿物源农药；三是严格执行国家和当地有关规定，禁止使用高毒、高残留农药及其混剂;四是有限度地使用部分高效、低毒、低残留的化学农药防治病虫。

在果园病虫害防治中,有两种使用非常普遍的矿物源农药,即石硫合剂和波尔多液,在这里重点介绍一下。

(一) 石硫合剂

石硫合剂是由生石灰、硫黄加水熬制而成的枣红色透明液体,主要成分为多硫化钙,具有渗透及侵蚀病菌细胞和害虫体壁的能力。因杀菌、杀虫谱广,触杀能力强,且材料来源丰富、成本低廉,而被广泛地运用到农业生产,尤其是果树生产中。

石硫合剂通常被用作果园清园药剂来使用,对于灭杀潜伏在果树上的越冬病菌虫卵和保护树体具有很好的作用。在杀虫方面,害虫接触石硫合剂后,药液中的多硫化物还原为固态硫,封堵昆虫气孔,使其窒息而亡;石硫合剂释放的硫化氢气体对害虫也有一定毒杀作用;石硫合剂还能软化部分害虫如蚧壳虫的蜡质层或螨卵的外壳。在杀菌方面,石硫合剂进入菌体后,可使菌体细胞正常的氧化还原受到干扰,导致生理功能失调而死亡。石硫合剂施用后还会在植株体表面形成一层药膜,这个药膜可以隔绝果树防止其遭受病虫害的感染,防止外界水汽渗入,破坏发病条件。

1. 熬制办法

石硫合剂常用的配制比例是生石灰:硫黄粉:水为 1:2:(10~12),尽可能选择高质量的原料,以提高溶解效率。

熬制石硫合剂必须用瓦锅或生铁锅,不可使用铝锅或铜锅。锅内加水烧热后,取少量水溶解硫黄粉至糊状,同时取少量水消解生石灰。当生石灰完全消解后倒入锅中煮沸,慢慢将糊状硫黄倒入,边倒边搅拌,并用水冲刷容器,将涮液一并倒入锅中不断搅拌,记下水位线,然后加火熬煮。水沸腾时开始计时,保持 40~60 分钟。熬煮中损失的水分要及时用热水补充,停火前 15 分钟加足。药液颜色呈嫩黄色—橘黄色—橘红色—砖红色—红棕色的变化趋势,直至药液变为暗红褐色,锅底渣滓变为黄绿色时停火。冷却后用纱布滤去渣滓,就得到 23~25 波美度的石硫合剂原液。

石硫合剂也可以从市场直接购置,一般有两种,即 45% 的晶体和 29% 的水剂。春季清园一般用 45% 的石硫合剂较好,配制 3~5 波美度的药液时,稀释 30~50 倍。如使用 29% 的水剂,则仅能稀释 7~11 倍,成本较高。

2. 使用方法

(1) 喷雾。果树发芽前用 3~5 波美度石硫合剂喷雾可防治果树白粉病、炭疽病、花腐病、黑星病、黑斑病、黑痘病、褐斑病、缩叶病、锈病、褐腐病、芽枯病以及叶螨、壁虱、蚧壳虫等多种病虫，是春季清园时其他农药所无法替代的。

果树生长期，如受到红蜘蛛、蚧壳虫、蚜虫、潜叶蛾、白粉病、流胶病、锈病等病虫侵害时，也可通过喷施石硫合剂进行防治。

（2）涂白。具有病虫防治功效的涂白剂，可与生石灰、黄泥、食盐、植物油等搅拌配制成石硫合剂复合液，兼有防冻防灼等作用。

（3）伤口处理。将石硫合剂用作果树伤口的保护剂，能有效防止果树受到更多的病虫害侵袭，缩小病菌扩散的范围，有效防止腐烂病、溃疡病等病害的发生。

（4）灌根。以树干为中心，挖 3～5 条宽 35～40 厘米、深 25～40 厘米的放射状条沟，内浅外深，长度以达到树冠外围为准，用 1 波美度石硫合剂灌根，然后覆土，每年早春 1 次，可有效预防果树根腐病。

3. 注意事项

（1）石硫合剂的强碱特性具有非常强的腐蚀性，会对人体皮肤产生较大伤害，所以在配药、喷洒、涂抹时都必须做好防护措施。

（2）石硫合剂原液浓度一般为 23～25 波美度，在果树涂干或处理伤口时可用原液；清园时可用 3～5 波美度药液；果树生长期喷雾可选择 0.3～0.5 波美度药液；涂白时添加 11 波美度药液；疏花时依据品种确定，如苹果用 0.6～1.5 波美度，桃为 0.2～0.4 波美度。

（3）石硫合剂一般不宜与松碱合剂、矿物油乳剂、波尔多液等碱性农药混合使用。一般要在喷施石硫合剂 5～7 天后再喷化学杀虫剂。

（4）要现配现用，若需短期保存，应在药液表面滴入一层煤油，用以隔绝空气，防止药液氧化。

（二）波尔多液

波尔多液是由硫酸铜、石灰和水配制成的天蓝色悬胶体，有效成分为碱式硫酸铜，是一种无机铜保护性杀菌剂，可有效阻止孢子发芽，防止病菌侵染，并能促使叶色浓绿，生长健壮，提高树体抗病能力。与硫酸铜、碱式硫酸铜、王铜等无机制剂比较，具有良好的展着性和黏着力，在植物表面可形成薄膜，不易被雨水冲刷，残效期比较长，对作物比较安全，对多种果树病均有良好防治效果，但对白粉病效果差。

1. 配制方法

波尔多液主要配制原料为硫酸铜、生石灰及水，其混合比例要根据树种或品种对硫酸铜和石灰的敏感程度、防治对象以及用药季节和气温的不同而定。生产上常用的波尔多液比例有：硫酸铜石灰等量式（硫酸铜：生石灰＝1：1）、倍量式（1∶2）、半量式（1∶0.5）和多量式［1∶（3～5）］，用水一般为160～240倍。所谓半量式、等量式和多量式波尔多液，是指石灰与硫酸铜的比例。波尔多液中硫酸铜越多，石灰越少，杀菌力越强，抵抗雨水冲刷力越弱，残效期越短；反之，杀菌力越弱，抵抗雨水冲刷力越强，残效期越长。

在配制过程中，可按用水量一半溶化硫酸铜，另一半溶化生石灰，待完全溶化后，再将两者同时缓慢倒入备用的容器中，不断搅拌；也可用10%～20%的水溶化生石灰，80%～90%的水溶化硫酸铜，待其充分溶化后，将硫酸铜溶液缓慢倒入石灰乳中，边倒边搅拌使两液混合均匀即可，此法配成的波尔多液质量好，胶体性能强，不易沉淀。要注意切不可将石灰乳倒入硫酸铜溶液中，否则发生沉淀，影响药效。要随配随用，不可久置，更不能过夜。要将硫酸铜和石灰溶解后的残渣过滤干净，以免发生药害。

配制时要注意：石灰要选用色白、质轻、块状的优质生石灰，若用消石灰，用量要增加30%；硫酸铜要选用蓝色、有光泽的硫酸铜结晶体，含有红色或绿色杂质的粉末状硫酸铜不能使用；配制时不能使用铁、铝等金属器皿，以免发生置换反应，最好用缸或木桶等非金属器皿；配制时两液温度不能高于室内气温。

2. 使用技术

波尔多液具有防治病害种类多，耐雨水冲刷，低毒无公害，长期使用不产生抗药性等特点，在果树病虫害防治中占有极其重要的位置。

波尔多液是保护性杀菌剂，应在病菌侵入前使用，苹果、柿等果树对铜敏感，宜用倍量式或多量式；梨、葡萄对石灰敏感，宜用半量式；核果类对铜极为敏感，不宜使用。波尔多液主要用于防治葡萄霜霉病、黑痘病、炭疽病，苹果炭疽病、轮纹病、早期落叶病和梨黑星病等。

不同生长阶段、不同气候条件，波尔多液的使用浓度要求也不一致。一般前期植株幼嫩，抗药力弱，使用浓度宜低，如防治葡萄黑痘病，前期可用硫酸铜、生石灰、水比例为1∶0.5∶240的波尔多液，后期宜用1∶0.5∶（180～200）的波尔多液；梨和葡萄在干旱季节一般用硫酸铜∶生石灰∶水为1∶0.5∶（150～200）的波尔多液，在雨季用1∶1∶（150～200）的波尔多液。

波尔多液具有不稳定性，喷药时宜选择晴天叶片无露水时施药，避免在阴湿天或露水未干前施药，以免发生药害；波尔多液的作用期为10～15天，喷药后20～30天内不宜喷石硫合剂，7～10天内不宜喷代森锌；波尔多液不能与碱性农药混用；果实采收前20天不宜再喷波尔多液。

第三章　主要果树病虫害防治流程

一、苹果树病虫害防治流程

苹果是我国落叶果树中主要的栽培树种，有记载的病害有 100 余种，虫害 700 余种。其中为害比较严重的病害 20 多种，虫害 30 多种，如果防治不力，常造成重大损失。立地条件不良或栽培管理不当的果园，还容易出现树体营养失调，发生缺素性生理病害。

（一）休眠期（11 月中旬至翌年 2 月）

苹果树入冬前即已全部落叶而进入休眠状态，直到次年春开始萌发为止，大概有 100～120 天的时间。此期间病虫亦进入越冬阶段，成为一年当中防治病虫害的重要时期。田间管理主要内容有清理果园、整形修剪、检查防治枝干病害，枝干涂白、越冬灌水等工作。

主要防治措施：

（1）采果后，全园喷 80％代森锰锌可湿性粉剂 800 倍液（或 40％福星乳油 8 000～10 000 倍液、50％多菌灵可湿性粉剂 800 倍液、80％的乙磷铝可湿性粉剂 500 倍液）＋90％敌百虫结晶 1 000 倍液（或 50％杀螟松乳油 1 000 倍液），防治早期落叶病、大青叶蝉、天牛类、吉丁虫等病虫害。

（2）清理树上、树下残存的病虫果和僵果，疏除枯枝和病枝，清扫病虫害侵染的落叶，并带出果园烧毁或深埋。

（3）冬季整形修剪，使果园整体和个体通风透光、相互平衡。

（4）深翻熟化底土，深施有机肥，灌封冻水，增加冬季树体营养积累。

（5）枝干涂白，涂白剂配制配方：生石灰 2 份、硫黄 1 份、食盐 0.5 份、水 10 份、甲基纤维素 0.5 份，先用热水溶化硫黄、盐、纤维素后，再加生石灰，最后加入凉水稀释搅拌均匀。

（6）刮净干腐病、腐烂病复发和新发的病疤，并用药剂涂抹，药剂可选用 50％的氯溴异氰酸 50 倍液、50％多菌灵悬浮剂 50 倍液、21％过氧乙酸 20 倍液或 3％甲基硫菌灵膏剂等。

（二）萌芽前（3月）

春季气温逐渐回升，苹果树树液开始流动，这一段时间主要防治的病害有枝干轮纹病、腐烂病、褐斑病、炭疽病，尤其是要查治苹果树腐烂病和轮纹病；主要防治的虫害有苹果绵蚜、红蜘蛛、潜叶蛾。目标是减少养分无效消耗，压低病虫基数，为全年树体生长发育打下良好基础。

主要防治措施：

（1）解冻后立即补充施肥，以氮肥为主，钾肥为辅，土壤磷素不足的果园可适当补充磷肥，施肥后马上浇水。

（2）科学刻芽、抠芽，适时进行花前复剪，及早疏蕾，规范树体管理。

（3）提前采取措施预防冻害，如早春灌水降低地温，花蕾期树干涂抹"天达-2116" 8～12倍液，花露红期喷碧护15 000倍液，可推迟花期，预防倒春寒。

（4）结合修剪，剪除病虫枝、枯死枝，运出园外烧毁。

（5）刮除主干主枝上的粗皮（轮纹病瘤）并深埋，刮后用25％戊唑醇悬浮剂200倍＋益微®菌剂200倍液涂抹伤口防治苹果轮纹病。

（6）刮除腐烂病病斑，涂40倍腐必治或10倍过氧乙酸溶液。

（7）清除园内的枯枝、落叶、杂草，病僵果深埋。

（8）萌芽前用3～5波美度石硫合剂，或43％戊唑醇悬浮剂1 000倍液＋40％毒死蜱乳油1 000倍液，或1：3：（80～100）波尔多液喷树枝干。

（三）花期（4月）

苹果树花期管理对提高坐果率、防止大小年、提高果品产量和质量至关重要，同时也是春季治虫防病的黄金时期。花期为害花叶的害虫有卷叶虫类和金龟子，应以生物农药为主或人工捕捉防治。为害花叶的病害有霉心病、白粉病、早期落叶病等，应及早预防和及时治疗。花芽刚萌动时，还是叶螨出蛰的高峰期和第1代卵孵化期，为防治叶螨关键期。

主要防治措施：

（1）采取蜜蜂或人工辅助授粉，合理疏花，提高坐果率。

（2）注意天气预报，提前采取烟熏、浇防冻水、喷防冻剂等办法，预防倒春寒。

（3）萌芽到开花前全园喷施40％氟硅唑乳油4 000倍液（或40％腈菌唑乳油6 000倍液）＋1.8％阿维菌素乳油3 000倍液＋48％毒死蜱乳油1 000倍液，可防治霉心病、白粉病和叶螨、蚜虫、金龟子等害虫。

（4）金龟子为害严重的果园，可在园内设置糖醋液进行诱杀，同时设置杀虫灯诱杀鳞翅目成虫。

（四）幼果期（5—6月）

苹果幼果期是全年管理的关键时期，也是病虫害防治的关键时期，直接影响苹果的产量和质量。苹果树谢花后，主要防治的病害有轮纹病、炭疽病、斑点落叶病、褐斑病、苦痘病、霉心病、白粉病，主要防治的虫害有绿盲蝽、棉蚜、瘤蚜、金纹细蛾、苹小卷叶蛾、红蜘蛛，主要防治的生理病害有苦痘病、小叶病、黄叶病。幼果果皮对化学农药极敏感，易受刺激而影响果面光洁度，应严禁使用铜制剂、福美类、含单体硫的复配杀菌剂、劣质乳油制剂、代森锰锌类，严禁使用渗透剂、增效剂等。

主要防治措施：

（1）果园生草，树盘盖草，花后及时疏果，果实套袋，幼果期补施钙肥，追施高氮低磷高钾型硫酸钾复合肥，以促进果实膨大和花芽分化。

（2）谢花后15天喷1遍药，杀菌剂、杀虫剂及微量元素混配，至套袋前若无雨则不喷药，若有雨则雨后只喷杀菌剂。杀菌剂可选用3％多抗霉素可湿性粉剂、70％甲基硫菌灵可湿性粉剂、50％多菌灵可湿性粉剂600～800倍液、43％戊唑醇悬浮剂4 000倍液、10％苯醚甲环唑水分散粒剂2 000倍液；杀虫剂可选用5％噻螨酮乳油、20％螨死净水悬浮剂1 500倍液、2.2％阿维菌素水乳剂、2.5％高效氯氟氰菊酯水乳剂、40％毒死蜱乳油2 000倍液；微量元素可用植盾液钙、糖醇钙800倍液、翠康钙宝1 500倍液、速乐硼1 000～1 500倍液。

（3）蚜虫多的果园同时采用黄板诱蚜。大面积种植的果园，可应用性诱剂诱杀钻心虫。

（4）5月也是锈病大发生期，除在苹果树上喷药外，要同时对果园周围的柏树喷1次1～2波美度石硫合剂。

（5）花后30天内完成定果，45天套袋，套袋前再喷1次杀菌杀虫剂，待药完全干后套袋。

（五）果实膨大期（7—8月）

此期果实已套袋，幼果开始膨大。各种病虫也进入盛发为害期，早期落叶病田间重复侵染加快，苹果树腐烂病开始新的侵染，叶螨、金纹细蛾、轮纹病等的发生为害加重。

主要防治措施：

（1）加强土肥水管理，追施高钾型肥料。

（2）生草果园及时刈割，覆盖树盘。

（3）加强树体管理，幼旺树当年抽生的新梢应及时拉枝，及时疏除竞争枝、遮光枝、多头枝、病虫枝。

（4）喷施1∶2∶200波尔多液（或70%甲基托布津可湿性粉剂、50%多菌灵可湿性粉剂、80%代森锰锌可湿性粉剂800～1 000倍液）＋25%灭幼脲3号2 000～3 000倍液（或2.5%的溴氰菊酯乳油3 000～4 000倍液、48%乐斯本1 500倍液）＋1.8%阿维菌素乳油4 000～5 000倍液（或5%的尼索朗乳油2 000倍液）1～2次，防治果实轮纹病、褐斑病、炭疽病、桃小食心虫、苹果小卷叶蛾、二斑叶螨、山楂红蜘蛛、苹果红蜘蛛。

（5）在喷施农药时，配合喷施2～3次磷酸二氢钾500～800倍液，促进花芽分化。

此期易发生冰雹灾害，有条件的果园可架设防雹网。未架防雹网如发生雹灾后，应立即将受伤腐烂果实疏除，落地残果、残叶、受伤残枝一同修剪清理，并集中深埋；3天内喷施1次杀菌剂和杀虫剂，杀菌剂可用70%甲基硫菌灵可湿性粉剂1 000倍液或80%多菌灵可湿性粉剂800倍液，杀虫剂可用10%吡虫啉1 500倍液和甲维·毒死蜱1 000倍液，保护叶片和果实，使叶、果免遭病菌和害虫的侵染；1周后喷施1～2次氨基酸叶面肥促进树体恢复。

（六）果实成熟期（9—10月）

果实进入成熟期，应做好适时除袋、摘叶转果、铺反光膜及病虫害防范等后期管理，确保全园优质丰产。这一时期苹果炭疽病、轮纹病开始大量发病，天气阴雨、湿度大，霉心病、疫腐病、褐腐病也有发生，还是第2代桃小食心虫、苹小食心虫卵、幼虫发生盛期，应注意田间观察，适期防治。

主要防治措施：

（1）疏除树膛内的徒长枝和剪锯口处的徒长条，刈割杂草压青沤肥，雨后及时排水以防沤根，挂果多的树追施高钾低氮型果树专用肥或黄腐酸钾肥。

（2）果实摘袋前，喷施1∶2∶200倍波尔多液，或80%代森锰锌可湿性粉剂800倍液或70%甲基托布津可湿性粉剂800～1 000倍液，防治苹果炭疽病、轮纹病，并兼治其他病害；喷1.8%阿维菌素乳油5 000倍液＋20%潜蛾速杀1 500倍液，防治二斑叶螨、金纹细蛾；喷10%吡虫啉可湿性粉剂4 000～5 000倍液，防治第2代桃小食心虫、苹果绵蚜。

（3）摘袋后果皮较嫩，容易遭受斑点落叶病的侵害，可喷70%丙森锌可湿性粉剂600倍液或70%甲基硫菌灵可湿性粉剂1 000～1 500倍液；防治轮纹病、炭疽病，可选用4%农抗120水剂300倍液或3%多抗霉素可湿性粉剂1 000倍液。

（4）摘袋后还可混配翠康钙宝1 500倍液或果蔬钙肥1 000～1 500倍液，

能提高果实耐贮性，有效预防贮藏期苦痘病的发生。

二、梨树病虫害防治流程

梨树是多年生落叶果树，我国梨栽培面积和产量仅次于苹果，河北、山东、辽宁三省是我国梨的集中产区，栽培面积约占全国的一半左右。梨树病虫害较多，病虫叶率有的年份高达 30％以上，病虫果率高达 10％以上，生产中要注重病虫害防治。

（一）休眠期（11月至次年2月）

梨树休眠期生长缓慢，清园是冬季梨树病虫害防治的主要任务，重点防治梨黑星病、干腐病、轮纹病、疫腐病、褐斑病和红蜘蛛、梨木虱、黄粉虫、蝽象、梨小食心虫。

主要防治措施：

（1）落叶后喷 48％毒死蜱乳油 1 000 倍液＋1.8％辛菌胺醋酸盐水剂 400 倍液，防治枝干病虫害。

（2）结合冬季修剪，将不必要的主枝和病虫枝去除，减少树体层次，确保内膛透光和通风。

（3）刮除老翘皮、粗皮组织、病斑，腐烂病斑刮后涂抹腐必清、石硫合剂、康复剂、菌毒清等药剂。

（4）解除诱虫带或草把，彻底清理果园中的枯枝、落叶、杂草、病虫果并集中销毁。

（5）在霜冻前深刨树盘和耕翻果园，将害虫翻出地表冻死或被鸟啄食。

（6）11月中、下旬浇封冻水，提高果树抗逆能力，促使病残体腐烂分解。

（7）树干涂白 ［涂白剂配方为生石灰 8 份、硫黄粉 1 份、食盐 1 份、动（植）物油 0.1 份、温水 18 份］，防止冻害和日灼，防治枝干病害，杀死树皮缝隙内越冬害虫。

（二）萌芽期（3月至4月上旬）

3月，温度转暖，各种病虫害从越冬场所开始转向为害部位，主要防治的病虫害有腐烂病、黑星病、梨锈病、黄粉蚜、梨瘤蛾、梨花网蝽、山楂叶螨、梨小食心虫等。

主要防治措施：

（1）继续检查刮治新发现腐烂病病疤。

（2）3月上中旬对树基培土，阻止多种害虫出土，也可在春分至清明期间，树盘撒施辛硫磷微胶囊 2 千克/亩并浅锄，杀灭即将出土的害虫。

（3）惊蛰至春分期间，在芽开绽破顶之前，喷 3～5 波美度石硫合剂一次，或 48％毒死蜱 1 000 倍液＋40％氟硅唑 6 000 倍液＋壳寡糖水剂 1 000 倍液（壳寡糖水剂有预防冻害作用），防治越冬病虫。

（4）梨锈病发生严重的梨园，于 2 月底或 3 月初在其周边的柏树上喷 5 波美度石硫合剂杀灭寄生在柏树上的病菌冬孢子；在梨树刚展叶时，每隔 10 天左右喷一次 20％粉锈宁 2 000 倍液，连喷 3 次。

（5）上年黑星病较重的梨园，开花前喷 25％苯醚甲环唑微乳剂 5 000 倍液，可减轻当年黑星病发生。

（6）上年梨木虱发生较重梨园，在 2 月底至 3 月初喷 4.5％高效氯氰菊酯乳油 2 000 倍液＋助杀增效剂 1 000 倍液，杀灭梨木虱成虫。

（7）3 月中旬至 4 月初，可喷 45％代森铵水剂 300～400 倍液＋硫悬浮剂 300～400 倍液＋助杀增效剂 1 000 倍液，防治枝干病害和黄粉蚜。

（三）花前花后（4 月中旬至 5 月上旬）

梨树花前花后，各种病虫害转向为害部位，是防治病虫害的关键时期。主要防治的病害有梨树腐烂病、梨轮纹病、梨黑星病，虫害有梨大食心虫、梨小食心虫、梨木虱、梨茎蜂、梨实蜂、蜡类、金龟子类、螨类、蚜虫等。

主要防治措施：

（1）尽早抹芽，春旱及时浇水；疏花疏果，花期放蜂或人工授粉；采取霜前浇水、霜夜熏烟，结合树冠喷水，预防晚霜为害。

（2）4 月上旬开始悬挂杀虫灯诱杀成虫，挂梨小食心虫诱捕器 3～4 个/亩，或每亩挂梨小迷向丝 40 根，或涂抹梨小迷向素于梨树树杈之间（每个点 1～2 克，每亩标准使用量 120 克）。

（3）4 月中下旬，喷 4.5％高效氯氰菊酯水乳剂 1 500 倍液＋4％农抗 120 水剂 1 000 倍液＋22.4％螺虫乙酯悬浮剂 4 000～5 000 倍液＋有机硼肥 600 倍液＋中性洗衣粉，主要防治梨茎蜂、梨实蜂、黄粉虫、梨木虱、黑星病、黑斑病等，注意初花期不能喷药。

（四）幼果期（5 月中旬至 6 月下旬）

梨树幼果期主要病虫害是梨锈病、轮纹病、黑星病、黑斑病和梨木虱、黄粉蚜、康氏粉蚧、梨网蝽、螨类等。

主要防治措施：

（1）果实套袋，通常在 4 月下旬至 5 月上旬进行，既避免鸟害，还能预防轮纹病和黑星病。

（2）适时喷施萘乙酸或者防落素，以利于坐果。

（3）发现虫梢、病梢人工摘除，并深埋。

（4）落花70％时全园喷洒1次农药，可用80％多菌灵可湿性粉剂1 000倍液＋1.8％阿维菌素3 000倍液＋4.5％高效氯氰菊酯2 000倍液混合喷施；套袋前3～4天，再喷洒1次农药，可用80％代森锰锌可湿性粉剂（或70％代森联水分散粒剂）1 000倍液＋10％吡虫啉（或10％啶虫脒）可湿性粉剂200倍液，待药剂干后再进行套袋，注意套袋前所喷药物不能用波尔多液和乳化剂、乳油等剂型，以免引起果锈。

（5）套袋结束后立即喷1∶2∶200石灰倍量式波尔多液保护叶片，同时挂桃小性诱捕器3～4个/亩。

（6）如发生山楂叶螨，在落花后10～15天用20％克螨敌悬浮剂2 000倍液防治；进入6月注意用阿维菌素防治二斑叶螨。

（7）注意补钙，可在防治病虫害时混配高钙宝、速效钙、高效钙、美林钙等叶面喷洒。

（五）果实膨大期（7月上旬至8月下旬）

此期梨树旺盛生长，多种病害进入为害盛期。套袋果园以防治叶部病虫害为主，叶部病害主要是黑星病、黑斑病、白粉病，虫害主要是梨木虱及螨类；不套袋果园，以果实病害及虫害为主，兼顾叶部病虫害，尤其注意桃小、梨小等食心虫为害。至8月中下旬，梨果接近成熟，抗病力降低，如果多雨则易造成果实发病率提高。

主要防治措施：

（1）采取抹芽、摘心和拉枝开角等夏季修剪措施，节约养分，改善光照，提高留用枝的质量。

（2）8月以后果实进入迅速膨大期，应叶面喷肥，可用1％～2％磷酸二氢钾＋尿素0.8％～1.0％，以满足果实膨大需要。

（3）9月至10月上旬秋施肥，以有机肥为主，结合适量速效肥。

（4）不套袋梨园可交替喷24％螺螨酯悬浮剂3 000倍液＋48％毒死蜱乳油1 000倍液＋43％戊唑醇3 000倍液＋0.3％磷酸二氢钾300倍液，或0.26％苦参碱1 000倍液＋2.5％三氟氯氰菊酯微乳剂2 000倍液＋10％苯醚甲环唑水分散粒剂3 000倍液＋氨基酸叶面肥1 000倍液，或70％啶虫脒水分散粒剂2 000倍液＋5％甲维盐水分散粒剂6 000倍液＋40％氟硅唑6 000倍液＋氨基酸叶面肥1 000倍液，主要防治叶螨、黄粉蚜、梨木虱、黑星病、黑斑病等。如果果实发育迟缓，可补施钾肥。

（5）套袋梨交替喷施2～3次保护性与治疗性杀菌剂，有效控制后期病害扩展。发现袋内有虫时，及时解袋针对虫害情况喷施相应杀虫剂。

（六）果实成熟期（9 月上旬至 10 月上旬）

梨成熟时期多为高温、高湿、多雨季节，是病害流行的有利时机，梨黑星病、轮纹病、炭疽病等病害与食心虫等虫害开始侵害果实，应加强防治。

主要防治措施：

（1）注意后期控水，避免偏施氮肥，必要时喷洒防落素，减轻落果。

（2）叶面喷洒磷酸二氢钾，改善果实外观和品质。

（3）采果前 20 天喷 5％溴氰菊酯或高效氯氰菊酯 3 000 倍液＋80％代森锰锌 1 000 倍液。

（4）采果时轻拿轻放，尽量避免机械损伤，采收后尽快入库，减少贮藏期间烂果。

（5）8—10 月树干上绑草把或诱虫带，诱捕老熟幼虫、成虫、虫卵及蛹。

（6）采果后及时摘除树上病果、病虫枝干及清除地面病虫果，集中烧毁。

（7）秋施腐熟农家肥及 N、P、K 复合肥，为下年果树生长打好基础。

三、葡萄树病虫害防治流程

葡萄原产亚洲西部，世界各地均有栽培，是人们最喜欢的重要水果之一。葡萄病虫害发生对葡萄植株的生长发育、产量品质影响很大，也给防治带来较大困难。特别是在多雨地区和遭遇多雨的年份，常造成病害猖獗流行，给葡萄生产带来重大损失。

（一）休眠期（11 月至次年 2 月）

这个时期葡萄生育全部停止，各种害虫、病菌也相继进入休眠状态。其核心是做好清园工作，降低越冬病虫害基数，对减轻全年病虫发生会起到非常重要的作用。

主要防治措施：

（1）田间管理。主要是冬季修剪，土壤管理和施肥，埋土防寒。

（2）冬季清园。清扫枯枝落叶落果，剪除病虫枝，刮除老树皮，清除葡萄架上的卷须等支柱残体，全株、架材及地面喷一次 3～5 波美度石硫合剂。

（3）在土壤上冻前，浇一次透水，以提高葡萄树的抗寒性。

（二）萌芽前（3 月上旬）

惊蛰以后，温度稳步回升，树体开始活动，葡萄进入吐绒期到绒球见绿阶段。防治对象主要为各种越冬病菌、虫卵、螨类。尤其成龄葡萄园在经过上一年的生产之后，在园地当中积累了大量的病菌和虫卵等，它们为了自我繁衍，会以多种形式在葡萄园土壤、树体、枯枝落叶及架杆处越冬。待到来年温度、湿度等达到病虫活动的条件时（惊蛰前后），会再次开始活动、繁殖，为害树体。

主要防治措施：

（1）清园。剥除老翘皮，剪除病残枝，树体伤流前，完成树体复剪工作；人工抹除树体、立柱、架材等上的虫卵；将枯枝落叶等集中带出园地烧毁或深埋；喷施清园药剂，消灭越冬病虫卵等。

（2）清园药剂。常见清园方式是通过石硫合剂的强碱性，进行病菌、虫卵的灼烧、触杀，同时对外界病菌隔绝，起到保护作用。可用45％晶体石硫合剂50倍液，或24％甲硫·己唑醇悬浮剂1 000倍液＋15％氯氟·吡虫啉悬浮剂1 000倍液＋440克/升丙溴磷·氯氰菊酯乳油1 000倍液等喷施。

（三）2～3叶期（3月下旬）

2～3叶期始，叶片陆续展开，新梢进入快速生长阶段，幼嫩组织增多，各类病虫集中潜入侵染。必须做好新梢叶片等的病害安全防护工作，同时注意前期低温下绿盲蝽等刺吸式害虫的防控。防治对象中主要病害有黑痘病、灰霉病、白腐病、白粉病等，主要虫害有绿盲蝽、蚜虫、金龟子等。

主要防治措施：

（1）清园，消灭越冬虫卵。

（2）灯诱、醋诱、粘虫板捕杀害虫。

（3）药剂防治，建议使用3次杀菌剂，1～2次杀虫剂。常用药剂有45％唑醚·甲硫灵悬浮剂1 500倍液＋1.8％阿维菌素乳油1 000倍液，80％代森锰锌可湿性粉剂800倍液＋4％高效氯氰菊酯乳油1 000倍液，45％唑醚·甲硫灵悬浮剂1 500倍液＋40％苯醚甲环唑悬浮剂4 000倍液＋15％氯氟·吡虫啉悬浮剂1 500倍液等。

（四）花序展露期（3月底）

此时葡萄有5～6片叶子展开，花序已清晰可见。防治对象中主要病害为灰霉病、黑痘病和缺硼症，主要虫害为绿盲蝽、红蜘蛛、斑衣蜡蝉等。尤其早春多雨时，要重点防治黑痘病。

主要防治措施：

（1）苗木消毒，利用抗病品种。

（2）生物防治，采用斑衣蜡蝉天敌螯蜂对其进行捕杀。

（3）药剂防治，可喷80％代森锰锌可湿性粉剂500～800倍液＋16％多抗霉素 B 可溶粒剂 2 500～3 000 倍液＋15％氯氟・吡虫啉悬浮剂 1 500 倍液，或 40％嘧霉胺悬浮剂 1 500 倍液＋30％敌百虫乳油 1 000 倍液。

（五）花序分离期（4 月上旬）

花序基本长成，花蕾相互分离。此期是葡萄灰霉病和穗轴褐枯病的发病初期，也是白腐病的传播期、炭疽病的传染期，应施用广谱性、内吸性好的杀菌剂。防治对象中主要病害为灰霉病、穗轴褐枯病、白腐病等，主要虫害为红蜘蛛、绿盲蝽等。这个时期还可能会出现缺硼的现象。

主要防治措施：

（1）清除病源、加强栽培管理。

（2）药剂防治，可选用 58％甲霜・锰锌可湿性粉剂 1 000 倍液、50％嘧菌酯水分散粒剂 1 500～2 000 倍液、40％嘧霉胺悬浮剂 1 000 倍液、50％多菌灵可湿性粉剂 600～1 000 倍液、36％甲基硫菌灵悬浮剂 800～1 000 倍液等喷雾。

（六）开花前（4 月中旬）

此期是营养生长和生殖生长并行、转换的关键时期，也是人为干预（抹芽、摘心、花序整形等）最多的时期。开花前植株最为虚弱，易受到多种病菌侵染，也是最容易发生药害，造成落花的敏感时期。此期主要病害有灰霉病、炭疽病、白腐病、霜霉病、黑痘病、穗轴褐枯病等，主要虫害有透翅蛾、绿盲蝽、蓟马等。要重点防治灰霉病和霜霉病，兼防黑痘病，同时注意硼肥补充，保证花期安全。

主要防治措施：

（1）清园，减少越冬虫卵与病原菌。

（2）粘虫板、杀虫灯诱杀害虫。

（3）药剂防治，可喷 40％咯菌腈悬浮剂 3 000～4 000 倍液＋40％烯酰吗啉悬浮剂 1 500～2 000 倍液＋250 克/升嘧菌酯悬浮剂 833～1 250 倍液＋液体硼 2 000 倍液，或 36％甲基硫菌灵悬浮剂 800～1 000 倍液＋液体硼肥 1 500 倍液＋糖醇锌肥 1 500 倍液。

（七）谢花后（5 月上中旬）

葡萄谢花后是防治病害的最关键时期，主要病害有灰霉病、炭疽病、白腐病、溃疡病、霜霉病、白粉病等，主要虫害有绿盲蝽、斑衣蜡蝉等。要重点防治霜霉病和穗轴褐枯病，兼防灰霉病，同时注意微量元素锌的补充，以防止大小粒情况的发生。这次用药要和花前用药相交叉，以增强防治效果。

主要防治措施：

（1）清除落叶、病枝深埋或烧毁。

（2）清园时将园内的杂草特别是豆科和阔叶杂草清除干净，防止绿盲蝽寄生。

（3）药剂防治，可喷40％苯醚甲环唑悬浮剂4 000～5 000倍液＋40％嘧霉胺悬浮剂1 500～3 500倍液，或25％嘧菌酯水分散粒剂1 000～2 000倍液＋80％代森锰锌可湿性粉剂500～800倍液。

（八）幼果期（5月中下旬）

花的残留物脱落，幼果开始膨大，果穗逐渐成为悬挂状态。此时期主要病害为霜霉病、炭疽病、白粉病、黑痘病、白腐病、溃疡病等，主要虫害为绿盲蝽、蓟马、金龟子等。此时期是规范化防治的关键期，一般7～15天用一次药，可选用广谱且药效长、药斑轻、对幼果安全的药剂。

主要防治措施：

（1）彻底清除病穗、病蔓和病叶等，以减少菌源。

（2）粘虫板、杀虫灯诱杀害虫。

（3）药剂防治可喷70％吡虫啉水分散粒剂7 000倍液，或80％代森锰锌可湿性粉剂500～800倍液＋40％烯酰吗啉悬浮剂1 600～2 400倍液，或25％嘧菌酯悬浮剂1 000～2 000倍液。

（九）套袋前（6月上中旬）

此时对果穗进行疏粒，等待葡萄坐稳果。主要病害有黑痘病、白腐病、白粉病、锈病、炭疽病、灰霉病、溃疡病、酸腐病等，主要虫害有蓟马、夜蛾等。果实套袋前，必须针对果穗用药，此时期是防治黑痘病和霜霉病的关键时期。

主要防治措施：

（1）彻底清园，苗木消毒。

（2）利用天敌小花蝽和姬猎蝽抑制蓟马的发生。

（3）药剂防治可喷50％唑醚·丙森锌水分散粒剂800～1 600倍液＋5％己唑醇微乳剂1 667～2 500倍液，或40％苯醚甲环唑悬浮剂4 000～5 000倍液＋2％阿维菌素·高效氯氰菊酯乳油3 000～4 000倍液，或50％啶酰菌胺水分散粒剂500～1 000倍液＋40％苯醚甲环唑悬浮剂4 000～5 000倍液。

（十）套袋后（7—8月）

葡萄果实套袋具有改善果面光洁度，提高着色，预防病虫害，减少农药使用次数，降低果实中农药残留及鸟类危害等优点。此期要注意霜霉病、炭疽病、褐斑病、灰霉病、溃疡病等病害和蓟马、红蜘蛛等虫害的防治，还要注意钙、锌、硼等中、微量营养元素的补充。

主要防治措施：

（1）彻底清除病穗、病蔓和病叶等，以减少菌源。

（2）架设防鸟网、人工驱鸟、置物驱鸟等。

（3）药剂防治可喷58％甲霜·锰锌可湿性粉剂1 000倍液＋25％己唑醇悬浮剂8 350～11 000倍液＋2％阿维菌素·高效氯氰菊酯乳油3 000～4 000倍液等。

（十一）转色成熟期（9月）

该时期重点工作是保叶，确保养分供应，保证果实正常成熟。主要病害有溃疡病、炭疽病、白腐病、酸腐病、黑霉病、霜霉病，主要虫害有红蜘蛛、鸟类等。此时期为防治黑霉病和酸腐病的关键时期，霜霉病容易大暴发，应重点防治。此时果实接近成熟，应选择对果面没有污染的杀菌剂。

主要防治措施：

（1）及时整枝，抬高结果部位，及时除草，注意排水。

（2）药剂防治可喷45％唑醚·甲硫灵悬浮剂1 000～1 500倍液＋40％苯醚甲环唑悬浮剂4 000～5 000倍液＋5％阿维·哒螨灵乳油1 000～2 000倍液＋0.2％磷酸二氢钾，或40％苯甲·吡唑酯悬浮剂1 500～2 000倍液＋0.2％磷酸二氢钾＋0.3％苦参碱水剂600～800倍液。

（十二）采收后至落叶前（10月）

果实采收后重点是保叶，保持叶片正常的光合作用，持续地为树体提供养分，保证花芽的完全发育和枝条的正常老熟，为来年的发芽、抽梢和花序形成奠定坚实的基础。这个阶段常发的病虫如霜霉病、黑痘病、褐斑病、白粉病和叶蝉、绿盲蝽、斜纹夜蛾幼虫等。

主要防治措施：对药剂无特殊要求，可选择80％硫黄水分散粒剂500～1 000倍液、10％高效氯氟氰菊酯水分散粒剂2 000～3 000倍液、1％苦皮藤素水乳剂4 000～5 000倍液、21％氰戊·马拉松乳油2 800～4 200倍液等性价比较高的常规产品。用药要注意浓度，不宜过高，否则容易烧叶，同时药液沉积在叶片表面，容易堵塞气孔，影响正常的光合作用，应做到均匀周到，树体、架材和地面应喷施到位。

四、桃树病虫害防治流程

桃树为常见的果树，在栽培上有早结果、早丰产、早收益、易栽培的特点，因此分布较广，在我国大部分地区均有栽培种植。桃树的病虫害种类比较多，据调查统计，我国栽培桃发生的病害有 50 余种，害虫 30 余种。这些病虫害的发生及其危害，使桃树生长衰弱，产量降低，品质下降，甚至造成树体枯死。

（一）休眠至萌芽期（10 月下旬至翌年 3 月上旬）

桃树处于休眠期，多数病虫也停止活动，一些病虫在病残枝、叶、树干上越冬。此期主要工作是清园，消除褐腐病、缩叶病、流胶病、穿孔病、炭疽病、黑星病、食心虫、越冬蚜虫、叶螨、红颈天牛等越冬病虫，减轻第二年病虫为害。

主要防治措施：

（1）落叶后解除诱虫带或草把，刮除粗翘树皮及流胶，钩杀枝干内天牛幼虫，剪除病虫枝、溃疡枝和枯枝，集中枯枝落叶、病果僵果深埋或烧毁。

（2）翻耕土壤，特别是树干周围要深挖、暴晒。

（3）冬季修剪，修剪完毕后用波尔多浆或蜂蜡涂抹伤口。

（4）10 月下旬和翌年 3 月上旬药剂清园，全园各喷 1 次 3～5 波美度石硫合剂（或 45％石硫合剂结晶粉 100～150 倍液、95％矿物油乳油 200 倍液），铲除越冬病原菌和蚜虫、螨类、食心虫等害虫和害螨。

（5）桃树发芽较早，为防止冻害，可在春季清园药液中混加黄腐酸盐。

（6）冬季主干、主枝涂白（涂白剂配方：45％石硫合剂结晶粉 400 克、生石灰 1.5 千克，清水 5 千克），有流胶病的植株要先刮除流胶再涂白。

（二）萌芽至开花期（3 月中旬至 4 月上旬）

桃树逐渐进入开花期，主要防治桃树穿孔病、缩叶病、蚜虫，预防生理落花。但由于花粉、花蕊对很多药剂敏感，一般不适合喷洒化学农药。如确需施药防治应在开花前和落花以后。

主要防治措施：

（1）根据花量、树体长势、营养状况，确定疏花定果措施。可分别在开花前、幼果期、果实膨大期喷施 0.3％尿素＋0.3％磷酸二氢钾＋0.1％～0.3％硼砂溶液，保花保果，提高坐果率；也可以花期到幼果期喷洒赤霉素 20～50毫克/千克，提高花粉萌发率。

（2）花前喷 80％多菌灵可湿性粉剂 2 000 倍液＋22.4％氟啶虫胺腈4 000～5 000 倍液＋20％螨死净 2 500 倍液（行间生草的桃园这次不加杀螨剂），防治此阶段病虫害。

（三）落花至展叶期（4 月中下旬）

桃花相继败落，幼果即将开始生长，树叶也开始长大。桃细菌性穿孔病、桃缩叶病、桃树流胶病、桃树腐烂病、蚜虫开始发生为害，桃褐腐病、炭疽病、疮痂病等开始侵染，叶螨也开始活动，生产上应刮治流胶病，药剂防治以缩叶病、蚜虫为主，考虑兼治其他病虫害。

主要防治措施：

（1）刮除流胶病病斑、胶块，用抗菌剂乙蒜素乳油＋硫悬浮剂混合，或45％石硫合剂结晶粉100倍液涂刷病斑，以杀灭越冬病菌。

（2）谢花后7～10天，根据病虫发生情况交替喷施50％吡虫啉3 000倍液（80％烯啶吡蚜酮水分散粒剂4 000倍液）＋2.5％高效氯氰菊酯1 000倍液（25％噻虫嗪5 000倍液、24％螺虫乙酯4 000倍液）＋5％中生菌素（80％春雷霉素、10％苯醚甲环唑、80％代森锰锌）800倍液＋糖醇钙1 000倍液。

（3）悬挂黄板捕杀蚜虫等害虫，4月中旬完成杀虫灯的挂置。

（4）涂抹迷向素防治梨小食心虫，每亩布点60个于2米左右枝杈处，每点2克药膏。

（5）及时摘除被害新梢，集中烧毁，消灭梨小幼虫。

（四）幼果期（5月上中旬）

此期新梢生长旺盛，果实开始生长。一般蚜虫发生严重，桃缩叶病、褐腐病、流胶病发生较重，桃红颈天牛、桑白蚧壳虫、叶螨、茶翅蝽、炭疽病、细菌性穿孔病也开始发生，食心虫第一代幼虫开始蛀食嫩梢，蝽象为害易造成畸形果。防治该期病害可交替使用广谱性杀菌剂，杀虫剂应以防治蚜虫、食心虫为主，兼治叶螨，并注意杀螨效果。

主要防治措施：

（1）及时疏花疏果，桃树合理负载。

（2）喷10％的苯醚甲环唑2 000倍液（或80％代森锰锌800倍液）＋40％螺虫毒死蜱2 000倍液（或20％氯虫苯甲酰胺3 000倍液）＋25％三唑锡（或5％苯丁锡）1 500倍液防治此期病虫害，如发生桑白蚧再加5％噻嗪酮1 500倍液（或20％松脂酸钠可溶粉100～130倍液）。

（3）有桃红颈天牛幼虫为害的利用钩虫器人工捕杀，并用石硫合剂涂抹伤口，也可用糖醋液（配制比例糖：醋：水＝50：50：400）诱杀桃红颈天牛。

（4）5月下旬完成套袋，套袋前喷30％吡丙·虫螨腈悬浮剂3 000倍液＋43％戊唑醇乳油2 500～3 000倍液＋糖醇钙1 000倍液。

（五）果实膨大期（5月下旬至6月中旬）

这一时期大多数品种果实迅速生长膨大。气候一般温暖、干旱，应注意防治山楂红蜘蛛，注意观察桃蛀螟和梨小食心虫的产卵、幼虫发生情况，适时防治。病害以褐腐病、疮痂病、穿孔病、桃树缩叶病较重。

主要防治措施：

（1）6月中下旬至采收前每隔10天左右喷1次药，可喷施10％苯醚甲环唑水分散粒剂3 000～4 000倍液（或25％丙环唑乳油5 000倍液）＋11％阿维·高氯（或20％氰戊·马拉松）乳油2 000倍液＋5％啶虫脒乳油2 000倍液＋糖醇钙（或硼钙宝）1 200倍液。

（2）及时防治天牛，在树干刷石硫合剂防止成虫产卵。

（六）成熟期（6月中旬至7月上旬）

6月中旬以后，桃开始成熟采摘。这时多高温、多雨，桃褐腐病、软腐病、炭疽病发生严重，桃小食心虫对中晚熟品种为害严重，应注意适时防治，同时还要兼治桃疮痂病、细菌性穿孔病等病害。

主要防治措施：

（1）加强果园管理，增施磷、钾肥，雨后及时排水，适时夏剪，改善园内通风透光条件。

（2）在雨停放晴后及时用药，病害防治以炭疽病、褐腐病为主，选用70％甲基硫菌灵800～1 000倍液（或50％克菌丹可湿性粉剂600～800倍液、25％咪鲜胺乳油800倍液、50％腐霉利可湿性粉剂1 000～1 500倍液）；杀虫剂根据发生情况用药，食心虫在卵期、初孵幼虫期喷施菊酯类农药，山楂叶螨可喷施噻螨酮乳油等。注意农药的安全间隔期。

（七）营养恢复期（7月中旬至10月）

7月以后，桃相继成熟采摘，这时树势较弱，开始进入营养恢复期。这期间桃穿孔病发生较重，导致大量落叶，桃树流胶病发生严重，有时还有叶螨发生，一直持续到8月底。这期间应杀虫剂、杀菌剂和叶面肥同时施用，恢复树势。

主要防治措施：

（1）采摘后及时捡拾果园病虫果，集中销毁，并喷洒保护剂1∶1∶200倍液等量式波尔多液，减少越冬病虫基数。

（2）对桃树整枝管理，剪除干枯枝、劈折枝，回缩重叠枝、交叉枝，疏除过密枝、细弱枝，减少营养消耗，改善内膛光照。

（3）中耕松土，将落叶杂草深埋树下。

（4）采果后及时追肥和喷施叶面肥，促树体健壮，花芽饱满充实。

（5）8月以后树干周围绑缚瓦楞纸板或草把，引诱越冬害虫，冬季销毁。

（6）寒露前后是桃蚜回迁时间，喷 4.5% 高效氯氰菊酯 1 000 倍液，减少越冬虫量。

（7）刮除流胶病胶污，涂抹护树将军母液，涂后再用护树将军 100 倍液喷雾树体消毒。

主 要 参 考 文 献

高洪波，2013. 露地蔬菜种植与病虫害防治技术［M］. 北京：北京理工大学出版社.

刘红彦，等，2013. 果树病虫害诊治原色图鉴［M］. 北京：中国农业科学技术出版社.

吕晓滨，2007. 北方蔬菜病虫害与防治［M］. 呼和浩特：内蒙古人民出版社.

秦维亮，2012. 北方果树病虫害防治手册［M］. 北京：中国林业出版社.

任小莲，2017. 北方果树病虫害防治新技术［M］. 北京：中国农业出版社.

王恒亮，等，2013. 蔬菜病虫害诊治原色图鉴［M］. 北京：中国农业科学技术出版社.

王向荣，张武云，2019. 山西农作物主要病虫识别与预测预报［M］. 太原：山西科学技术出版社.

杨普云，赵中华，2012. 农作物病虫害绿色防控技术指南［M］. 北京：中国农业出版社.

杨普云，赵中华，梁俊敏，2014. 农作物病虫害绿色防控技术模式［M］. 北京：中国农业出版社.